中核集团专项资金资助出版
黑龙江省精品工程专项资金资助出版

等离子体物理初步
——基本物理及动理论

黄永盛　毕远杰　著

哈尔滨工程大学出版社
Harbin Engineering University Press

内容简介

本书分为9章,涵盖4个方面的内容。等离子体的基本物理方面包括等离子体物理基本概念,等离子体参量,电磁场中的单粒子运动规律,等离子体中的波及不稳定性;等离子体动理论方面包括Landau阻尼及一些等离子体的非线性现象;激光等离子体方面包括真空激光等离子体的膨胀理论,激光离子加速机制;量子电动力学(QED)等离子体方面包括近Schwinger极限场下,量子电动力学效应和等离子体的集体效应之间的相互响应和依赖关系。

"授人以鱼不如授人以渔"。本书的内容编排不同于普通的等离子体物理教材,目的是期望能够调动起学生的积极性,使他们学会并掌握处理等离子体物理问题的基本技能和技巧。

本书可供高年级本科生和一年级研究生阅读,也可供研究聚变等离子体,以及研究激光等离子体和强场QED的科学工作者参考。

图书在版编目(CIP)数据

等离子体物理初步 : 基本物理及动理论 / 黄永盛,毕远杰著. —哈尔滨 : 哈尔滨工程大学出版社, 2021.1(2022.8重印)
ISBN 978-7-5661-2628-3

Ⅰ.①等… Ⅱ.①黄… ②毕… Ⅲ.①等离子体物理学 Ⅳ.①O53

中国版本图书馆CIP数据核字(2020)第136200号

等离子体物理初步——基本物理及动理论
DEGNLIZITI WULI CHUBU——JIBEN WULI JI DONGLILUN

选题策划 石 岭
责任编辑 张 昕 丁 伟
封面设计 张 骏

出版发行 哈尔滨工程大学出版社
社　　址 哈尔滨市南岗区南通大街145号
邮政编码 150001
发行电话 0451-82519328
传　　真 0451-82519699
经　　销 新华书店
印　　刷 哈尔滨市石桥印务有限公司
开　　本 787 mm×1 092 mm 1/16
印　　张 11.5
字　　数 290千字
版　　次 2021年1月第1版
印　　次 2022年8月第2次印刷
定　　价 49.00元

http://www.hrbeupress.com
E-mail:heupress@hrbeu.edu.cn

前　言

等离子体物理的研究始于20世纪20年代，最初的研究局限于低气压放电领域，即低温等离子体范畴。随着能源需求的增加，聚变能源已成为公认的人类未来能源问题的永久解决途径。因此，如何约束并自由地利用聚变能源成为人类的一个共同课题。为了使聚变反应持续、大量地发生，进而产生足够、持续的能量，必须想办法将需要进行聚变反应的粒子以足够的温度和密度局限在一个足够小的空间内足够长的时间。这时的温度将达到亿摄氏度以上。在这样的温度下，物质处于等离子体态，并且这种等离子体态不同于低气压放电等离子体，它是一种高温、高密状态，称为高温等离子体。

磁约束聚变、惯性约束聚变、Z - pinch 和 X - pinch 是几种主要的技术途径，通过这几种方式都将产生高温等离子体。不同于低温等离子体所能满足的准中性条件和温度条件，磁等离子体和激光等离子体在关键的时间内几乎很难满足准中性条件和宏观的 Maxwell 平衡态。它们的物质状态中，非热平衡和不稳定性成为常态。这也拓宽了等离子体的定义。本书中，我们试图给出更加广泛的等离子体的定义和四种等价的“温度”的定义，以满足核及相关专业研究生对目前科研最新进展的理论基础的学习需求。

本书在 F. F. Chen 经典的 *Introduction to Plasma Physics and Controlled Fusion* 的基础上，更加侧重读者的练习和参与，将大量的推导过程以“引导”的方式给出，而不是直接给出。

为了有一个较为完整的知识构架，书中增加了激光等离子体、量子电动力学（QED）等离子体的相关知识，这也是我们近期的科研成果，希望能够为读者提供参考和借鉴。

期望本书读者能够有所得，不仅仅是知识，更多的是能力和领悟，那样的话，我们的书才有所价值。

黄永盛

2020年11月28日于核工业研究生部

目　录

第 1 章　等离子体物理基本概念及应用范围

1.1　等离子体

等离子体是对“plasma”的翻译，指等量电子、离子组成的物体，是物质第四态。其不同于气体、液体、固体三种物态，属于电离态。气体、液体和固体都是由电中性的原子或分子组成的。对于气体和液体，分子和分子之间由范德华力主导；对于固体，分子和分子之间由化学键主导，其中的晶体以晶格为主要单元，当有外力作用时，晶格会发生扭曲变形。研究气体中分子扩散输运的理论有气体输运理论，主要工具为 Boltzmann 方程。流体力学方程组为其导出方程。液体的力学性质也可由流体力学来决定。研究固体中受力性质形成了固体物理学，我国的固体力学家黄克智先生在这方面做出了巨大贡献。对于气体、液体和固体，主导的力是短程力；而对于等离子体，主导的力主要是长程的电磁力。这样在等离子体中就会有不同于气体、液体和固体的一些集体效应和集体行为，例如电磁或静电等离子体波。

由电子、带电粒子以及中性原子、分子（可有可无）组成的，可以是非准中性的，其粒子之间的相互作用由长程的电磁力占主导，表现出集体效应的物质，称为等离子体。

1.2　准中性条件及其不必要性

什么是准中性条件？

在空间任一位置，在任何时刻（所研究的空间 - 时间范围内），带负电的电子和离子的电荷量与带正电的离子的电荷量相等。也就是说，带负电的电子和离子的负电荷密度等于带正电的离子的电荷密度。电荷密度为空间坐标和时间的四元函数，即

$$q_e n + q_- n_- = q_+ n_+$$

实际上，因为低温时等离子体密度较小，所以所研究的等离子体大多处于热平衡态，是满足准中性条件的；但是对于很多问题，准中性条件是无法满足的。下面两个例子是典型的不满足准中性条件的等离子体物理过程。

①激光粒子加速。激光与物质相互作用的过程中，当激光的功率密度高于 10^{12} W/cm^2 时，物质就会发生明显的电离过程，气体、液体、固体表面都会被激光电离，产生一定密度的等

离子体。当激光功率密度达到相对论量级时,即 10^{18} W/cm^2 左右时,电离过程非常迅速,会在飞秒(fs)级的时间尺度内产生高密度的高能电子束团。这个电子束团在初始的几百飞秒的时间内,大多具有很强的方向性,并接近光速;而这么短的时间内,离子几乎没有运动,电子和离子发生了很强的空间分离,产生极强的空间电荷分离场,这个场可以用来加速质子等带电离子。在这几百飞秒甚至皮秒(ps)的时间过程内,电子和离子是无法达到热平衡,也无法满足准中性条件的,但是这也是非常典型的等离子体物理过程。当然,在激光与气体密度等离子体相互作用的过程中,产生的空泡加速电子的过程也属于不满足准中性条件的物理过程。

②传统的粒子加速器。在传统的粒子加速器中,无论是电子加速器还是质子加速器,都无法满足准中性条件。但是两种加速器都是等离子体束团,都可以由等离子体的方程来描述。例如,可以通过求解波的色散关系来研究电子或者离子束团在输运过程中的不稳定性问题。

习题

1-1　分别指出气体、液体和固体中占主导的力是什么,并比较其与等离子体中的电磁力的不同之处。

1-2　等离子体一定要满足准中性条件吗?不满足准中性条件的带电离子、电子的束团就不能用等离子体物理的理论来研究吗?

1.3　等离子体更为普遍

从整个宇宙的组成来看,99%以上的物质都处于等离子态,而只有不到1%的物质是常见的气态、液态和固态。因而,等离子体更为普遍。等离子体的研究理论在20世纪50年代兴起,虽然起步较晚,但是已经取得了重大进展,相关理论成果在人们的日常生产生活中有很多应用,在空间和天体物理学的研究中也起到十分重要的作用。尤其是随着能源问题变得日益突出,核聚变的研究势在必行,实现的途径也是多种多样的,主要包括磁约束、惯性约束、Z-pinch、X-pinch、重离子束轰击点火等技术。不管采取何种手段,氘、氚物质都将被电离而处于离子态。此外,能量的输运转移、能量的辐射等都涉及等离子体相关的基础物理问题——电子的加热与能量输运,氘、氚离子的高密度约束,Rayleigh-Taylor不稳定性等。在激光惯性约束聚变的研究过程中,随着超短超强激光的出现,形成了一门崭新的前沿学科——高能量密度物理。激光与固体、液体或者气体物质相互作用的过程中,会产生极端物理条件下的等离子态,这其中会产生和发射大量的X射线、伽马射线、高能电子和高能离子,甚至正负电子对。这其中蕴含了丰富的待研究解决的物理问题,这也引起了等离子体物理学的研究热潮。

1.4　等离子体的常见形式

等离子体的常见形式主要有三大类，如表 1－1 所示。

表 1－1　等离子体的常见形式

人工制造的等离子体应用形式	地面等离子体	空间和天体物理学中的等离子体
等离子显示器	闪电	太阳和其他恒星（等离子体加热核聚变）
荧光灯（低能源照明）、霓虹灯	圣埃尔莫之火	太阳风
火箭喷流和离子推进器	高空大气闪电	星际介质（行星之间的空间）
核聚变能源研究	电离层	星际介质（恒星系统之间的空间）
电晕放电臭氧发生器	极光	星际介质（星系之间的空间）
电弧、弧光灯、电弧焊机或等离子体炬	一些非常热的火焰	木卫一（伊奥）
等离子体球	其他	吸积盘
特斯拉线圈产生的闪电弧		星际星云
等离子体用于半导体器件的制造，包括反应离子刻蚀、溅射、表面清洗和等离子体增强化学气相沉积法		其他
激光产生的等离子体（LPP）		
电感耦合等离子体（ICP）		
等离子体磁感应法（MIP）		

1.5　等离子体的温度

1.5.1　温度的四种物理意义

传统的温度定义要求物质满足热平衡或者局部热平衡，这在等离子体的温度定义中也是需要的。要使粒子满足热平衡，要求粒子微观相空间分布函数 f 在微观相空间 $(\boldsymbol{r},\boldsymbol{u},t)$ 满足 Maxwell 速度分布：

$$f(\boldsymbol{r},\boldsymbol{u},t)=f_0\exp\left(-\frac{\frac{1}{2}m(\boldsymbol{u}-\boldsymbol{v})^2}{k_B T_e}\right) \tag{1-1}$$

式中　$\boldsymbol{u}$——粒子运动的全速度；

$\boldsymbol{v}$——宏观速度；

$(\boldsymbol{u}-\boldsymbol{v})$——粒子的随机速度；

f_0——f 的归一化因子；

m——粒子质量；

k_B——Boltzmann 常数；

T_e——粒子的温度。

从 Maxwell 分布可以看出，热平衡后，粒子的分布函数在空间呈均匀分布。对 f 在速度空间积分可以得到粒子的空间密度分布函数。对于普通气体，这个密度分布函数为常值函数。由这个分布就可以引出等离子体的温度的概念——$k_B T_e$。假设粒子没有宏观速度（这个假设一般情况下是正确的），并且令粒子动能为

$$E_k = \frac{1}{2}m\boldsymbol{u}^2 \tag{1-2}$$

于是，可以得出等离子体温度的第一个物理意义：

$$k_B T_e = -\left(\frac{\mathrm{d}\ln f}{\mathrm{d}E_k}\right)^{-1} \tag{1-3}$$

即等离子体温度为粒子微观相空间分布函数 f 随能量变化的定标长度①。

第二个物理意义：$\ln f$ 是 E_k 的线性函数（直线），$k_B T_e$ 是该直线的斜率的负倒数。

第三个物理意义也是应用最多的一个，即粒子动能谱的半高全宽。

令

$$f = \frac{1}{2}f_0$$

当 $v=0$ 时，上式等价于

$$E_k = (\ln 2) k_B T_e \tag{1-4}$$

则粒子动能谱的半高全宽为

$$\text{FWHM} = 2(\ln 2) k_B T_e \approx k_B T_e$$

第四个物理意义是粒子的平均动能（$\overline{E_k}$）：

$$\overline{E_k} = \frac{\int_{-\infty}^{\infty} f \frac{1}{2}mu^2 \mathrm{d}\boldsymbol{u}}{\int_{-\infty}^{\infty} f \mathrm{d}\boldsymbol{u}}$$

令 $x^2 = \dfrac{\frac{1}{2}mu^2}{k_B T_e}$，则得到

$$k_B T_e \frac{\int_{-\infty}^{\infty} x^2 \exp(-x^2)\mathrm{d}x_1\mathrm{d}x_2\mathrm{d}x_3}{\int_{-\infty}^{\infty} \exp(-x^2)\mathrm{d}x_1\mathrm{d}x_2\mathrm{d}x_3} = k_B T_e \frac{\int_{-\infty}^{\infty} x^4 \exp(-x^2)\mathrm{d}x}{\int_{-\infty}^{\infty} x^2\exp(-x^2)\mathrm{d}x} \tag{1-5}$$

为求得上述积分，令 $g(s) = \int_{-\infty}^{\infty} \exp(-sx^2)\mathrm{d}x = \dfrac{\sqrt{\pi}}{\sqrt{s}}$，则得到

$$\frac{\mathrm{d}g(s)}{\mathrm{d}s} = -\int_{-\infty}^{\infty} x^2 \exp(-sx^2)\mathrm{d}x = -\frac{\sqrt{\pi}}{2\sqrt{s^3}} \tag{1-6}$$

---

① 一般 $g(x) \propto \exp\left(-\frac{x}{L}\right)$，其中 L 称为 g 关于 x 的定标长度。在激光透入金属表面时，类似的量称为趋肤深度。

$$\frac{d^2g(s)}{ds^2} = -\int_{-\infty}^{\infty} x^4\exp(-sx^2)\,dx = -\frac{3\sqrt{\pi}}{4\sqrt{s^5}} \tag{1-7}$$

于是得到

$$\int_{-\infty}^{\infty} x^2\exp(-x^2)\,dx = -\lim_{s\to 1}\frac{dg(s)}{ds} = \frac{\sqrt{\pi}}{2}$$

$$\int_{-\infty}^{\infty} x^4\exp(-x^2)\,dx = \lim_{s\to 1}\frac{d^2g(s)}{ds^2} = \frac{3\sqrt{\pi}}{4}$$

因此,推导出

$$\overline{E_k} = \frac{3}{2}k_B T_e \tag{1-8}$$

这是归一化的平均动能。等离子体温度的第四个物理意义也是为我们所熟知的,其指利用等离子体温度来表征粒子热运动的平均动能,即热运动的剧烈程度。

鉴于等离子体温度的前三个物理意义,在粒子组成的物质系统无法满足 Maxwell 热平衡时,可以采用类比的定义等价温度的概念,即将系统中粒子动能谱的定标长度或者半高全宽定义为系统的等价温度。

但是由于习惯的问题,在激光等离子体加速领域中,尤其是针对激光与固体靶相互作用的过程中产生的热电子束团的研究中,相关研究者一般采用第四种物理意义,即定义电子束团的平均动能为电子束团的温度,尽管电子束团并不是宏观静止的。

习题

1-3　试求出式(1-1)中 f_0 的具体表达式,使得 $\int_{-\infty}^{\infty} f(u)\,du = 1$。

1-4　试在以下两种条件下估算等离子体密度:

(1)充分电离的理想气体,温度为 0 ℃,气压为 760 mmHg(1 mmHg = $1.333\,22\times10^2$ Pa);

(2)充分电离的理想气体,温度为室温,压强为 0.001 mmHg。

1.5.2　温度的单位

等离子体物理中的温度单位与热力学中的不同。等离子体物理中将温度视为能量,因此,习惯用能量的量纲来度量温度,而不是传统的摄氏度(℃)或者开尔文(K)。等离子体物理中常用的温度单位为电子伏特(eV)、千电子伏特(keV)、兆电子伏特(MeV)、吉电子伏特(GeV)、太电子伏特(TeV)等。下面简要介绍一下 eV 与 K 之间的换算关系。

由于

$$1\ \text{eV} = 1.6\times10^{-19}\ \text{J} = k_B T_e \tag{1-9}$$

因此

$$T_e = \frac{1.6\times10^{-19}}{k_B} = 11\,600\ \text{K} \tag{1-10}$$

即 1 eV 相当于热力学中 10^4 ℃以上的高温;但是在等离子体物理中,1 eV 却是低温等离子体研究的范围。磁约束聚变及惯性约束聚变中高温等离子体的温度一般在 1 keV 以上;而激光等离子体温度更高,可以达到几十甚至上百兆电子伏特;空间等离子体中太电子伏特级的温度也是很常见的。

1.5.3 温度有方向性吗?

这个问题对于初中、高中或者其他专业的大学生、研究生来说很难理解,但是在电磁力占主导的等离子体系统中,是非常普通的。

对于有强磁场的等离子体系统,温度有方向性,分为平行于磁场($T_{\parallel}$)和垂直于磁场($T_{\perp}$)两种。

更一般地说,系统的压强分为各向同性和各向异性。对于压强各向异性的系统,其温度在不同方向是不同的,由其压强决定。关于这一点可以从压强的定义得出,即

$$\boldsymbol{P} = \int_{-\infty}^{\infty} m\boldsymbol{u}\boldsymbol{u}f\mathrm{d}\boldsymbol{u} \tag{1-11}$$

其中压强矩阵主轴上的元素与温度满足如下状态方程:

$$P_{ii} = nk_{\mathrm{B}}T_{\mathrm{e},i}, i = 1,2,3 \tag{1-12}$$

因此对于压强各向异性的系统,温度也是各向异性的。而对于有外磁场的等离子体,磁场对平行于磁场方向的等离子体中的粒子运动没有影响,等离子体仍然满足 Maxwell 分布,温度也不受磁场影响。但磁场对垂直于磁场方向的等离子体中的粒子运动有作用,导致不同速度的粒子分布在不同的空间位置,这使得微观分布函数 f 不再满足 Maxwell 分布,温度需要重新定义。

习题

1-5 等离子体物理中的温度和势力学中的温度定义有什么异同?

1.6 Boltzmann 关系与 Debye 屏蔽

对于低温等离子体系统,系统满足热平衡及各向异性是很常见的。这时研究等离子体的电场分布的一个关键参数就是 Debye 长度。要给出 Debye 长度的定义,需要简单地求解一下 Poisson 方程:

$$\nabla \phi = -\frac{\rho}{\varepsilon_0} \tag{1-13}$$

式中 ∇——拉普拉斯算子;

ϕ——等离子体中的电势分布;

$\rho = e(n_{\mathrm{i}} - n_{\mathrm{e}})$——电荷密度分布;

ε_0——真空介电常数,$\varepsilon_0 = 8.85 \times 10^{-12}$;

n_{i}、n_{e}——离子、电子的密度分布。

这里加速系统中只有电子和质子,即为全电离的氢等离子体。

为简化起见,这里只解一维情形,则

$$\frac{\mathrm{d}^2\phi}{\mathrm{d}x^2} = -\frac{e(n_{\mathrm{i}} - n_{\mathrm{e}})}{\varepsilon_0} \tag{1-14}$$

要使此方程封闭,需要求解 n_{i} 与 ϕ 及 n_{e} 与 ϕ 的关系式。由于电子质量远小于离子质量,这里假设离子不动,即冷离子假设(cold - ion assumption),离子密度满足均匀分布;同时

假设电子满足热平衡，即电子满足 Maxwell 分布，则

$$f(\boldsymbol{r},\boldsymbol{v},t)=f_0\exp\left(-\frac{\frac{1}{2}m_e v^2-e\phi}{k_B T_e}\right) \tag{1-15}$$

对式(1-15)中的 v 进行全空间积分可得电子宏观密度分布，且当 $\phi=0$ 时，令 $n_e=n_i=n_0$，则可得以下 Boltzmann 关系：

$$n_e=n_0\exp\left(\frac{e\phi}{k_B T_e}\right) \tag{1-16}$$

式(1-16)所示的 Boltzmann 关系描述的是电子密度与电势的关系。在等离子体中，Boltzmann 关系等价于 Maxwell 分布，即等离子体满足热平衡。在普通的气体中，不存在 Boltzmann 关系，因为普通气体中不是电磁力占主导甚至无须考虑电磁力。

将式(1-16)代入式(1-14)，并对各个物理量进行归一化（Normalization，也称为无量纲化），令 $\psi=\frac{e\phi}{k_B T_e}$，$\lambda_D^2=\frac{\varepsilon_0 k_B T_e}{n_0 e^2}$，$\xi=\frac{x}{\lambda_D}$，可得

$$\ddot{\psi}_{\xi\xi}=\exp(\psi)-1 \tag{1-17}$$

对式(1-17)进行一次积分可得

$$\frac{\psi_\xi'^2}{2}=\exp(\psi)-\psi-1 \tag{1-18}$$

假设电场的边界条件满足 $E(\phi=0)=0$，则可以得到电场的表达式：

$$E=-\frac{k_B T_e}{e\lambda_D}\sqrt{2\left[\exp\left(\frac{e\phi}{k_B T_e}\right)-\frac{e\phi}{k_B T_e}-1\right]} \tag{1-19}$$

可以看出，λ_D 是一个标志性的长度，下面的简化求解可证实其正是电势 ϕ 的定标长度。特别地，当 $\left|\frac{e\phi}{k_B T_e}\right|\ll 1$ 时，式(1-19)可以简化为

$$\frac{\mathrm{d}\phi}{\mathrm{d}x}=\pm\frac{\phi}{\lambda_D} \tag{1-20}$$

进而可知，λ_D 为电势 ϕ 的定标长度，定义为 Debye 长度，其为标志等离子体满足准中性条件尺寸的特征长度。

求解式(1-20)，舍掉非物理解，可得

$$\phi=\phi_0\exp\left(-\frac{|x|}{\lambda_D}\right),\quad x\in(-\infty,+\infty) \tag{1-21}$$

式(1-21)正是等离子体中电势随位置的变化关系。从中可以看出，随着离子位置 x 值的增加，电势呈指数下降，定标长度为 λ_D。即当空间尺寸达到 λ_D 时，其电势已经下降到可以忽略的数值，即 Debye 球（指以离子为中心，Debye 长度为半径的立体球）内部的正离子形成的电场被自由电子构成的“网”屏蔽了。从 Debye 球外部来看，电场很弱，没有表现出电荷分离，即呈现电中性的电场特性。

1.7　等离子体的应用范围

目前,等离子体的应用范围非常广泛,包括磁约束聚变、惯性约束聚变、天体等离子体物理、低温等离子体物理及其应用(气体放电、等离子体微电路板刻蚀、等离子体电视等)、激光等离子体加速、气体激光器、固体等离子体激元、磁流体能量转换及离子推进器、空间碎片清除、地核状态方程、冲击波物理等。这些都属于全新的研究领域,等离子体物理在各领域中起着不可替代的基础作用,这里不再展开。

习题

1-6　试用计算机求解 $E=-\frac{k_BT_e}{e\lambda_D}\sqrt{2\left[\exp\left(\frac{e\phi}{k_BT_e}\right)-\frac{e\phi}{k_BT_e}-1\right]}$,给出 $\phi(x)$ 的曲线,并将结果与 $\phi=\phi_0\exp\left(-\frac{|x|}{\lambda_D}\right)$,$x\in(-\infty,+\infty)$进行比较。

1-7　$E=-\frac{k_BT_e}{e\lambda_D}\sqrt{2\left[\exp\left(\frac{e\phi}{k_BT_e}\right)-\frac{e\phi}{k_BT_e}-1\right]}$表明,等离子体的电荷分离场是由等离子体的温度和 λ_D 决定的。试利用$|E|\approx\frac{k_BT_e}{e\lambda_D}$完成以下问题:

(1)在磁约束聚变等离子体中,温度为 5 keV,密度为气体密度的 1/1 000 条件下,估算等离子体的电荷分离场的量级。

(2)在激光与固体物质相互作用中,等离子体温度可以达到几个甚至几十兆电子伏特(MeV),假设温度为 10 MeV,而且其产生的等离子体密度梯度非常陡峭,其定标长度 L 为以光速传播 10~100 fs 的长度。试利用 L 替换$|E|\approx\frac{k_BT_e}{e\lambda_D}$中的 λ_D,估算激光加速离子中的电场强度的数量级,并将其与传统的加速器中的加速场进行比较。

1-8　试推导 Debye 长度与等离子体密度及温度的另一种表达形式:

$$\lambda_D=7\ 430\sqrt{\frac{k_BT_e}{n}}\,\mathrm{m}$$

式中,k_BT_e 的单位为 eV, n 的量纲为国际单位 1/m³。

1-9　试导出 Debye 球内粒子数目 N_D 的表达式。

1-10　等离子体中有哪些重要的参数,其中哪些是基本参数,哪些可以由基本参数导出?

1-11(开放题)　如前所述,准中性条件其实并非等离子体的必要条件,试讨论下述条件对于定义等离子体的必要性:

$$\lambda_D\ll L$$
$$N_D\gg1$$

第2章　粒子漂移与绝热不变量

单个离子或电子在电磁场中的运动规律这部分知识在目前的初、高中物理教学中已经有所体现，例如单个电子在平行板电容器的均匀电场中做匀加速运动、在马蹄形磁铁的匀磁场中做匀速圆周运动、楞次定律等。这里将从流体力学方程组出发，通过求解偏微分方程给出这些运动规律的精确解答。另外，如果电场、磁场同时存在，则单个粒子的运动具有一定的规律性，例如导向中心的漂移。粒子漂移运动是本章的重点。在粒子漂移的过程中，存在一些守恒量，即绝热不变量：磁通量、磁矩或者纵向不变量（longitudinal invariant）等。掌握这些守恒量，对研究粒子在场中的运动具有重要意义。例如，可以根据守恒量判断只存在磁场时是否可以百分之百地约束粒子。

2.1　均匀场下的粒子漂移

首先来看最简单的情形，即电场、磁场都为均匀场且互相垂直。当电场为零时，根据高中的物理知识可以知道粒子将做 Larmor 回旋，回旋半径称为 Larmor 半径，频率称为 Larmor 频率。由下面的非相对论的动量方程出发：

$$m\frac{\mathrm{d}\boldsymbol{v}}{\mathrm{d}t} = q\boldsymbol{E} + q\boldsymbol{v}\times\boldsymbol{B} \tag{2-1}$$

式中　m——粒子的质量；

q——粒子的电荷量；

$\boldsymbol{v}$——粒子的速度；

$\boldsymbol{E}=E\hat{x}$——电场强度；

$\boldsymbol{B}=B\hat{z}$——磁感应强度。

将式(2-1)写成分量表达式：

$$\begin{cases} m\dfrac{\mathrm{d}v_x}{\mathrm{d}t} = qE + qv_yB \\ m\dfrac{\mathrm{d}v_y}{\mathrm{d}t} = -qv_xB \end{cases} \tag{2-2}$$

粒子在 z 方向做匀速运动。可以通过求导将该二元一次常微分方程简化为两个独立的一元二次常微分方程，再进行求解，即

$$\begin{cases} \dfrac{\mathrm{d}^2v_x}{\mathrm{d}t^2} = -\omega_c^2v_x \\ \dfrac{\mathrm{d}^2\bar{v}_y}{\mathrm{d}t^2} = -\omega_c^2\bar{v}_y \end{cases} \tag{2-3}$$

式中 $\omega_c = \frac{|q|B}{m}$——Larmor 频率；

$\bar{v}_y = v_y + \frac{E}{B}$。

式(2－3)的解为标准的二维简谐振荡叠加一个 y 方向的匀速直线运动。这个二维的简谐振荡即为 Larmor 回旋。假设粒子回旋速度的大小为 $v_\perp$，则粒子的回旋半径，即 Larmor 半径为

$$r_L = \frac{v_\perp}{\omega_c} = \frac{mv_\perp}{|q|B} \tag{2-4}$$

【例】 针对正电子，假设其外加电场沿 x 方向，场强为 5×10^4 V/m，磁场为沿 z 方向的均匀场，强度为 1 T。假设正电子的初始速度为 10^6 m/s，则正电子导向中心沿 y 轴方向漂移速率为 $v = -5\times10^4$ m/s。正电子的二维运动轨迹为螺旋轨迹叠加导向中心的运动，如图 2－1所示。

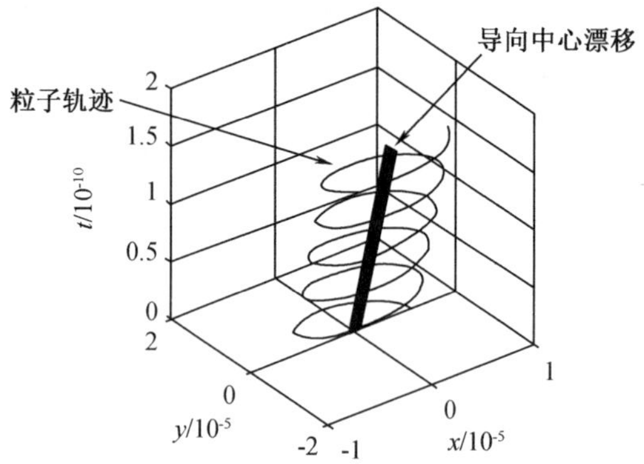

图 2－1 正电子在匀强电磁场中的运动轨迹

由动量方程的解可以定义导向中心的运动速度为

$$\boldsymbol{v}_{\perp gc} = -\frac{E}{B} = \frac{\boldsymbol{E}\times\boldsymbol{B}}{B^2} \tag{2-5}$$

式(2－5)表明，导向中心的运动速度由电场强度和磁感应强度的矢量积决定，这样的漂移运动又称为 $\boldsymbol{E}\times\boldsymbol{B}$ 漂移。

实际上，通过上面的求解，我们发现粒子的运动基本上是回旋运动与匀速直线运动的叠加，因此可以推断粒子对时间的导数在粒子一个回旋周期的平均值为零。进而可以得到

$$\boldsymbol{E} + \boldsymbol{v}_{gc}\times\boldsymbol{B} = 0 \tag{2-6}$$

把式(2－6)与 $\boldsymbol{B}$ 做矢量积，便可以直接得到漂移速度公式(2－5)。

进一步，如果外力场为一般力场 $\boldsymbol{F}$，则可以得到一般的粒子漂移公式：

$$\boldsymbol{v}_{\perp gc} = \frac{\boldsymbol{F}\times\boldsymbol{B}}{qB^2} \tag{2-7}$$

这个公式在后面的讨论中将多次用到，应熟练掌握。

习题

2－1 试给出式(2－5)的具体解表达式，求出相应的位移随时间变化的表达式，用计

算机作图并与图 2－1 进行比较。

2－2　试推导一般力场和均匀磁场决定的导向中心的粒子漂移速度公式(2－7)。可考虑利用动量方程对时间求平均。

2－3　粒子在匀强场中的 $\boldsymbol{E}\times\boldsymbol{B}$ 漂移与粒子的质量、电荷相关吗？如果不相关，该如何理解。

2－4　假设电子在 1 T 的匀强磁场中做回旋运动，试说明为什么可以忽略由重力场导致的重力漂移。

2－5　假设离子和电子同时在重力场中发生漂移，试写出由此漂移导致的电流大小的表达式。假设电子和离子密度均为 n，质量分别为 M 和 m。

2－6　假设一个圆柱中对称分布着密度为 $n(r)$ 的等离子体，其中电子满足 Boltzmann 关系，并且密度的特征长度为 λ，即 $\dfrac{\partial n}{\partial r}\approx -\dfrac{n}{\lambda}$。

(1)利用 $\boldsymbol{E}=-\nabla\phi$，求解给定 λ 的径向电场表达式。

(2)对于电子，如果 $v_e\approx v_{th}$，试说明有限 Larmor 半径效应很大。特别地，当 $v_e=v_{th}$ 时，$r_L=2\lambda$。

(3)第(2)问中的结论对于离子正确吗？

(提示：请不要应用 Poisson 方程。)

2－7　假设一个所谓的 Q－machine 有 $B=0.2$ T 的均匀磁场，并且具有柱状等离子体，温度为 $k_BT_e=k_BT_i=0.2$ eV。其密度截面为 $n=n_0\exp\left[\exp\left(-\dfrac{r^2}{a^2}\right)-1\right]$。假设密度满足电子的 Boltzmann 关系。

(1)在 $a=1$ cm 时，计算最大的 $\boldsymbol{E}\times\boldsymbol{B}$ 漂移速度 v_e；

(2)比较 v_e 与由地球引力导致的漂移速度 v_g 的大小；

(3)要使得 K^+ 的 Larmor 回旋半径等于 a，那么磁场强度 B 应当满足什么条件？

2－8　一束不满足准中性条件的圆柱状电子束，密度为 $n_e=10^{14}\ \mathrm{m^{-3}}$，半径 r 为 a，沿着磁场强度为 2 T 的磁场运动。假设磁场沿 z 轴正方向，电场为电子所在空间的电荷场。试计算在 $r=a$ 处，电子的 $\boldsymbol{E}\times\boldsymbol{B}$ 漂移速度的大小。

2.2　非均匀场下的粒子漂移

2.1 节中初步建立了粒子的导向中心的漂移速度公式，虽然假设条件是均匀场，但是在非均匀场中，依然有等效的表达公式。在处理非均匀场时，只需要求出由场的空间或者时间的非均匀性引起的等效的力场，即可通过该力场公式求出粒子的漂移速度公式。因此，本节及下一节的研究重点在于求解由非均匀场引起的等效力场。

空间非均匀磁场主要讨论三种情况：①磁场有梯度分布，并且其梯度方向垂直于磁场本身的方向，假设其梯度变化是小量，这时磁场梯度会使得洛仑兹力多出一项，该项就是要求解的磁场梯度力场；②磁场有梯度分布，但是其梯度方向平行于磁场方向，这时会产生磁镜效应，存在一个不变量——磁矩，即磁矩守恒；③磁力线存在空间弯曲，由于电子会被“绑”在磁力线上运动，因而会导致一个等效的向心力，这个力将导致曲率漂移。对于随时间缓慢变化的磁场，同样能够导出磁矩守恒，这也等同于磁通量守恒。

对于空间非均匀电场导致的粒子漂移，会在 $\boldsymbol{E}\times\boldsymbol{B}$ 漂移的基础上增加一项由电场梯度导致的修正项，可导致有限 Larmor 半径效应。当电场随时间变化时，会产生极化漂移，这直接导致等离子体中正负电荷反向运动，产生极化电流。

2.2.1 由磁场梯度垂直于磁场引起的粒子漂移

假设磁场沿着 z 轴正方向，即磁力线是竖直的，但是沿着 y 轴方向疏密分布，即磁场沿着 y 轴正方向有梯度分布（磁场梯度垂直于磁场），即 $\boldsymbol{B}=B_z z=\left(B_0+\frac{y\partial B_z}{\partial y}+\cdots\right)z$，将 $\boldsymbol{B}$ 按 *Taylor* 级数展开，保留一阶项可得到 $B_z=B_0+\frac{y\partial B_z}{\partial y}$。这里近似要求 $\frac{y}{L}\ll 1$（L 为磁场梯度的定标长度），y 取粒子旋转的 y 方向的位移 $\pm r_{\mathrm{L}}\cos\omega_c t$（正负号对应正负电荷，表示离子和电子的旋转方向相反），因此，只需要 $\frac{r_{\mathrm{L}}}{L}\ll 1$。由于磁场沿 x 方向均匀分布，所以粒子在 x 方向的受力时间平均为零。这样由于磁场的梯度效应，粒子的洛仑兹力在 y 方向会比均匀场多出一项，即

$$F_{\nabla B}=-qv_x(B_z-B_0)=-qv_{\perp}\cos\omega_c t\left(\pm r_{\mathrm{L}}\cos\omega_c t\,\frac{\partial B_z}{\partial y}\right) \tag{2-8}$$

将此力对时间求平均可得

$$F_{\nabla B}=\mp\frac{qv_{\perp}r_{\mathrm{L}}}{2}\nabla B \tag{2-9}$$

由任意力场的粒子漂移速度公式可得，磁场梯度引起的粒子漂移速度为

$$\boldsymbol{v}_{\nabla B}=\pm\frac{v_{\perp}r_{\mathrm{L}}}{2}\frac{\boldsymbol{B}\times\nabla B}{B^2} \tag{2-10}$$

可知，磁场梯度引起的粒子漂移与粒子的电荷极性相关。因此，电子和离子的梯度漂移方向正好相反，这将导致一个垂直于磁场方向的极化电流。进一步，令磁矩 $\mu=\frac{mv_{\perp}^2}{2B}=\frac{|q|v_{\perp}r_{\mathrm{L}}}{2}$，可以得出由磁场梯度引起的粒子漂移所导致的极化电流为

$$\boldsymbol{J}_{\nabla B}=n_0(\mu_{\mathrm{i}}+\mu_{\mathrm{e}})\frac{\boldsymbol{B}\times\nabla B}{B^2} \tag{2-11}$$

2.2.2 磁境能约束粒子吗?

上一节讨论了磁场梯度垂直于磁场的情形。但如果磁场的梯度平行于磁场本身，这种典型的磁场结构恰好产生磁镜效应。假设 $\boldsymbol{B}$ 依然沿着 z 轴正方向，这时 $\frac{\partial\boldsymbol{B}}{\partial\theta}=0$，$\boldsymbol{B}$ 在 r 和 z 方向的分量 B_r、B_z 满足

$$\frac{1}{r}\partial\frac{(rB_r)}{\partial r}+\frac{\partial B_z}{\partial z}=0 \tag{2-12}$$

这是由磁场无源的性质得到的（目前仍然没有找到磁单极子，即便找到也是在极其特殊的条件下才能找到）。

进而假设 $\frac{\partial B_z}{\partial z}$ 不随 r 变化，则对式(2－12)积分，可得

$$B_r = -\frac{1}{2}r\left[\frac{\partial B_z}{\partial z}\right]_{r=0} \tag{2-13}$$

下面考察粒子所受的沿磁力线的洛仑兹力 F_z：

$$F_z = -qv_\theta B_r = \frac{1}{2}qv_\theta r\frac{\partial B_z}{\partial z} = \mp\frac{qv_\perp r_L}{2}\frac{\partial B_z}{\partial z} = -\mu\frac{\partial B_z}{\partial z}$$

假设 s 为磁力线的弧长参数，可知

$$\frac{m\mathrm{d}v_\parallel}{\mathrm{d}t} = -\mu\frac{\partial B}{\partial s} \tag{2-14}$$

在式(2－14)两端分别乘以 $v_\parallel = \frac{\mathrm{d}s}{\mathrm{d}t}$，化简可得

$$\frac{\mathrm{d}\left(\frac{1}{2}mv_\parallel^2\right)}{\mathrm{d}t} = -\mu\frac{\mathrm{d}B}{\mathrm{d}t} \tag{2-15}$$

由 $\mu B = \frac{1}{2}mv_\perp^2$ 及粒子在静磁场中动能不变，可得

$$\frac{\mathrm{d}\left(\frac{1}{2}mv_\parallel^2 + \mu B\right)}{\mathrm{d}t} = 0 \tag{2-16}$$

结合式(2－15)和式(2－16)可以得出 $\frac{\mathrm{d}\mu}{\mathrm{d}t} = 0$，即磁矩守恒，即在磁场沿 z 方向缓慢变化的条件下得到了磁矩守恒的结论。进一步可知

$$\frac{\frac{1}{2}mv_{\perp 0}^2}{B_0} = \frac{\frac{1}{2}mv_\perp^2}{B} \tag{2-17}$$

式中，$v_{\perp 0}$为初始位置时，对应 $B = B_0$ 时刻，粒子的纵向速度。

式(2－17)表明粒子在这样的磁场结构运动过程中，随着粒子所在位置的磁场强度的增加和减少，粒子的横向和纵向的动能会发生相互转化，当然在整个过程中，粒子的总动能是不变的。因此，如果粒子最初从磁场中心磁场强度较弱的区域向磁场强度较强的区域运动，粒子的纵向速度将不断减小，而横向速度将不断增加，如果磁场强度最大值足够大，那么粒子的纵向速度将有可能减小为零，即达到粒子的反射点。之后粒子将反向运动，重新获得反方向的纵向速度。如果不考虑碰撞，遮掩的粒子将有可能在这样的磁结构中往复运动。这个物理过程类似于光在两面平行的镜子之间的反复反射的过程，因而称为磁镜效应。

当然也有粒子不会被磁镜束缚：①当粒子的初始平行速度足够大，而磁场的最大值又不够大时，粒子即使穿过磁场强度最大的位置，其纵向速度也不会减小到零，这样的粒子将毫无压力地穿出磁镜区域，成功逃逸；②当粒子的初始纵向速度不够大，但是如果经过若干次与其他粒子的不断碰撞，使它获得了足够大的纵向速度，成为第①种的情形，那么它也会成功逃逸。因而，磁镜结构虽然可以束缚粒子，但是只能束缚部分满足条件的粒子，并不能百分之百地约束粒子。随着粒子之间的不断碰撞，几乎所有的粒子都将从磁镜中逃逸。因而简单的磁结构是无法约束等离子体的。等离子体的约束时间将由等离子体的温度、碰撞

频率、密度和磁场位型共同决定。因此在目前的磁约束装置中,磁场位型被设计得极其复杂,例如目前流行的 TOKMAK 中的螺旋形的环状磁力线结构。这里不展开介绍,可参看相关的高温等离子体教材。

对于给定的磁结构,磁感应强度的最小值、最大值也给定,设为 B_0、B_m。假设速度矢量 $\boldsymbol{v}$ 与纵向速度矢量 $\boldsymbol{v}_\perp$ 的夹角为 θ,则能够被约束的粒子必须满足 $\theta > \theta_m$,其中 θ_m 为最大约束角,由式(2-18)给出

$$\sin^2\theta_m = \frac{v_{\perp 0}^2}{v_\perp^2} = \frac{B_0}{B_m} \tag{2-18}$$

而当 $\theta < \theta_m$ 时对应的锥形空间区域称为漏锥(the loss cone)。

2.2.3 曲率漂移

假设磁力线不是直的,而是弯曲的,为简单起见,假设 $\boldsymbol{B} = B_\theta\hat{\theta}$,且 $B_\theta = B_\theta(r)$,磁力线曲率半径为 R_c,磁场方向为 θ。如果粒子沿磁力线方向的速度为 $v_\parallel$,则粒子所受的等效的向心力为

$$\boldsymbol{F}_{cf} = \frac{mv_\parallel^2}{R_c}\hat{r} = \frac{mv_\parallel^2}{R_c^2}\boldsymbol{R}_c \tag{2-19}$$

由任意力场的粒子漂移速度公式可知磁场的曲率漂移速度,但是在这种弯曲的磁场中,一定伴随有磁场的梯度漂移,这就需要求解相应的磁场的梯度项 B_θ。

由柱坐标系中的旋度公式①并假设没有电流源项,则可得

$$\frac{1}{r}\partial\frac{(rB_\theta)}{\partial r} = 0 \tag{2-20}$$

其中,假设磁场沿 z 方向的分量为零,沿 θ 方向均匀分布,可以得出

$$B_\theta \propto \frac{1}{r} \tag{2-21}$$

习题

2-9 试利用式(2-21)求出磁场的梯度以及由此导致的梯度漂移。

2-10 结合式(2-17)及习题 2-9 所得出的结论,写出磁场的曲率漂移和其在这种条件下的磁场梯度漂移之和。

上面两个习题的结论表明,粒子在弯曲磁场中的漂移是沿着轴向的,即 z 方向。这意味着简单的弯曲闭合磁力线是无法约束粒子的,反而会导致粒子沿着垂直于闭合磁力线所在平面漂移运动,进而离开约束区域。通过习题 2-11,我们会发现这还将进一步导致等离子体漂移电流与电荷分离场,以及由电荷分离场导致的 $\boldsymbol{E}\times\boldsymbol{B}$ 漂移。这也是粒子无法被磁场约束的一个重要因素。

---

① 在无电流源项,电场不随时间变化时,磁场的旋度为零,由于 $\boldsymbol{B} = B_\theta\hat{\theta}$,且 $B_\theta = B_\theta(r)$,则有

$$\nabla\times\boldsymbol{B} = -\frac{\partial B_\theta}{\partial z}\hat{r} + \frac{1}{r}\partial\frac{(rB_\theta)}{\partial r}\hat{z} = 0$$

习题

2-11　试根据习题 2-10 所得出的结论，求出由弯曲磁力线导致的粒子漂移所产生的等离子体电流，并分析该电流的方向，以及由于电荷分离所产生的电荷分离场及其诱导的 $\boldsymbol{E}\times\boldsymbol{B}$ 漂移。

2.2.4　随时间变化的磁场

这一节主要讨论在随时间缓慢变化的磁场中，磁通及相应的磁矩守恒。实际上，恒定磁场中运动的粒子能量是不会因为磁场变化而改变的，这是由于磁场对应的洛仑兹力始终是垂直于粒子的运动速度的，其对粒子所做的功为零。但是当磁场随时间变化时，磁场将感应出一个电场，在这个电场的作用下，粒子的能量将不再守恒。对应的电磁场满足方程：

$$\nabla\times\boldsymbol{E}=-\dot{\boldsymbol{B}}\tag{2-22}$$

假设粒子在空间中运动，空间位移为 $\boldsymbol{l}$，并且其平行于磁场方向的速度忽略不计，只考虑粒子的横向速度，有 $\boldsymbol{v}_{\perp}=\frac{\mathrm{d}\boldsymbol{l}}{\mathrm{d}t}$。由于粒子动能的变化等于外力做功，则有

$$\frac{\mathrm{d}}{\mathrm{d}t}\left(\frac{1}{2}mv_{\perp}^{2}\right)=q\boldsymbol{E}\cdot\boldsymbol{v}_{\perp}=q\boldsymbol{E}\cdot\frac{\mathrm{d}\boldsymbol{l}}{\mathrm{d}t}\tag{2-23}$$

将式(2-23)对一个时间周期求积分，可得一个周期内粒子动能的变化量为

$$\delta\left(\frac{1}{2}mv_{\perp}^{2}\right)=\int_{0}^{2\pi/\omega}q\boldsymbol{E}\cdot\frac{\mathrm{d}\boldsymbol{l}}{\mathrm{d}t}\,\mathrm{d}t\tag{2-24}$$

当电磁场随时间变化很缓慢，即当粒子回旋一周时，轨道变化可以近似看成微扰，这样，时间积分可以近似转换为粒子未扰动的周期轨道积分，即闭合的线积分：

$$\delta\left(\frac{1}{2}mv_{\perp}^{2}\right)=\oint q\boldsymbol{E}\cdot\mathrm{d}\boldsymbol{l}=q\int_{S}\nabla\times\boldsymbol{E}\cdot\mathrm{d}\boldsymbol{S}=-q\int_{S}\dot{\boldsymbol{B}}\cdot\mathrm{d}\boldsymbol{S}\tag{2-25}$$

由于在磁场中旋转时，离子的轨迹形成的闭环的旋向为顺时针方向，所以其对应面积的法向量与磁场是反向的。而对于电子则恰好相反，所以，$\dot{\boldsymbol{B}}\cdot\mathrm{d}\boldsymbol{S}=\mp\dot{B}\mathrm{d}S$。进一步可知

$$\delta\left(\frac{1}{2}mv_{\perp}^{2}\right)=\pm q\dot{B}\pi r_{\mathrm{L}}^{2}=\frac{\frac{1}{2}mv_{\perp}^{2}}{B}\,\frac{2\pi}{\omega_{c}}\dot{B}=\mu\delta B\tag{2-26}$$

所以有

$$\delta(\mu)=0\tag{2-27}$$

这个公式说明，粒子在时间缓慢变化的磁场中运动时，其磁矩是守恒的。之前的磁矩守恒是在随空间缓慢变化的磁镜系统中推导出的结论。

实际上式(2-27)表明：随着磁场强度的变化，粒子的横向动能也将随之增大或减小。另外，磁矩守恒还意味着磁通守恒，这将以习题的形式给出。

习题

2-12　试利用磁矩守恒证明在粒子回旋轨迹所围成的面积上，磁通也是一个守恒量。

2-13　试证明当磁矩守恒时，粒子的 Larmor 回旋半径与磁场强度成反比，即 $r_{\mathrm{L}}\propto\frac{\mu}{B}$，进而说明利用随时间缓慢变化的磁场中磁矩守恒可以用来做等离子体的绝热压缩。

正如习题 2－13 所给出的，当磁矩守恒时，粒子的 Larmor 回旋半径满足

$$r_{\mathrm{L}} \propto \frac{\mu}{B} \tag{2-28}$$

即与磁场强度成反比。

2.2.5 有限 Larmor 半径效应

前面几节我们一直在讨论磁场随空间、时间变化的情况，这一节和下一节我们将讨论在空间非均匀电场和时间非均匀电场中的单粒子运动规律。

首先，假设电场沿 x 轴方向，且满足

$$\boldsymbol{E} = E_0\cos(kx)\hat{x} \tag{2-29}$$

式中，k 为波数，即 $k=\dfrac{2\pi}{\lambda}$。同时均匀磁场 B 沿 z 轴方向。这样的电场分布在等离子体中是很常见的。电子或离子在等离子体空间电荷分离场中所受的力等价于简谐振子的回复力。下面考虑粒子的横向运动方程：

$$\dot{v}_x = \pm\omega_c v_y \pm \frac{\omega_c E_0}{B}\cos(kx) \tag{2-30}$$

$$\dot{v}_y = \mp\omega_c v_x \tag{2-31}$$

式中 v_x, v_y——粒子在 x, y 方向的横向速度；

x——粒子的空间位置。

对时间求导数并交叉代入可得

$$\ddot{v}_x = -\omega_c^2 v_x \mp \frac{\omega_c E_0}{B}\sin(kx)\dot{x} \tag{2-32}$$

$$\ddot{v}_y = -\omega_c^2 v_y - \omega_c^2\frac{E_0}{B}\cos(kx) \tag{2-33}$$

注意到这两个方程已经解耦，但是解析求解基本是不可能的。这是因为，x 本身就是待求量，是由粒子在上一时刻的速度和位移决定的。为了得到一个简化的结果，用 x 的零级近似代入计算，即假设 x 为非扰动粒子的 Larmor 回旋轨道：

$$x = x_0 + r_{\mathrm{L}}\sin(\omega_c t) \tag{2-34}$$

习题

2－14 证明对于 x 满足式(2－34)的非微扰 Larmor 回旋轨道，式(2－32)中，$\overline{\dfrac{\omega_c E_0}{B}\sin(kx)\dot{x}}=0$，即对一个 Larmor 回旋周期取平均，这说明空间非均匀电场中单粒子在 x 方向的运动仍是简单的简谐振荡。

2－15 证明在波长 $\lambda \gg r_{\mathrm{L}}$ 时，式(2－33)中，$\overline{\cos(kx)}=\left(1-\dfrac{1}{4}k^2 r_{\mathrm{L}}^2\right)\cos(kx_0)$。（提示：可对余弦函数和正弦函数进行 Taylor 级数展开，留取一阶项。）

有了习题 2－14 和习题 2－15 的结果，很容易得到在空间非均匀电场中电场漂移的速度公式：

$$\boldsymbol{v}_{\mathrm{E}}=\boldsymbol{v}_y=-\frac{E_0\cos(kx_0)}{B}\left(1-\frac{1}{4}k^2r_{\mathrm{L}}^2\right) \tag{2-35}$$

进一步得出较为一般的电场漂移速度表达式：

$$\boldsymbol{v}_{\mathrm{E}}=\frac{\boldsymbol{E}\times\boldsymbol{B}}{B^2}\left(1-\frac{1}{4}k^2r_{\mathrm{L}}^2\right)=\left(1+\frac{1}{4}r_{\mathrm{L}}^2\nabla^2\right)\frac{\boldsymbol{E}\times\boldsymbol{B}}{B^2} \tag{2-36}$$

该式表明在空间非均匀的电场中，粒子漂移的速度相比均匀电场多了一项与 Larmor 半径有关的修正项，即式(2－36)中的第二项，这一项导致了有限 Larmor 半径效应(finite－Larmor－radius effect)。这一项表明 Larmor 半径大的离子将获得更大的漂移速度，而 Larmor 半径相对小的电子将获得较小的漂移速度。这将直接导致电子和离子的空间电荷分离，进而增加空间电场的不均匀性。这对于场的增加和离子漂移速度都是正反馈。正反馈意味着不稳定性。这样的漂移不稳定性，又称为微观不稳定性(microinstability)。

2.2.6　电极化漂移

假设电场在空间均匀分布，但随时间变化，即

$$\boldsymbol{E}=E_0\mathrm{e}^{\mathrm{i}\omega t}\hat{x} \tag{2-37}$$

同时假设磁场沿 z 轴均匀分布。在式(2－32)和式(2－33)中替换相关项可得

$$\ddot{v}_x=-\omega_c^2\left(v_x\mp\frac{\mathrm{i}\omega E_0}{\omega_c B}\mathrm{e}^{\mathrm{i}\omega t}\right) \tag{2-38}$$

$$\ddot{v}_y=-\omega_c^2\left(v_y+\frac{E_0}{B}\mathrm{e}^{\mathrm{i}\omega t}\right) \tag{2-39}$$

令极化漂移速度 $\boldsymbol{v}_{\mathrm{p}}$ 和电场漂移速度 $\boldsymbol{v}_{\mathrm{E}}$ 为

$$\boldsymbol{v}_{\mathrm{p}}=\pm\frac{\mathrm{i}\omega E_0}{\omega_c B}\mathrm{e}^{\mathrm{i}\omega t}\hat{x}=\pm\frac{1}{\omega_c B}\frac{\mathrm{d}\boldsymbol{E}}{\mathrm{d}t} \tag{2-40}$$

$$\boldsymbol{v}_{\mathrm{E}}=-\frac{E_0}{B}\mathrm{e}^{\mathrm{i}\omega t}\hat{y}=\pm\frac{\boldsymbol{E}\times\boldsymbol{B}}{B^2} \tag{2-41}$$

习题

2－16　试证明式(2－38)和式(2－39)的解在低频电场中($\omega^2\ll\omega_c^2$)可近似为

$$v_x=v_\perp\mathrm{e}^{\mathrm{i}\omega_c t}+v_{\mathrm{p}} \tag{2-42}$$

$$v_y=\pm\mathrm{i}v_\perp\mathrm{e}^{\mathrm{i}\omega_c t}+v_{\mathbf{E}} \tag{2-43}$$

习题 2－16 表明，对于低频电场(相对于粒子的回旋频率)，粒子会由于电场的随时间振荡而产生一个极化漂移速度 $\boldsymbol{v}_{\mathrm{p}}$。式(2－40)和式(2－41)表明，在时间非均匀电场中有：①离子的极化漂移速度远大于电子的极化漂移速度；②离子和电子的极化漂移速度是反向的，这直接导致极化电流的产生，即

$$\boldsymbol{J}_{\mathrm{p}}=ne(\boldsymbol{v}_{\mathrm{ip}}-\boldsymbol{v}_{\mathrm{ep}})=\frac{ne}{eB^2}\left(\frac{M}{Z}+m\right)\frac{\mathrm{d}\boldsymbol{E}}{\mathrm{d}t}=\frac{\rho}{B^2}\frac{\mathrm{d}\boldsymbol{E}}{\mathrm{d}t} \tag{2-44}$$

式中　Z——离子的电荷数；

　　M、m——离子和电子的质量。

习题

2－17 画图说明在时间非均匀电场中离子和电子的极化漂移的物理原因，并说明离子和电子的极化漂移速度是反向的。

2.3 绝热不变量μ、ϕ、J

设 p 和 q 为广义动量和广义坐标，粒子运动具有一定的周期性。按照经典力学可以知道，积分 $\oint p\mathrm{d}q$ 为运动守恒量。当系统中各个物理量发生缓慢变化时，粒子运动不是严格的周期运动，但是该守恒量依旧不变，这样的守恒量称为绝热不变量（adiabatic invariant）。这里的“缓慢”是相对于粒子运动的周期而言的。这样，虽然积分路径不闭合，但 $\oint p\mathrm{d}q$ 仍然是有定义的。绝热不变量在等离子体物理中具有重要的物理意义，有助于在很多物理量发生缓慢变化的情况下得出简单而有效的物理判断和结论。这里我们介绍三个绝热不变量：μ、ϕ、J。前两个之前已经证明过了，这里着重讨论其物理意义和适用范围。而第三种绝热不变量 J 又称为纵向不变量或者纬度不变量，下面给出关于该量的简单证明和讨论。

2.3.1 磁矩守恒量

前面已经证明了磁矩 $\mu=\dfrac{mv_\perp^2}{2B}$ 在磁场随空间缓慢变化或者随时间缓慢变化时是守恒量。磁场随空间缓慢变化指的是，磁场变化的空间尺度远远大于粒子在磁场中运动的 Larmor 半径，磁镜就是这种物理结构的典型代表。在这样的物理结构中，粒子的总动能是守恒的。磁场随时间缓慢变化指的是，磁场随时间变化的频率远远小于粒子在磁场中回旋的 Larmor 频率。在这样的物理结构中，粒子的横向动能会随着磁场强度的增强或减弱而增强或减弱。该结构可以用来实现等离子体压缩。

对应于磁矩的广义动量 p 和广义坐标 q，定义 $p=mv_\perp r_\mathrm{L}$ 为粒子回旋的角动量，$q=\theta$ 为粒子回旋的角度。因此

$$\oint p\mathrm{d}q = 2\pi mv_\perp r_\mathrm{L} = 4\pi\frac{m}{|q|}\mu \tag{2-45}$$

可知，只要粒子的荷质比在运动过程中不发生变化，磁矩就是守恒量。我们知道，在粒子速度达到相对论级时，粒子的质量将迅速增加，因此在相对论条件下，磁矩是否是守恒量需要重新考量。另外，需要说明的是，当磁场随时间变化的频率接近粒子回旋的 Larmor 频率时，磁矩也是守恒的。下面讨论三个磁矩不再守恒的例子。

①磁泵浦（magnetic pumping）。当磁镜中的磁场随时间正弦变化时，粒子的横向速度也会发生振荡，但是总体来看，粒子不会从磁场中获得能量。但是如果粒子之间发生了碰撞，使得粒子的横向动能转化为粒子的纵向动能，这时磁矩不再守恒。实际上，在磁场压缩粒子相位时，更容易发生碰撞，会有更多的横向动能转化为纵向动能；而在膨胀相位时，纵向动能不会大量地转换为横向动能，这样等离子体就获得了能量而被加热。

②回旋加热（cyclotron heating）。在磁场以 Larmor 频率振荡的情况下，会有部分粒子一

直处于相应电场的加速相位，而被该电场持续加速。这时磁矩也不再守恒，等离子体被加热。

③磁尖端(magnetic cusps)。如果使磁镜系统中一个磁极的电流反向，便会形成一个磁尖端，如图 2-2 所示。这样的系统中，360°范围内的粒子都会被反射。但是在其中心部位，磁场将趋近零。在这个位置，粒子对应的回旋频率接近于零，而粒子的 Larmor 半径接近无穷大，则磁矩不再守恒。这时粒子将失去约束，即可以随机运动。但是幸运的是，存在另外一个守恒量，即经典角动量 $p_\theta = mrv_\theta - erA_\theta$($A_\theta$ 为磁矢量势的 θ 方向的分量)，使得多数粒子被约束住，除非粒子之间发生碰撞。

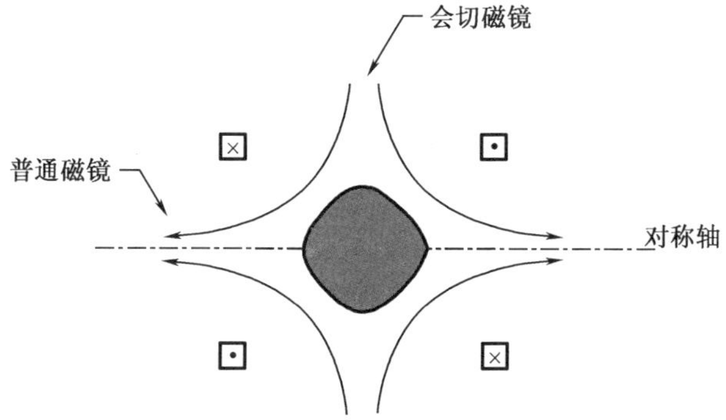

图 2-2　磁尖端

习题

2-18　总结这一节的内容，写出磁矩不守恒的物理条件。

2.3.2　磁通守恒量

前面已对磁通守恒量进行了证明，这里给出一个磁通不守恒的例子：离子球中的磁流体波的激发。相比离子绕着球表面漂移，磁流体波具有较长的周期，这使得离子每次会在同一相位遇到波，如果相位合适，离子会将漂移的动能转化为波的能量，进而激发出磁流体波。

2.3.3　纵向不变量

考虑被捕获在磁镜中的离子在磁镜两端来回反射的情况，这一运动对应的频率称为回弹频率(bounce frequency)。这时定义在两端反射点回弹的一个量为

$$J = \int_a^b v_\parallel \mathrm{d}s \qquad (2-46)$$

图 2-3 所示为空间非均匀的静态磁场。

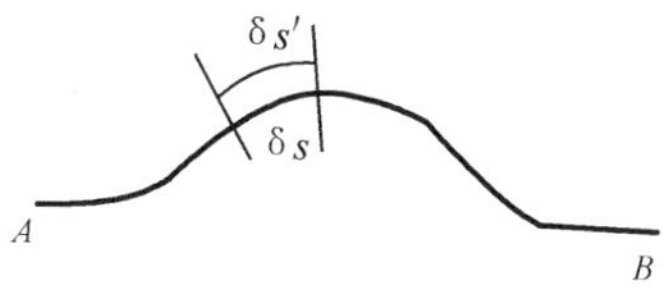

图 2-3　空间非均匀的静态磁场

下面证明 J 为不变量。实际上，不仅仅 J 守恒，$v_{\parallel}\delta s$ 也是守恒的，δs 为图 2－3 中磁力线路径中的一段弧长。由于导向中心的漂移，粒子在 Δt 后会出现在另外一弧段 $\delta s'$ 上。$\delta s'$ 和 δs 满足图 2－3 中所示的位置关系，两端的截面均垂直于磁力线。设两弧段对应的曲率半径分别为 R_c 和 R_c'，则有

$$\frac{\delta s}{R_c}=\frac{\delta s'}{R_c'} \tag{2-47}$$

因此有

$$\frac{\delta s-\delta s'}{\Delta t\delta s}=\frac{R_c-R_c'}{\Delta t R_c} \tag{2-48}$$

漂移速度沿着径向的分量为

$$\boldsymbol{v}_{gc}\cdot\frac{\boldsymbol{R}_c}{R_c}=\frac{\boldsymbol{R}_c'-\boldsymbol{R}_c}{\Delta t} \tag{2-49}$$

由磁场曲率漂移可知，粒子导向中心的漂移速度包含两项，即梯度漂移和曲率漂移，则

$$\boldsymbol{v}_{gc}=\boldsymbol{v}_{\nabla B}+\boldsymbol{v}_{\boldsymbol{R}}=\pm\frac{1}{2}v_{\perp}r_L\frac{\boldsymbol{B}\times\nabla B}{B^2}+\frac{mv_{\parallel}^2}{q}\frac{\boldsymbol{R}_c\times\boldsymbol{B}}{R_c^2B^2} \tag{2-50}$$

式(2－50)中第二项垂直于径向 $\boldsymbol{R}_c$。由式(2－48)和式(2－49)可知

$$\frac{\mathrm{d}\delta s}{\delta s\mathrm{d}t}=\boldsymbol{v}_{gc}\cdot\frac{\boldsymbol{R}_c}{R_c^2}=\pm\frac{1}{2}v_{\perp}r_L\frac{\boldsymbol{B}\times\nabla B}{B^2}\cdot\frac{\boldsymbol{R}_c}{R_c^2}=\frac{\frac{1}{2}mv_{\perp}^2}{qB^3R_c^2}[\boldsymbol{B},\nabla B,\boldsymbol{R}_c] \tag{2-51}$$

式(2－51)表示粒子磁力线的变化率。

定义粒子的总动能

$$W=\frac{1}{2}mv_{\parallel}^2+\frac{1}{2}mv_{\perp}^2=\frac{1}{2}mv_{\parallel}^2+\mu B$$

进而可得

$$v_{\parallel}=\left[\frac{2}{m}(W-\mu B)\right]^{\frac{1}{2}} \tag{2-52}$$

所以有

$$\frac{1}{v_{\parallel}}\frac{\mathrm{d}v_{\parallel}}{\mathrm{d}t}=-\frac{\mu\dot{B}}{mv_{\parallel}^2} \tag{2-53}$$

由于假设 B 为静磁场，所以 B 的时间导数是由粒子漂移引起的，即

$$\dot{B}=\frac{\mathrm{d}B}{\mathrm{d}\boldsymbol{r}}\cdot\frac{\mathrm{d}\boldsymbol{r}}{\mathrm{d}t}=\boldsymbol{v}_{gc}\cdot\nabla B=\frac{mv_{\parallel}^2}{q}\frac{\boldsymbol{R}_c\times\boldsymbol{B}}{R_c^2B^2}\cdot\nabla B=\frac{mv_{\parallel}^2}{qR_c^2B^2}[\boldsymbol{B},\nabla B,\boldsymbol{R}_c] \tag{2-54}$$

将式(2－54)代回式(2－52)中，可得

$$\frac{1}{v_{\parallel}}\frac{\mathrm{d}v_{\parallel}}{\mathrm{d}t}=-\frac{1}{2}\frac{mv_{\perp}^2}{qR_c^2B^2}[\boldsymbol{B},\nabla B,\boldsymbol{R}_c] \tag{2-55}$$

结合式(2－51)和式(2－55)，可得

$$\frac{1}{v_{\parallel}\delta s}\frac{\mathrm{d}v_{\parallel}\delta s}{\mathrm{d}t}=\frac{1}{\delta s}\frac{\mathrm{d}\delta s}{\mathrm{d}t}+\frac{1}{v_{\parallel}}\frac{\mathrm{d}v_{\parallel}}{\mathrm{d}t}=0 \tag{2-56}$$

所以有

$$v_{\parallel}\delta s=\text{常数} \tag{2-57}$$

将式(2－57)沿着磁力线积分，积分限为两个反射点，这样在忽略接近拐点处的误差

时,可以得出纵向不变量 J。

纵向不变量可以用来解释地磁场中粒子漂移的问题:在地磁场中漂移的粒子不会跳到不同的磁力线上,它会沿着同一条磁力线来回反弹,这是因为每一条磁力线长度及磁场强度都是不同的。

习题

2-19　质子宇宙射线被捕获在两个平行相向运动的磁镜中,磁镜的 $R_m=5$,质子具有初始动能 $W=1\ \text{keV}$,初始位置在中心平面上,且 $v_\perp=v_\parallel$。每个磁镜都向中心平面运动,速度为 $v_m=10\ \text{km/s}$。

(1)应用漏锥公式和磁矩不变假设,求出质子在逃逸之前所能被加速到的能量;

(2)计算质子要走多远才能得到第(1)问中所得出的能量;

(3)把磁镜看成平的活塞,证明每一次回弹得到的速度为 $2v_m$;

(4)计算粒子的回弹次数;

(5)计算质子逃逸之前被加速的总时间 T 及质子被加速过程中运动的距离 L。

2-20　(1)利用 J 不变假设直接求解习题 2-19 第(2)问;

(2)令 $\int v_\parallel \mathrm{d}s = v_\parallel L$,并对其求时间的微分;

(3)令 $\dfrac{\mathrm{d}L}{\mathrm{d}t}=-2v_m$,求出 T。

第3章 等离子体中的波及其色散关系的求解

等离子体中的波动现象是等离子体物理研究中最基本的物理现象,也是研究方法相对成熟的物理现象。在研究等离子体中的波动现象之前,必须明确要求得的物理量及这些物理量所满足的方程组。对于这部分内容,很多书都单设一章,目的是介绍磁流体动力学及一些磁扩散、磁冻结等现象。这些问题可以参考一些高温等离子体物理(磁约束聚变理论)方面的书籍,这里就不专门予以介绍,不过会在部分章节及习题中予以讨论。

等离子体最主要的特征是集体效应,而集体效应最直接的体现就是波动现象,描述波动现象最有力的工具就是色散关系。因此,本章所介绍的内容和方法是等离子体物理中最重要也是必须要掌握的。描述等离子体波动现象的基本物理量主要包括电子密度 n_e、电子速度 $\boldsymbol{v}_e$、离子密度 n_i、离子速度 $\boldsymbol{v}_i$、电荷分离场 $\boldsymbol{E}$、电势 ϕ、等离子体压强 $\boldsymbol{P}$、磁场 $\boldsymbol{B}$ 等。波动现象所需要描述的恰恰是这些物理量之间的相位、振幅之间的关联,这种关联将通过色散关系给出。为了求解色散关系,我们必须从相应的方程出发。

3.1 流体力学方程组与 Maxwell 方程组

实际上,描述上述等离子体参量的方程组在流体力学和电动力学中已经介绍过,这里只列出方程而不再证明。流体力学方程组包含连续性方程、动量方程和状态方程,有时还包含能量方程。

连续性方程为

$$\frac{\partial n}{\partial t}+(\boldsymbol{v}\cdot\nabla)(n\boldsymbol{v})=0 \tag{3-1}$$

式(3-1)为无源、无漏的方程。如果在低温等离子体物理中或者中子物理中可能要在方程的右侧添加源项和泄漏项,具体可以参看相应书籍(如《核反应堆物理》)。

动量方程为

$$\frac{\partial(m\boldsymbol{v})}{\partial t}+(\boldsymbol{v}\cdot\nabla)(m\boldsymbol{v})=q(\boldsymbol{E}+\boldsymbol{v}\times\boldsymbol{B})-\frac{\nabla\cdot\boldsymbol{P}}{n}+\boldsymbol{f}_{\text{collision}} \tag{3-2}$$

方程左侧又可表示为$\frac{\mathrm{d}m\boldsymbol{v}}{\mathrm{d}t}=\frac{\mathrm{d}\boldsymbol{p}}{\mathrm{d}t}$,其中 $\boldsymbol{p}$ 为粒子的动量。该方程右侧第一项为电磁力项。第二项为压强张量力项,该项一般包含两项:主轴元素决定的压力梯度力项和非主轴元素决定的黏滞力项。一般情况下,可忽略黏滞力,则该项只剩下压力梯度力项。第三项为碰撞力项。例如,当考虑电子和离子碰撞的情况时,则两者的碰撞力项为 $f_{\text{collision}}=v_{ei}m_e|v_e-v_i|$,其中 v_{ei}为电子、离子碰撞频率。同理有 v_{ie}、v_{in}、v_{en}、v_{ne}、v_{ni}等,这些量各不相同,其满

足的规律可以在等离子体手册中查到。这里出现了压力梯度力,因此必须通过状态方程将压强和等离子体的密度、温度建立起关联。

状态方程为

$$P = nk_B T_e \tag{3-3}$$

式中,P 为压强张量迹的 1/3,即 $P = \frac{1}{3}\mathrm{tr}(\boldsymbol{P})$,其也对应于各项同性条件下的压强值。

等离子体状态方程还可表示为

$$P = Cn^{\gamma} \tag{3-4}$$

式中　C——常数系数;

n——密度;

γ——绝热指数,且 $\gamma = \frac{N+2}{N}$。结合式(3-2)和式(3-3)可得,当等离子体满足等温条件时,有 $\gamma = 1$。

注意,这里只采用简单气体状态方程来描述等离子体,实际上,在特殊条件下,可能需要更为复杂的状态方程,这是一个新的研究领域,对于不同压力和温度区域的物质,其状态方程会有所不同。对于不同的研究领域,建议读者查找相应的书籍来确定满足条件的状态方程,从而建立压强和温度、密度的关联。

在等离子体中,Maxwell 方程组一般采用真空条件。这样由等离子体电荷分离及等离子体电流导致的自身场都已经被包含在了方程组的 $\boldsymbol{E}$ 和 $\boldsymbol{B}$ 中,即

$$\nabla \times \boldsymbol{E} = -\frac{\partial \boldsymbol{B}}{\partial t} \tag{3-5}$$

$$\nabla \times \boldsymbol{B} = \mu_0 \boldsymbol{J} + \frac{1}{c^2}\frac{\partial \boldsymbol{E}}{\partial t} \tag{3-6}$$

$$\nabla \cdot \boldsymbol{B} = 0 \tag{3-7}$$

$$\nabla \cdot \boldsymbol{E} = \frac{\rho}{\varepsilon_0} \tag{3-8}$$

式中　$\boldsymbol{J}$——微观电流;

c——真空光速;

ρ——电荷密度。

方程(3-5)表示变化的磁场产生电场,方程(3-6)表示电流和变化的电场产生磁场,方程(3-7)表示磁场无源,方程(3-8)表示电荷密度分布决定的电场,也是 Poisson 方程

$$\nabla^2 \phi = -\frac{\rho}{\varepsilon_0} \tag{3-9}$$

的另一种表达形式。方程(3-5)、方程(3-6)、方程(3-8)中静电场 $\boldsymbol{E} = -\nabla\phi$。

很多情况下,求解磁流体方程还需要微观欧姆定律:

$$\boldsymbol{J} = q_i n_i v_i + q_e n_e v_e = \sigma(\boldsymbol{E} + \boldsymbol{v} \times \boldsymbol{B}) \tag{3-10}$$

式中　σ——微观电导率;

q_i、q_e——离子和电子的电荷量;

n_i、n_e——离子和电子的密度;

v_i、v_e——离子和电子的速度。

当 σ 为无穷大时,等离子体为理想磁流体,这时有

$$\boldsymbol{E}+\boldsymbol{v}\times\boldsymbol{B}=0 \tag{3-11}$$

该式也是磁流体平衡的表达式，我们会在后面较详细地讨论。不过在下面的习题中可以先得出一些有用的结论。

习题

3-1　试由式(3-11)推导出理想磁流体中由电场、磁场决定的速度 $\boldsymbol{v}$，并说明在柱状等离子体中，轴向磁场所产生的等离子体电流的方向及其自身磁场的方向。

3-2　试写出一维条件下的流体力学方程组的表达式(忽略碰撞项及磁场力)。

3.2　色散关系

简单地说，色散关系就是用来描述波的频率 ω 和波矢 $\boldsymbol{k}$(也称波数)的函数关系的，即

$$f(\omega,\boldsymbol{k})=0 \tag{3-12}$$

这个关系式不一定含有 ω 或者 $\boldsymbol{k}$ 的显示表达式，但是一定能够给出两者之间的关系。在求解色散关系时，需要引入平面波假设，即所有的变量都满足

$$\zeta=\zeta_0\exp(\mathrm{i}\boldsymbol{k}\cdot\boldsymbol{r}-\mathrm{i}\omega t) \tag{3-13}$$

式中　$\boldsymbol{r}$——空间位置坐标；

ζ_0——对应参量的振幅项，这一项可能是复数，也就是说其会有相位项，即

$$\zeta_0=|\zeta_0|\exp(\mathrm{i}\phi_0) \tag{3-14}$$

式中，ϕ_0 为该参量的 t 时刻 0 位置处的初始相位。之所以会有初始相位，是由于不同的物理参量之间的相位可能不同，有的会相差 90°，有的会相差 180°。例如，对于电场，如果只有横向场，其横向场有振幅相同的两个分量，这两个分量之间有 90°相位差，这样的电场即为圆偏振场，其旋转方向由两者之间的相位差是 90°或是 -90°决定。

习题

3-3　试解释圆偏振电场的旋转方向和其分量之间的相位差之间的关系，可以画图说明。

式(3-13)中不仅仅 ζ_0 会有虚部，频率 ω 和波数 $\boldsymbol{k}$ 也会有虚部。一般从两者的空间阻尼和空间不稳定性判定与时间阻尼和时间不稳定性判定进行分析。

3.2.1　空间阻尼和空间不稳定性判定

当 ω 为实数，求解色散关系，得到 $\boldsymbol{k}$ 为复数，即 $\boldsymbol{k}=k_\mathrm{r}+\mathrm{i}k_\mathrm{i}$，其中 $\mathrm{i}=\sqrt{-1}$。这时就有

$$\zeta\propto\exp(-k_\mathrm{i}r) \tag{3-15}$$

当 $k_\mathrm{i}>0$ 时，变量的振幅将随着空间特征尺度的增长而呈现指数下降，使变量振幅减小的空间特征尺度为

$$L_\zeta=\frac{1}{k_\mathrm{i}} \tag{3-16}$$

即当 $r=L_\zeta$ 时，变量振幅减小为 $r=0$ 时对应值的 $\frac{1}{e}$。

空间阻尼　当一束激光入射到致密等离子体（等离子体频率 ω_p 大于波的频率 ω）上时，激光无法透入等离子体，这种情况就是空间阻尼。

习题

3－4　当一束激光入射到等离子体中，色散关系为 $\omega^2=\omega_p^2+c^2k^2$，其中 c 为光速，ω_p 为等离子体频率（后面将对等离子体频率进行推导）。试推导出激光场在致密等离子体内部无法传播，且在致密等离子体内部为衰减场，其空间特征尺度即为趋肤深度 $\delta=\frac{c}{\sqrt{\omega_p^2-\omega^2}}$。

当 $k_i<0$ 时，此时变量的振幅将随着空间特征尺度的增长而呈现指数式增长，这会导致非线性响应，也就是空间不稳定性。这种情况下，其增长的空间特征尺度为

$$L_{\zeta,in}=-\frac{1}{k_i} \tag{3-17}$$

实际上，这种情况多半会出现最快增长模式。由于不同频率 ω 的波模，其空间特征尺度会不同，那么如果存在一个 ω_m 使得对应的 $L_{\zeta,in}$ 为最小，则 ω 能够在最短的空间尺度内增长起来。可以通过式（3－18）是否成立来判断是否存在最快增长模式：

$$\frac{dk_i}{d\omega}=0 \tag{3-18}$$

如果存在这样的模式，则可以通过式（3－18）求解对应的 ω_m。当然还有一个必要的条件就是 $k_r\neq0$，否则如果 $k_r=0$，各个物理量将不会随空间变化，波也就无法传播，那只能是场而不是波，也就无所谓最快增长模式了。

3.2.2　时间阻尼和时间不稳定性判定

类似于空间阻尼，当 $\boldsymbol{k}$ 为实数时，ω 的虚部不为零时，即 $\omega=\omega_r+i\omega_i$，则变量满足

$$\zeta\propto\exp(\omega_i t) \tag{3-19}$$

当 $\omega_i<0$ 时，变量的振幅将随时间的增长而呈指数下降，直至为零。这时可以定义阻尼率为

$$\gamma_{damp}=-\omega_i \tag{3-20}$$

即当时间为 $\frac{1}{\gamma_{damp}}$ 时，变量的振幅将缩减为初始时刻的 $\frac{1}{e}$。Landau 阻尼就是典型的时间阻尼。即当给均匀热等离子体输入一个静电扰动，在等离子体内部会激发起静电等离子体波。但是随着时间的增长，这个等离子体波将因为阻尼而减弱，直至为零。Landau 阻尼是一种非常重要的无碰撞阻尼。

当 $\omega_i>0$ 时，变量的振幅将随时间的增长而呈现指数增长，增长的时间特征频率为

$$\gamma_{in}=\omega_i \tag{3-21}$$

当然，在 $\omega_r\neq0$ 时才会有平面波传播。类似于对空间阻尼的讨论，如果能够满足

$$\frac{d\omega_i}{dk}=0 \tag{3-22}$$

就存在最快增长模式,对应波的波长为 $\lambda_m=\frac{2\pi}{k_m}$。而且随着时间的增长,只有最快增长模式得到增长放大,其他模式都会被“吃掉”。这主要是由于能量都被最快增长模式吸收了,最终只剩下一种波长模式。如果能量供应足够,会出现波破甚至束团分裂的情形,而且根据束团的初始尺寸及最快增长模式的波长,可以确定束团分裂的个数。

习题

3-5　一束团在回旋加速器中被加速的过程中,存在一个最快增长模式,这使得束团回旋若干圈后会分裂为若干小束团。Bi、Huang 及其合作者得到了相应的色散关系,并证明了 $\omega_i>0$,以及存在最快增长模式的波数 k_f 使得式(3-22)成立,即存在最快增长模式。假设束团初始尺寸为 L,试给出束团分裂的个数表达式。

3.2.3　色散关系能告诉你——相速度和群速度

谈到波,就一定会有相速度和群速度。相速度即相位移动的速度,由波假设可以知道,不同时间同一相位所在位置会发生变化,且由下式决定:

$$\boldsymbol{k}\cdot\boldsymbol{r}-\omega t=0 \tag{3-23}$$

进而可得同一相位的位置随时间移动的速度,即相速度为

$$\boldsymbol{v}_{\mathrm{p}}=\frac{\mathrm{d}\boldsymbol{r}}{\mathrm{d}t}=\frac{\omega}{k} \tag{3-24}$$

在等离子体物理中,相速度大多大于光速,因此并不具有实际的物理意义;但是在计算折射率时相速度具有重要意义。

习题

3-6　已知光在真空中的色散关系为 $\omega=ck$,声波在空气中传播时其色散关系为 $\omega=c_sk$,声速 $c_s=\sqrt{\frac{\gamma k_BT}{m}}$。分别求出光在真空及声波在空气中传播的相速度。

群速度一般描述波能量传播的速度或者波搭载信息传播的速度。因此,群速度应该被定义为波包络移动的速度。实际上并不存在单一波长独立传播的波,波都是若干波长混合在一起的,有一个中心波长或者带宽。这里假设最简单的情形,即两个在中心频率附近的波叠加的情况:

$$E_1=E_0\cos[(k+\Delta k)x-(\omega+\Delta\omega)t] \tag{3-25}$$

$$E_2=E_0\cos[(k-\Delta k)x-(\omega-\Delta\omega)t] \tag{3-26}$$

式中　E_1、E_2——两个频率波的电场强度;

E_0——二者的振幅。

习题

3-7　证明:

$$E=E_1+E_2=2E_0\cos[(\Delta k)x-(\Delta\omega)t]\cos(kx-\omega t) \tag{3-27}$$

式中,$2E_0\cos[(\Delta k)x-(\Delta\omega)t]$ 为包络振幅。

由习题 3－7 的结果可以推导出包络移动的速度，即群速度为

$$v_g = \frac{d\omega}{dk} \tag{3-28}$$

3.2.4　色散关系能告诉你——物理量之间的振幅和相位关系

有了色散关系，不仅能够得出波在等离子体中传播的相速度和群速度，同时也可知道等离子体密度、速度及其分量，电荷分离势、电场及其分量，磁场及其分量之间的振幅和相位关系，也就是说整个等离子体的波动情况就一清二楚了。

可见研究等离子体中的波，色散关系起着关键作用。这里举一个最简单的例子。

电磁波在真空中传播时，满足的色散关系为 $\omega = ck$。由 Maxwell 方程式(3－5)，以及平面波假设式(3－13)，可知

$$\mathrm{i}\boldsymbol{k} \times \boldsymbol{E} = \mathrm{i}\omega \boldsymbol{B} \tag{3-29}$$

进而可知电场和磁感应强度之间的关系为

$$c\boldsymbol{B} = \frac{\boldsymbol{k}}{k} \times \boldsymbol{E} \tag{3-30}$$

式(3－30)表明：

①真空中电磁波的磁感应强度的大小是对应的电场强度的大小除以光速的大小，即 $|B| = \frac{|E|}{c}$；

②真空中电磁波的磁感应强度和对应的电场相位相同、方向垂直，并和波矢也垂直，三者之间满足式(3－30)的关系。

在一般的问题中，与此类似，利用得出的色散关系反代回相应的方程组，就可以知道各个物理量之间的振幅和相位关系了。后面将多次谈到这个问题。

习题

3－8　令 $J=0$(即真空中)，将色散关系 $\omega = ck$ 代入式(3－6)中，得出相应的 $\boldsymbol{B}$ 和 $\boldsymbol{E}$ 的关系，并与式(3－30)比较异同。

3.3　等离子体电子静电振荡——等离子体频率

假设在一个均匀等离子体中，部分电子偏离平衡位置一个很小的位移，离子仍然保持不动。这时撤去外场，电子会由于建立在电子和离子之间的电荷分离场的作用而被拉回平衡位置。但是当电子运动到原来的平衡位置时，其速度不为零，还将继续前进，进而又一次反方向偏离平衡位置。这时反向的电荷分离场又一次增加，电子在其作用下减速，并又一次返回平衡位置。这样电子就会在平衡位置反复振荡，相应的电荷分离场也跟随着电子形成振荡场。这就是等离子体振荡。这个物理过程类似于普通物理中的简谐振荡，电子类似于简谐振子，电荷分离场类似于回复力。类似于简谐振荡有固有频率，等离子体振荡也有固有频率，即等离子体频率。下面就给出其相应的物理推导。

假设：

①在整个振荡过程中没有磁场，即磁场为零；

②等离子体温度为零，即没有热运动，$k_B T_e = k_B T_i = 0$；

③离子不动，并且满足均匀分布，即 $n_i = n_0, v_i = 0$（又称为冷离子假设）；

④等离子体所在区域没有边界，即为无限大等离子体；

⑤电子运动仅沿着 x 轴方向，即一维假设；

⑥小振幅假设，即 $n_e = n_0 + n_1, E = E_1, v_e = v_1$，其中 n_1、E_1、v_1 均为小量[即在后面的推导中，如果有二阶量（如 $n_1 v_1$），则可以直接忽略]；

⑦平面波假设，即所有的一阶小量均正比于 $\exp(\mathrm{i}kx - \mathrm{i}\omega t)$。

假设①~⑤使电子的连续性方程和动量方程变为如下形式：

$$\frac{\partial n_e}{\partial t} + \frac{\partial (n_e v_e)}{\partial x} = 0 \tag{3-31}$$

式中，e 为元电荷。

$$m_e \frac{\partial v_e}{\partial t} + m_e v_e \frac{\partial (v_e)}{\partial x} = -eE \tag{3-32}$$

这两个方程中有三个未知量，求解时还需要电场和密度的关系式，即

$$\frac{\partial E}{\partial x} = \frac{\rho}{\varepsilon_0} = \frac{\varepsilon(n_i - n_e)}{\varepsilon_0} \tag{3-33}$$

将以上三式中物理量做小振幅假设，忽略二阶小量，可得

$$\frac{\partial n_1}{\partial t} + \frac{\partial (n_0 v_1)}{\partial x} = 0 \tag{3-34}$$

$$m_e \frac{\partial v_1}{\partial t} = -eE_1 \tag{3-35}$$

$$\frac{\partial E_1}{\partial x} = -\frac{en_1}{\varepsilon_0} \tag{3-36}$$

进一步对一阶小量应用平面波假设，有

$$\frac{\partial}{\partial x} = \mathrm{i}k, \frac{\partial}{\partial t} = -\mathrm{i}\omega \tag{3-37}$$

式(3-34)至式(3-36)可简化为线性方程组：

$$-\mathrm{i}\omega n_1 + \mathrm{i}kn_0 v_1 = 0 \tag{3-38}$$

$$-\mathrm{i}\omega m_e v_1 = -eE_1 \tag{3-39}$$

$$\mathrm{i}kE_1 = -\frac{en_1}{\varepsilon_0} \tag{3-40}$$

习题

3-9　试应用线性代数相关知识，证明要使式(3-38)至式(3-40)有非零解，只需要

$$\omega^2 = \omega_p^2 \tag{3-41}$$

式中，ω_p 为等离子体频率，即

$$\omega_p^2 = \frac{e^2 n_0}{\varepsilon_0 m_e} \tag{3-42}$$

3-10　将色散关系式(3-41)代回式(3-38)和式(3-39)，得出 n_1、v_1、E_1 满足的关系：

$$n_1:v_1:E_1=\frac{kn_0}{\omega}:1:\frac{\mathrm{i}\omega m_e}{\mathrm{e}} \tag{3-43}$$

并据此说明 n_1、v_1、E_1 之间的相位关系。进一步，设 $v_1=\delta\cos(kx-\omega_{\mathrm{p}}t)$，试给出 n_1、E_1 的具体表达式，并利用 Matlab 画出曲线来说明各量之间的关系。

3-11　试将等离子体频率的表达式化简为

$$\frac{\omega_{\mathrm{p}}}{2\pi}=9\sqrt{n}\left(\frac{1}{\mathrm{s}}\right) \tag{3-44}$$

式中，n 为等离子体密度，m^{-3}。并进一步估计在磁约束等离子体中，静电振荡的频率为多少。

这里我们得出了等离子体静电振荡的频率、色散关系，以及各个物理量之间的振幅和相位关系。由于这里只是简单的静电振荡，因此振荡频率只取决于等离子体的密度，而且由于群速度 $\frac{\mathrm{d}\omega}{\mathrm{d}k}=0$，因此等离子体振荡不会传播。

本小节虽然简单，但是已经很全面地阐述了求解色散关系的基本方法：

第一步，做出合理的假设，这一点不论是等离子体还是电磁场都需要；

第二步，将各个物理分析小量展开，忽略二阶及以上小量；

第三步，引入平面波假设，化简方程组；

第四步，利用化简后的线性方程组求解其有非零解的条件——系数行列式为零；

第五步，化简，得出色散关系。

习题

3-12　假设等离子体静电振荡中电场满足如下等价方程：

$$\nabla\cdot(\varepsilon\boldsymbol{E})=0 \tag{3-45}$$

试推导相应的等价介电常数 $\varepsilon=\varepsilon_0\left(1-\frac{\omega_{\mathrm{p}}^2}{\omega^2}\right)$。

3-13　（考虑电子温度的静电电子波）试假设等离子体中电子温度为 $k_{\mathrm{B}}T_{\mathrm{e}}$，离子温度仍然为零，离子不动，考虑高频电子波。

(1) 在一维条件下，利用式(3-3)和式(3-4)推导出压强梯度和密度梯度满足：

$$\frac{\partial p_{\mathrm{e}}}{\partial x}=\frac{3k_{\mathrm{B}}T_{\mathrm{e}}\partial n_{\mathrm{e}}}{\partial x} \tag{3-46}$$

(2) 在电子的动量方程中添加相应的压力梯度力项，利用本小节所述方法求解相应的电子等离子体波的色散关系：

$$\omega^2=\omega_{\mathrm{p}}^2+\frac{3}{2}k^2v_{\mathrm{th}}^2 \tag{3-47}$$

3-14　利用习题 3-13 求出的色散关系分析以下问题：

(1) 画出相应的色散关系曲线，纵轴为 ω，横轴为 k；

(2) 求出波的相速度的表达式，并求出最小相速度，以及相速度等于光速时的波频率和波长（这表明在等离子体中相速度很容易超过光速）；

(3) 求出波的群速度的表达式，并求出其最大值、最小值，并证明群速度总是小于光速；

(4) 利用色散关系，求出 n_1 与 v_1 的关系式，并说明两者之间的振幅和相位关系；

(5)利用色散关系,求出 n_1 与 E_1 的关系式,并说明两者之间的振幅和相位关系;

(6)利用色散关系,求出 E_1 与 v_1 的关系式,并说明两者之间的振幅和相位关系。

等离子体振荡最早由 Langmuir 在 1920 年提出,但是直到 1949 年才由 Bohm 和 Gross 给出详细的理论来解释波为什么传播和如何激发。一个简单的方法就是在等离子体中放置一个或多个金属栅格,并在栅格上施加振荡电势。但这需要吉赫兹级的振荡器,这在那个时候还是很困难的。一个替代的方法就是用一束电子束来激发等离子体波。当电子束团的振荡频率为 f_p 时,其通过等离子体内一个固定点时,便会在附近产生一个同频率的振荡电场进而激发等离子体振荡。形成振荡的电子束团并不是必需的,一旦等离子体振荡增长,本身就会约束电子形成振荡电子束团,由于存在正反馈机制,振荡将逐渐增长。1954 年 Looney 和 Brown 通过实验验证了该理论。

习题

3-15　电子等离子体波在一个均匀等离子体中传播,其温度为 $k_B T_e = 100$ eV,密度 $n = 10^{16}\ \mathrm{m}^{-3}$,$B = 0$。如果等离子体波的频率为 1.1 GHz,则对应的波长是多少?

3-16　考虑带阻尼的等离子体振荡:

(1)在电子动量方程中添加阻尼项 $-mn\nu\boldsymbol{v}$,并且假设电子温度为零,计算 Langmuir 波(由等离子体振荡产生)的阻尼效应;

(2)写出 ω 虚部的精确表达式,并说明波是时间阻尼;

(3)根据已求出的色散关系,写出 n_1、v_1、E_1 之间的具体关系,对比之前无阻尼的结论,说明阻尼是怎样影响等离子体振荡的?

3-17　普通声波色散关系的求解:

(1)忽略黏滞力项,考虑一般气体中声波的传播,试根据式(3-4)写出粒子的动量方程和连续性方程;

(2)假设平衡态粒子的压强、密度分别为 p_0、ρ_0,应用小振幅假设和平面波假设,写出第(1)问中方程的一阶量所满足的线性方程组,并证明声波色散关系满足:

$$\omega = kc_s \tag{3-48}$$

式中,声速 $c_s = \sqrt{\dfrac{\gamma k_B T}{M}}$;$k_B T$ 为气体中所研究粒子的温度。

(3)由上面得出的色散关系,证明声波中密度扰动和速度扰动满足:

$$\frac{v_1}{c_s} = \frac{\rho_1}{\rho_0} \tag{3-49}$$

即密度和速度的振荡相位是一致的,只是振幅有所差异。

3.4　等离子体离子声波——低频振荡

前面一节我们重点讨论了等离子体振荡和电子等离子体波,两者都是高频波。在讨论高频振荡时,离子一般假设为静止的,即符合冷离子假设。关于求解色散关系的一般步骤,我们在 3.3 节中也做了详细介绍,并且讨论了如何依据色散关系来求解各个扰动物理量之间的振幅、相位关系。这一节中我们将介绍低频波，即离子波中如何处理电子。事实上，电子的质量远远小于离子的质量($m_e = \frac{m_p}{1\ 836}$)，因此离子波中，电子不能假设为静止，相反，电子的速度和温度都可能比离子大得多(当然也可以相等)。当考虑离子运动时，电子响应很快，基本上可以认为已经达到了热平衡，即满足 Maxwell 分布或者 Boltzmann 关系。这种情况下，未知量有 n_{i1}、v_{i1}、n_{e1}、ϕ(或者 E_1)；对于双流体方程，未知量还有 v_{e1}。为了给学生更多的训练机会，我们从习题开始。

习题

3－18　利用准中性假设和 Boltzmann 关系求解离子声波色散关系。

(1)假设离子没有发生碰撞，温度为 $k_B T_i$，电子温度为 $k_B T_e$，写出离子动量方程、离子连续性方程。要求不用电场，采用电势来计算，并利用一阶线性假设和平面波假设来化简这些方程。

(2)假设电子密度满足 Boltzmann 关系式，证明电子密度一阶量 n_{e1} 和电势一阶量 ϕ_1 满足

$$n_{e1} = \frac{n_0 e\phi_1}{k_B T_e} \tag{3-50}$$

(3)利用准中性假设 $n_{i1} = n_{e1}$，结合前两问的结论求解相应的线性方程组，得出离子声波的色散关系：

$$\frac{\omega}{k} = v_s = \sqrt{\frac{\gamma_i k_B T_i + k_B T_e}{M}} \approx \sqrt{\frac{k_B T_e}{M}} \tag{3-51}$$

当 $k_B T_i \ll k_B T_e$ 时，最后一个等号成立，其中 γ_i 为离子的比热容比，一维绝热时，$\gamma_i = 3$。

(4)根据得出的色散关系，证明

$$\frac{n_1}{n_0} = \frac{e\phi_1}{k_B T_e} = \frac{v_{i1}}{v_s} \tag{3-52}$$

即离子的速度、密度及等离子体分离势相位都一致。

当然，如果不假设电子密度满足 Boltzmann 关系也可以求解离子波色散关系，但是需要从电子的连续性方程、动量方程入手来建立电子密度和电荷分离势之间的关系式，这样的求解方法称为双流体方法。

习题

3－19　利用双流体方法结合准中性假设求解离子声波的色散关系。

(1)假设没有碰撞，离子温度为 $k_B T_i$、电子温度为 $k_B T_e$，写出离子动量方程、离子连续性方程、电子动量方程、电子连续性方程。这里不用电场，采用电势计算，并利用一阶线性假设和平面波假设化简这些方程。

(2)利用准中性假设 $n_{i1} = n_{e1}$，结合第(1)问中得出的线性方程组推导出离子声波的色散关系满足

$$\frac{\omega^2}{k^2} = \frac{v_s^2}{1+\mu} \tag{3-53}$$

式中，$\mu = \frac{m_e}{m_i}$。

(3)利用求得的色散关系,求解相应一阶量之间的相位振幅关系。

实际上也可以不采用准中性假设,即可以利用 Poisson 方程来确定 n_{e1}、n_{i1}、ϕ_1 之间的关系(见习题 3-20)。当然也可以保留 Poisson 方程,而不采用双流体方法,即结合 Boltzmann 关系式来求解色散关系(见习题 3-21)。

习题

3-20　利用双流体方法结合 Poisson 方程求解离子声波的色散关系,基本假设与习题 3-19 相同。

3-21　利用 Poisson 方程,结合电子密度满足 Boltzmann 关系式,证明离子声波色散关系为

$$\frac{\omega}{k}=\sqrt{\frac{k_B T_e}{M}\left(\frac{1}{1+k^2\lambda_D^2}\right)+\frac{\gamma_i k_B T_i}{M}} \tag{3-54}$$

并说明当声波波长满足 $\lambda \gg \lambda_D$ 时,该色散关系退化为式(3-51)的色散关系。

习题 3-21 说明引入准中性假设可能带来的误差;也说明当 $\lambda \gg \lambda_D$ 时,准中性假设是准确的,这当然也要求等离子体的尺寸足够大。为了更好地理解习题 3-21 的结论,我们做如下讨论。

①当 $k_B T_i=0$,$k^2\lambda_D^2 \gg 1$ 时,式(3-54)可化简为

$$\omega=\frac{v_s}{\lambda_D}=\Omega_p \tag{3-55}$$

即对于极短波 $\lambda \ll \lambda_D$ 的离子声波,其频率将趋近常数,即退化为等离子体离子振荡,频率为 $\Omega_p=\sqrt{\frac{n_0 e^2}{\varepsilon_0 M}}$。这和等离子体电子静电振荡是类似的,也要求电子温度为零。实际上电子温度和离子温度不会为零,所以这里引入第二种讨论。

②当 $k_B T_i \neq 0$,$\frac{1}{\lambda_{Di}^2} \gg k^2 \gg \frac{1}{\lambda_D^2}$ 且 $\lambda_{Di}^2=\frac{\varepsilon_0 \gamma_i k_B T_i}{n_0 e^2}$ 时,因为在一般情况下,电子温度总是比离子温度高得多,条件可改为 $\lambda_{De} \gg \frac{\lambda}{2\pi} \gg \lambda_{Di}$,即离子声波的波长远大于离子的 Debye 长度,但远小于电子的 Debye 长度,这时色散关系退化为(1)中的结论。

③当 $k_B T_i \neq 0$,而 $\frac{1}{\lambda_{Di}^2} \ll k^2$ 时,即离子声波的波长远小于离子的 Debye 长度时,色散关系变为

$$\frac{\omega}{k}=\sqrt{\frac{\gamma_i k_B T_i}{M}}=v_{thi} \tag{3-56}$$

这类似于电子静电波。在电子静电波的色散关系中,相应的相速度和群速度均为电子热速度,而这里则为离子热速度。

上面的讨论可由图 3-1 表示。

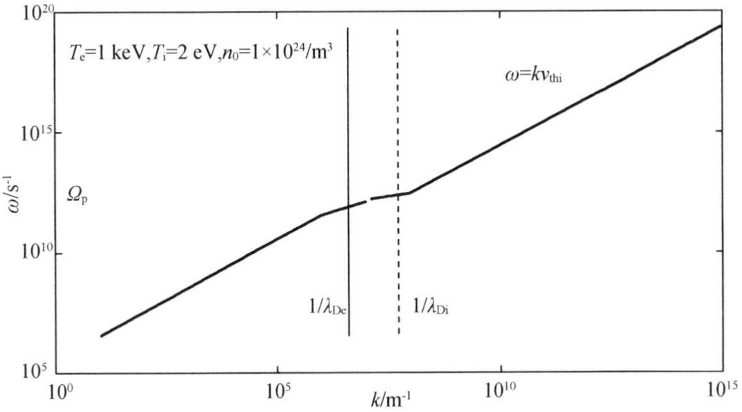

图 3－1　等离子体离子振荡色散关系曲线

当然对于大波长的离子声波，其色散关系基本上为直线，其斜率为离子声速 v_s。一个重要的结论就是，离子声速只由离子、电子温度和离子、原子质量决定，而与等离子体密度和激发波的频率无关。于是在实验上测量数据点应该是一系列平行的直线，这最早由 Wong、Motley 及 D'Angelo 在 1964 年的文献中进行了报道。

前面几节讨论的都是集中在没有磁场存在的等离子体静电振荡情形，也可以认为是平行于磁场的情形，下面开始引入磁场，即波传播方向垂直于磁场。磁场将导致不同极化的波产生不同的群速度和相速度。

3.5　垂直于磁场的静电电子振荡

在讨论垂直于磁场的静电电子振荡之前先引入几个基本定义，以明确我们所讨论的物理情形。

平行或垂直　指的是波的波矢方向平行或者垂直于外加未扰动磁场 $\boldsymbol{B}_0$。

纵向或横向　指的是波矢 $\boldsymbol{k}$ 相对于一阶振荡电场 $\boldsymbol{E}_1$ 的方向。当 $\boldsymbol{k}/\!/\boldsymbol{E}_1$ 时，即为纵向；当 $\boldsymbol{k}\perp\boldsymbol{E}_1$ 时，即为横向。

静电或电磁　指的是是否存在一阶振荡磁场 $\boldsymbol{B}_1$。如果 $\boldsymbol{B}_1=0$，则为静电波；如果 $\boldsymbol{B}_1\neq0$，即为电磁波。

另外，也可以通过 Maxwell 方程来讨论。$\nabla\times\boldsymbol{E}_1=-\boldsymbol{B}_1$，根据波假设其也等价于 $\boldsymbol{k}\times\boldsymbol{E}_1=\omega\boldsymbol{B}_1$。于是当波为纵向波时，$B_1=0$，即波也是静电波。当波为横向波时，$B_1\neq0$ 且为有限值，这时波为电磁波。这里只讨论一些简单的主模解，任意波都是这些主模的叠加。

假设磁场只有零阶分量 $\boldsymbol{B}_0=B_0\hat{z}$，考虑纵向静电电子振荡，假设 $\boldsymbol{k}=k\hat{x}$，$\boldsymbol{E}_1=E_1\hat{x}$。这与前面平行于外磁场或者无磁场的情形最大的不同之处在于，动量方程中多了一项洛仑兹力项，动量方程是最少含两个分量的方程。而波矢平行于磁场方向，粒子为匀速运动，不必考虑。我们仍然从习题开始。

习题

3－22　求解垂直于磁场的静电电子振荡的色散关系。

(1)接着上面的讨论,电子振荡是高频的,假设离子不动,电子和离子温度均为零,请写出电子的连续性方程、动量方程的分量方程及 Poisson 方程。

(2)假设 $n_e=n_0+n_1, v_e=v_1, E=E_1, B=B_0, \phi=\phi_1$,并做平面波假设,化简第(1)问中的微分方程为线性方程组。

(3)令第(2)问中线性方程组的行列式为零并求解,即色散关系满足

$$\omega^2=\omega_p^2+\omega_c^2=\omega_h^2 \tag{3-57}$$

式中,ω_h 为上杂化频率(upper hybrid frequency)。

(4)利用第(3)问中求得的色散关系,证明

$$\phi(v_y)=\phi(v_x)+\frac{\pi}{2}, \phi(E_1)=\phi(v_x)+\frac{\pi}{2}, \phi(n_1)=\phi(v_x) \tag{3-58}$$

式中,$\phi(*)$为该物理量的相位。

(5)设扰动电场 E 的振幅为 $I(E_1)=\delta$,证明

$$E_1=\delta\cos(kx-\omega t) \tag{3-59}$$

$$v_x=\frac{1}{1-\dfrac{\omega_c^2}{\omega^2}}\frac{e\delta}{m\omega}\sin(kx-\omega t) \tag{3-60}$$

$$v_y=\frac{\omega_c}{\omega}\frac{1}{1-\dfrac{\omega_c^2}{\omega^2}}\frac{e\delta}{m\omega}\cos(kx-\omega t) \tag{3-61}$$

$$n_1=\frac{kn_0}{\omega}\frac{1}{1-\dfrac{\omega_c^2}{\omega^2}}\frac{e\delta}{m\omega}\sin(kx-\omega t) \tag{3-62}$$

如果假设式(3－58)、式(3－59)中所含 x 为某一初始位置 $x=x_0$,则该位置处电子之后一个周期的运动轨迹约为

$$x_1=\frac{1}{1-\dfrac{\omega_c^2}{\omega^2}}\frac{e\delta}{m\omega^2}\cos(kx_0-\omega t) \tag{3-63}$$

$$y_1=-\frac{\omega_c}{\omega}\frac{1}{1-\dfrac{\omega_c^2}{\omega^2}}\frac{e\delta}{m\omega^2}\sin(kx_0-\omega t) \tag{3-64}$$

即运动轨迹为椭圆

$$x_1^2+\frac{y_1^2}{\left(\dfrac{\omega_c}{\omega}\right)^2}=\left(\frac{1}{1-\dfrac{\omega_c^2}{\omega^2}}\frac{e\delta}{m\omega^2}\right)^2 \tag{3-65}$$

该椭圆沿着 $\boldsymbol{k}$ 方向被拉长了。

从习题 3 - 22 的结果来看，由于忽略了电子温度，所以电子波的群速度为零，这与电子静电振荡类似。当考虑电子温度时，情况将会有所不同。上面关于电子轨迹的计算很粗略，因为真实的轨迹解析求解几乎是不可能的，用计算机迭代求解时会发现，粒子轨迹是不闭合的椭圆，如图 3 - 2 所示。其中，$B_0 = 100\ \mathrm{T}$，$\delta = 10^4\ \mathrm{V/m}$，$k = 2\times 10^4\ 2\pi/\lambda_D$，$T_e = 1\ \mathrm{keV}$，$T_i = 2\ \mathrm{eV}$，$n_0 = 1\times 10^{24}\ \mathrm{m}^{-3}$。

上杂化频率的出现实际上是由磁场洛仑兹力叠加静电力，共同作为电子振荡的回复力导致振荡频率增加而引起的。如果不是等离子体，电子就是简单的洛仑兹力回旋；如果没有磁场，电子就是简单的静电振荡。类似于简谐振荡，回复力的叠加导致加速度的增加，进而增加了粒子振荡的频率，这就是上杂化频率。洛仑兹力和静电力的叠加导致了电子运动的轨迹变为椭圆。

作为练习我们将讨论等离子体振荡和上杂化振荡的耦合，即当波传播方向不垂直于外磁场 $\boldsymbol{B}_0$ 时，两者有一个夹角 θ 的情形。

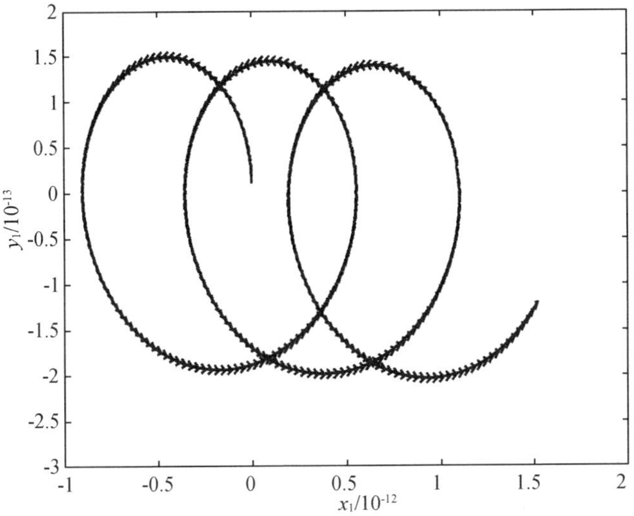

图 3 - 2　垂直于磁场运动的电子实际轨迹（不闭合的椭圆）

习题

3 - 23　外场和离子的假设条件同习题 3 - 22，电子温度仍然为零，假设波矢方向 $\boldsymbol{k} = k\sin\theta\,\hat{x} + k\cos\theta\,\hat{z}$，即 $\boldsymbol{k}$ 与外磁场 $\boldsymbol{B}_0$ 夹角为 θ，由于是纵波，则扰动电场满足 $\boldsymbol{E}_1 = E_1\sin\theta\,\hat{x} + E_1\cos\theta\,\hat{z}$，求解相应的色散关系。

（1）请写出电子的连续性方程、动量方程的分量方程及 Poisson 方程，并将各方程一阶线性化；利用平面波假设，求得相应的线性方程组。

（2）令其系数矩阵行列式为零并求解，得出色散关系的表达式为

$$\omega^2(\omega^2 - \omega_h^2) + \omega_c^2\omega_p^2\cos^2\omega = 0 \tag{3-66}$$

（3）求解上述色散关系，得出

$$\omega_1^2 = \frac{\omega_h^2 + \sqrt{\omega_h^4 - 4\omega_c^2\omega_p^2\cos^2\theta}}{2} \tag{3-67}$$

$$\omega_2^2 = \frac{\omega_h^2 - \sqrt{\omega_h^4 - 4\omega_c^2\omega_p^2\cos^2\theta}}{2} \tag{3-68}$$

当 $\theta \to 0$，$\omega_1 \to \omega_c$，如果 $\omega_c \geqslant \omega_p$，$\omega_1 \to \omega_p$；如果 $\omega_c \leqslant \omega_p$，$\omega_2 \to \omega_p$。

无论何种情况，这都是一个简单的等离子体振荡，另外一个 Larmor 回旋在平行于磁场方向的运动没有物理意义；

当 $\theta \to \frac{\pi}{2}$，$\omega_1 \to \omega_n$，$\omega_2 \to 0$，这是上杂化等离子体振荡，$\omega_2 \to 0$ 的解没有物理意义。

(4)配成平方，证明本色散关系可表示成椭圆公式：

$$\frac{x^2}{a^2} + \frac{(y-1)^2}{1} = 1 \tag{3-69}$$

式中，$x = \cos\theta$，$y = \frac{2\omega^2}{\omega_h^2}$，$a = \frac{\omega_h^2}{2\omega_c\omega_p}$。

(5)当 $\frac{\omega_p}{\omega_c}$ 等于 1、2、$+\infty$ 时，分别画出椭圆图；

(6)试证明：如果 $\omega_c > \omega_p$，则 $\omega_c \leqslant \omega_1 \leqslant \omega_h$，$\omega_2 \leqslant \omega_p$；如果 $\omega_c < \omega_p$，则 $\omega_p \leqslant \omega_1 \leqslant \omega_h$，$\omega_2 \leqslant \omega_c$，这两种情况对任意角度 θ 都成立。

3.6 垂直于磁场的静电离子波

对于离子静电波，我们需要判断电子能否沿着磁场的平行方向有效穿越静电波的波前而实现宏观热平衡，即能否满足 Boltzmann 关系。如果可以，那么电子将能够实现 Debye 屏蔽，可以运用准中性假设求解离子静电的色散关系。如果电子无法有效地沿着平行磁场方向穿越静电波的波前，这种情况下，电子的 Boltzmann 关系式不再适用，这时需要运用双流体方法外加准中性假设或者 Poisson 方程进行求解。

如图 3-3 所示，当 $\frac{\pi}{2} - \theta > \chi = \frac{v_{\parallel,i}}{v_{\parallel,e}} \approx \sqrt{\frac{m}{M}}$ 时，电子将能够沿着 $\boldsymbol{B}_0$ 有效运动(图中虚线)，进而穿越离子波前，实现 Debye 屏蔽，达到 Boltzmann 平衡。当然这其中如果 θ 很小，离子由于质量太大(相对于电子)而基本不会发生沿磁场方向的运动，所以可以按照垂直于磁场来处理。求解并不困难，我们仍然通过习题进行讲解。

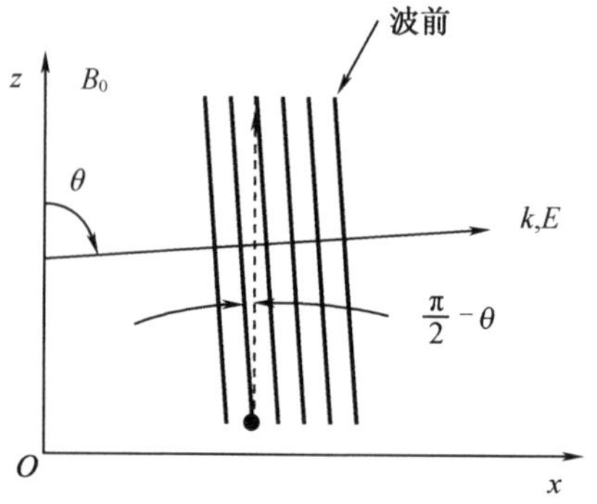

图 3-3　与 B_0 近乎成 90° 传播的静电离子波示意图

习题

3－24　在电子可以满足 Boltzmann 关系式的条件下求解静电离子回旋波的色散关系。

(1)假设波沿 x 方向，磁场沿 z 方向，列出离子的连续性方程、动量方程的分量方程，并对各方程进行一阶线性化；引入波假设，得出相应的线性方程组。

(2)求解其系数矩阵行列式，得出色散关系：

$$\omega^2=\Omega_c^2+k^2v_s^2 \tag{3-70}$$

该色散关系类似于离子 Larmor 回旋与声波的上杂化。

(3)试根据第(2)问中的结果画出相应的色散曲线，并求出离子回旋波的相速度和群速度的表达式，并讨论其与光速的关系。

(4)将求出的色散关系代回第(1)问中的线性方程组，证明

$$\phi(v_y)=\phi(v_x)-\frac{\pi}{2},\phi(v_x)=\phi(\varphi_1)=\phi(n_1) \tag{3-71}$$

$$I(v_y)=\frac{\Omega_c}{\omega}I(v_x),I(v_x)=\frac{\omega}{k}\frac{eI(\phi_1)}{(k_BT_e)} \tag{3-72}$$

类似于上一节的分析，离子回旋轨迹是扁椭圆，沿着 $\boldsymbol{k}$ 方向被洛仑兹力拉长，而且其旋向刚好与电子相反。

当$\frac{\pi}{2}-\theta<\chi=\frac{v_{\parallel,i}}{v_{\parallel,e}}\approx\sqrt{\frac{m}{M}}$时，电子将无法通过沿着 $\boldsymbol{B}_0$ 的运动(图 3－3 中虚线)穿越离子波前，也就无法实现 Debye 屏蔽，无法达到 Boltzmann 平衡。这种情况下，只能够通过双流体的方法求解色散关系。这时可以假设波矢与磁场方向严格垂直。

习题

3－25　利用双流体方法求解静电离子波下杂化频率 ω_l。

(1)同习题 3－24 中的假设，列出电子和离子的连续性方程、动量方程的分量方程，并利用一阶线性化假设和平面波假设，得出相应的线性方程组，再加上准中性假设，证明色散关系满足

$$\omega=\sqrt{\omega_c\Omega_c}=\omega_l \tag{3-73}$$

(2)说明群速度为零，并证明

$$\frac{v_{iy}}{v_{ix}}=-i\sqrt{\frac{m}{M}} \tag{3-74}$$

实际上要保持这么严格的垂直关系很难，因此实验上很难观测到下杂化频率 ω_l。另外在上题的求解中，也可以不用准中性假设，而是利用 Poisson 方程来建立电子、离子参量之间的联结关系，从而求解色散函数，见习题 3－26。

习题

3－26　利用双流体方法结合 Poisson 方程来求解静电离子波振荡的色散关系。

(1)同习题 3－25 的假设,假设波矢与磁场方向严格垂直,在习题 3－25 的第(1)问得出的线性方程组中,去掉准中性假设,添加 Poisson 方程并将其线性化,证明色散关系:

$$1=\frac{\Omega_{\mathrm{p}}^{2}}{\omega^{2}-\Omega_{\mathrm{c}}^{2}}+\frac{\omega_{\mathrm{p}}^{2}}{\omega^{2}-\omega_{\mathrm{c}}^{2}} \tag{3-75}$$

(2)假设 $\Omega_{\mathrm{c}}^{2}\ll\omega^{2}\ll\omega_{\mathrm{c}}^{2}$,从式(3－75)出发重新得出下杂化频率。

至此,我们基本上求解出了静电等离子体振荡的几种主模的色散关系。下面我们总结一下求解过程中用到的一些假设的适用情形。

①在求解电子等离子体波时,问题相对简单。由于离子质量远大于电子质量,所以电子等离子体波一般都是高频振荡,在这种条件下,离子来不及响应,因而大多数情况下都可以做冷离子假设,即 $v_{\mathrm{i}}=0$,$n_{\mathrm{i}}=0$,以及 $k_{\mathrm{B}}T_{\mathrm{i}}=0$ 或 $k_{\mathrm{B}}T_{\mathrm{i}}\ll k_{\mathrm{B}}T_{\mathrm{e}}$。

②当求解离子波时,问题较为复杂。原因就在于对电子的处理分为不同种情况。同样是由于离子质量远大于电子质量,离子的低频振荡具有相对较长的时间尺度。这种情况下,电子是必须要考虑的,绝不能简单地假定为静止或者冷的。这种情况下对电子主要进行如下处理:

a. 如果电子的运动时间和空间尺度都合适,可以假设满足热平衡,或者说满足 Boltzmann 关系式,这就要求电子运动的尺度能够大于 Debye 长度,也就是说等离子体 Debye 屏蔽可以实现。仅仅如此还是不够的,我们还需要准中性假设,以保证将电子密度和离子密度关联起来。

b. 假设电子能够满足 Boltzmann 关系式,可以不用准中性假设,利用求解 Poisson 方程的办法建立电子和离子之间的关联,也可以求得色散关系。这时求出的色散关系并不需要满足准中性假设。

c. 如果电子不能够满足 Boltzmann 关系式,如电子等离子体空间尺度很小,无法实现 Debye 屏蔽,这时就需要对电子求解连续性方程和动量方程。尽管多了一个方程,但同时也多了一个未知量——电子速度扰动。这时,就仍然需要准中性假设来补充。

d. 利用双流体的方法求解色散关系时,可以用 Poisson 方程替代准中性假定来求解。这种情况下,应用的假设最少,因而求出的色散关系也最为准确。这个色散关系,应该可以在某些近似下退化为如上三种情况之一。可能需要的假设为:$\omega\ll\omega_{\mathrm{p}}$、$\Omega_{\mathrm{p}}\ll\omega$、$\omega\ll\omega_{\mathrm{c}}$、$\Omega_{\mathrm{c}}\ll\omega$,等等。

3.7 高频电磁波在等离子体中的传播($B_0=0$)

这一节我们先从最简单的情形开始,即没有外加恒磁场($B_0=0$)的情况。

为了更好地理解电磁波在等离子体中传播的色散关系,先求解真空中的电磁波的色散关系。为此假设等离子体密度为零,即 $\rho=0$,$J=0$。有两种途径:一是消去磁场,求解电场的方程;二是消去电场,求解磁场的方程。这里我们作为例子,采用第一种方法。

对式(3－5)两边取旋度,可得

$$\nabla\times\nabla\times\boldsymbol{E}=-\nabla\times\frac{\partial\boldsymbol{B}}{\partial t} \tag{3-76}$$

而对式(3-6)求时间的导数之后代入上式,可得

$$\nabla \times \nabla \times \boldsymbol{E} = -\frac{1}{c^2}\frac{\partial^2 \boldsymbol{B}}{\partial t^2} \tag{3-77}$$

运用矢量公式$\nabla \times \nabla \times \boldsymbol{A} = \nabla(\nabla \cdot \boldsymbol{A}) - \nabla^2 \boldsymbol{A}$,化简上式得

$$-\nabla^2 \boldsymbol{E} = -\frac{1}{c^2}\frac{\partial^2 \boldsymbol{E}}{\partial t^2} \tag{3-78}$$

上式已经应用了$\rho=0$和式(3-8)。进一步,利用微扰假设,$E=E_1$和平面波假设,$E_1 \propto \exp \mathrm{i}(\boldsymbol{k}\cdot\boldsymbol{r}-\omega t)$,式(3-76)变为

$$k^2 E_1 = \frac{\omega^2}{c^2}E_1 \tag{3-79}$$

进而得出电磁波在真空中传播的色散关系为

$$\omega^2 = c^2 k^2 \tag{3-80}$$

式(3-80)包含正向传播的波($\omega = ck$)和反向传播的波($\omega = -ck$)。这里只讨论正向传播的波。这是最简单的电磁波色散关系,电磁波的相速度和群速度均为光速,没有任何介质。

虽然问题简单,但已经清晰地给出了电磁波在等离子体中传播的过程中求解色散关系的基本步骤。

习题

3-27 试利用式(3-5)至式(3-8),采用消去电场的方法,得出磁场满足的波方程,进而求解电磁波在真空中传播的色散关系。

在求解电磁波在等离子体中的色散关系时,也存在高频和低频之分。高频电磁波只有电子响应,问题简单很多。低频电磁波,离子和电子同时响应,主要包括磁流体波、Alfvén波,以及磁声波。这里只讨论高频电子波。

基于求解静电等离子体波色散关系的经验,结合本节求解真空电磁波色散关系的方法,就可以独立求解高频电子等离子体波的色散关系。这里仍然以习题引入具体求解方法。

习题

3-28 假设有一高频电磁平面波沿$\boldsymbol{r}$方向传播进入等离子体,离子没有响应,电子密度和速度均发生振荡,试按照下述步骤求解该波的色散关系。

(1)列出电磁场的Maxwell方程组,已知电流$\boldsymbol{J} = -en_0\boldsymbol{v}_{e1}$,密度$\rho = -en_{e1}$,首先将Maxwell方程中磁场消去,得出电场满足的波方程:

$$\nabla(\nabla \cdot \boldsymbol{E}) - \nabla^2 \boldsymbol{E} = -\frac{\mu_0 \partial \boldsymbol{J}}{\partial t} - \frac{1}{c^2}\frac{\partial^2 \boldsymbol{E}}{\partial t^2} \tag{3-81}$$

(2)应用微扰假设和平面波假设,化简上式为

$$(\omega^2 - c^2k^2)\boldsymbol{E}_1 = \mathrm{i}\omega c^2 e n_0 \mu_0 \boldsymbol{v}_{e1} \tag{3-82}$$

(3)写出电子的动量方程,忽略洛仑兹力项,证明洛仑兹力项远小于电场力项。并将该动量方程线性化,应用平面波假设,可将其化简为

$$i\omega m\boldsymbol{v}_{e1}=e\boldsymbol{E}_1 \tag{3-83}$$

(4)结合第(2)问和第(3)问的结论,得出色散关系为

$$\omega^2=\omega_p^2+c^2k^2 \tag{3-84}$$

(5)证明该电磁波在等离子体中传播的条件为

$$\omega^2>\omega_p^2 \tag{3-85}$$

或

$$n_p<n_c \tag{3-86}$$

式中,$n_c=\dfrac{\varepsilon_0 m_e\omega^2}{e^2}$。

(6)证明:如果该电磁波能够在等离子体中传播,相速度总是大于光速,群速度总是小于光速,并且有

$$v_g v_p=c^2 \tag{3-87}$$

(7) 如果该电磁波能够在等离子体中传播,证明电子的速度的相位总是滞后于电场相位 $\dfrac{\pi}{2}$。

(8)证明:如果等离子体密度足够高,使得电磁波无法在该等离子体中传播,在等离子体表面会出现衰减场,该场衰减的特征尺度为

$$\delta=\frac{c}{\omega_p}\left[1-\left(\frac{\omega}{\omega_p}\right)^2\right]^{-\frac{1}{2}} \tag{3-88}$$

该尺度也称为趋肤深度,类比于电磁波在金属表面的传播性质。

虽然上面的习题看起来已经很全面了,但实际上还有很多相关的重要的结论和应用没有讨论。比如,应用该色散关系,可以测量低密度情况下,均匀等离子体的密度或者等离子体的平均密度。首先,假设电磁波频率足够高或者等离子体密度足够低,即电磁波在等离子体中可以传播,应用该色散关系可以得出等离子体中波矢满足:

$$k_p=\frac{1}{c}(\omega^2-\omega_p^2)^{\frac{1}{2}} \tag{3-89}$$

因此,相比于在真空中或者空气中传播的波,当一束波通过低密度等离子体时会产生相位差,如果等离子体在波传播方向的尺度为 L,则当两列波通过相同路径时产生的相位差为

$$\Delta\phi=-\frac{\omega}{c}\left[\left(1-\frac{n_p}{n_c}\right)^{\frac{1}{2}}-1\right]L \tag{3-90}$$

于是利用两束光相干即可测出其相位差,进而得到光传播路径上的等离子体的平均密度:

$$n_p=n_c\left[1-\left(1-\frac{c\Delta\phi}{\omega L}\right)^2\right] \tag{3-91}$$

如果等离子体是不均匀的,且其不均匀的空间尺度远大于电磁波的波长,上述色散关系仍然可用,但相位差和密度的关系变为

$$\Delta\phi=\frac{\omega}{c}\int_0^L\left[1-\left(1-\frac{n_p}{n_c}\right)^{\frac{1}{2}}\right]dx \tag{3-92}$$

进一步,如果采用频率高的波使得 $n_p \ll n_c$,则等离子体平均密度满足

$$\bar{n}_p = \frac{\int_0^L n_p \mathrm{d}x}{L} = \frac{2n_c c}{L\omega}\Delta\phi \tag{3-93}$$

式(3-39)为实验测量等离子体平均密度提供了重要的理论依据。

这里有必要给出几个重要的定义。

电磁波在等离子体中传播的临界密度 n_c,即习题 3-28 第(5)问中给出的定义。

由等离子体密度决定的波传播的临界频率 $\omega_c = \omega_p$。

电磁波在等离子体中传播的折射率 $n = \frac{c}{v_p} = \frac{ck}{\omega} = \sqrt{1 - \frac{n_p}{n_c}}$。可见等离子体中折射率是小于 1 的,即相速度大于光速,这和普通的光介质是不同的。

波的截止 $k=0$,即波不能传播。这里,当 $n_p = n_c$ 时,折射率 $n=0$,波数 $k=0$,波无法传播。在后续章节中,我们将多次遇到这种情况。

注意,对于高于临界密度的等离子体,利用这种方法是无法测量等离子体密度的。当然,可以选择频率更高的 X 射线或者伽马射线。但是不论选择何种电磁波,总会有无法穿过的致密等离子体。实际上,在后续章节中会发现,当在等离子体上加上一个强的外磁场时,电磁波也是可以穿过致密等离子体的,这为测量致密等离子体密度提供了可能的技术手段。但其是否可行,还有待于实验的进一步验证。

习题

3-29 试证明高频电磁波在等离子体中传播时,等价的相对介电常数为

$$\varepsilon = 1 - \frac{n_p}{n_c} \tag{3-94}$$

3-30 假设宇宙是均匀的质子、正质子、电子和正电子的混合等离子体,密度均为 n_0。

(1)求解高频电磁波在其中传播的色散关系,忽略碰撞、湮没和热效应。

(2)利用 Poisson 方程求解低频离子波的色散关系。可以假设电子和正电子均满足 Boltzmann 关系式,并假设 $T_i \ll T_e$。

3-31 在 Q 装置的等离子体中,假设单位体积的等离子体中含有密度为 n_0 的 K^+,κn_0 的 Cl^- 和 $(1-\kappa)n_0$ 的电子,$\kappa \in (0,1)$。试导出该等离子体截止 3 cm 微波波束的临界等离子体密度 n_0。

3-32 试证明利用相位干涉测量等离子体密度,当发生的相位差是小量时,等离子的体密度和相位差成正比。

3-33 当利用 8 mm 波的微波干涉仪测量路径长度为 8 cm 的均匀等离子体时,如果测得的相移是 1/10 个干涉条纹,试计算等离子体的密度是多少?(1 个干涉条纹对应 360° 的相移)

3-34 (开放题)到达太空的空间飞船,要和地球通信就必须利用高于地球电离层等离子体密度对应的临界频率的电磁波。但是当空间飞船返回地球时,由于高速飞行与大气层会发生强烈的摩擦,这时在空间飞船表面就会包裹一层高密度的等离子体而导致通信暂时中断。请问,你有办法克服这样的通信中断吗?试讨论你的方案的可行性。

3.8 垂直于 $\boldsymbol{B}_0$ 的高频电磁波在等离子体中的传播

在上一节我们考虑了外磁场为零的情况下,高频电磁波在等离子体中的传播特性。本节将考虑外磁场 $\boldsymbol{B}_0 \neq 0$ 的情况。为了简单起见,这里只考虑波矢方向垂直于外磁场的情形。对于这种情况,仍然有两种可能:电磁波的偏振方向平行于外磁场和垂直于外磁场。平行偏振的电磁波又称为寻常波(O－波),电子在平行磁场方向的运动不会受到外磁场的影响,因此它的色散关系和3.7节中波的色散关系是一样的。

习题

3－35　试证明:平行偏振的电磁波在等离子体中传播时,色散关系与外磁场为零时的色散关系相同。

因此这里只考虑垂直偏振的情况。此时,电子的运动将会受到外磁场的影响,色散关系会有很大不同,这样的波又被称为非寻常波(E－波);同时,由于电子会在外磁场作用下发生Larmor回旋运动,因此电子扰动速度不会沿着某一个方向,而是沿着一个椭圆或者圆。这时对应的电场的一阶扰动也会是椭圆偏振的。因此,需要假设:磁场 $\boldsymbol{B}_0 = B_0\hat{z}$,波矢 $\boldsymbol{k} = k\hat{x}$,电场扰动 $\boldsymbol{E} = E_{1x}\hat{x} + E_{1y}\hat{y}$。

习题

3－36　试证明:在非相对论情况下,在求解电磁波在等离子体中传播的色散关系时,磁场的一阶扰动量可以忽略。

有了以上的准备,就可以求解色散关系了。

习题

3－37　试求解非寻常波在等离子体中传播的色散关系。

(1)假设电子温度为零,只考虑电场力和洛仑兹力,列出电子运动动量方程的 x 和 y 方向的分量方程,从Maxwell方程组导出只包含电场、电流项的波方程。

(2)利用小扰动假设和平面波假设将所得出的方程化简为线性方程组,并求解其系数矩阵的行列式为零,从而得出色散关系:

$$\frac{c^2k^2}{\omega^2} = \frac{c^2}{v_{\mathrm{p}}^2} = 1 - \frac{\omega_{\mathrm{p}}^2}{\omega^2}\frac{(\omega^2 - \omega_{\mathrm{p}}^2)}{\omega^2 - \omega_{\mathrm{h}}^2} \tag{3-95}$$

(3)从上式出发求解出左旋截止频率和右旋截止频率为

$$\omega_{\mathrm{L}} = \frac{1}{2}(-\omega_{\mathrm{c}} + \sqrt{\omega_{\mathrm{c}}^2 + 4\omega_{\mathrm{p}}^2}) \tag{3-96}$$

$$\omega_{\mathrm{R}} = \frac{1}{2}(\omega_{\mathrm{c}} + \sqrt{\omega_{\mathrm{c}}^2 + 4\omega_{\mathrm{p}}^2}) \tag{3-97}$$

(4)将频率 $\omega_{\mathrm{L}} \leqslant \omega \leqslant \omega_{\mathrm{h}}$ 代回第(2)问中得出的电场分量的线性方程组,求解电场分量

之间的振幅和相位关系，证明 $\phi(E_{1x})=\phi(E_{1y})+\frac{\pi}{2}$，说明该波确实为左旋波。

(5)将频率 $\omega_R\leqslant\omega$ 代回第(2)问中得出的电场分量的线性方程组，求解电场分量之间的振幅和相位关系，证明 $\phi(E_{1x})=\phi(E_{1y})-\frac{\pi}{2}$，说明该波确实为右旋波。

(6)由所求的色散关系可知，非寻常波存在两个共振点：$\omega=0$、ω_h。这时非寻常波变为上杂化振荡，电磁波的能量转化为静电振荡。这时群速度和相速度均为零。

通过对上述色散关系的讨论，可以画出 $\frac{v_p^2}{c^2}-\omega$ 的曲线来清晰描述色散关系曲线，如图 3-4 所示。

从图中可以看出几个特殊的区域。

(1) $0\leqslant\omega\leqslant\omega_L$ 和 $\omega_h\leqslant\omega\leqslant\omega_R$。

这两个区域的共同特点是，波不能传播，存在空间或时间阻尼或者不稳定性，因为 $\frac{\omega^2}{k^2}<0$，这将导致 k 有纯虚部，这时波会发生空间阻尼或者不稳定性。

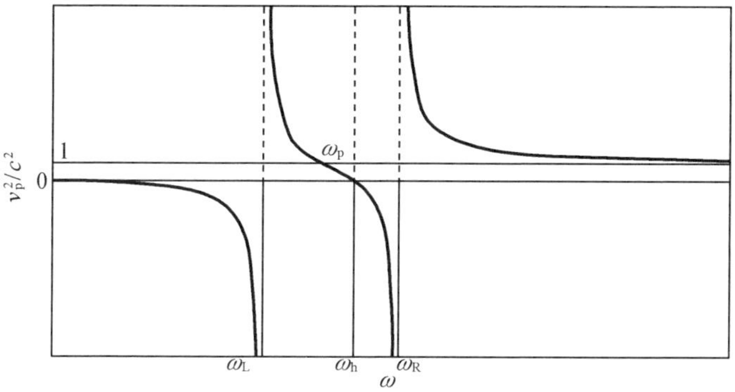

图 3-4　非寻常波色散关系曲线

(2)左旋波区域，$\omega_L\leqslant\omega\leqslant\omega_h$。

这一区域波的电场分量的相位关系满足 $\phi(E_{1x})=\phi(E_{1y})+\frac{\pi}{2}$[见习题 3-37 第(4)问]。此时 $\boldsymbol{E}_{1x}$、$\boldsymbol{E}_{1y}$、$\hat{z}$ 满足左手定则。对于左旋波，当 $\omega<\omega_p$ 时，电磁波也可以传播，而且波的相速度大于光速；当 $\omega=\omega_p$ 时，相速度等于光速；而当 $\omega>\omega_p$ 时，相速度会小于光速。上杂化频率是左旋波的上截止频率，当频率接近上杂化频率时，左旋波相速度接近于零，这时电磁振荡将会全部转化为静电的上杂化振荡，群速度也趋于零。

(3)右旋波区域，$\omega_R\leqslant\omega$。

这一区域波的电场分量的相位关系满足 $\phi(E_{1x})=\phi(E_{1y})-\frac{\pi}{2}$[见习题 3-37 第(4)问]。这时 $\boldsymbol{E}_{1x}$、$\boldsymbol{E}_{1y}$、$\hat{z}$ 满足右手定则。对于右旋波，电磁波的相速度总是大于光速，而且当频率接近无穷时，相速度也趋近光速。

再一次回到等离子体密度的探测问题，当 $B_0=0$ 时，我们讨论的结果是如果激光频率小于临界频率,电磁波无法透入等离子体,导致等离子体密度无法测量,而且此时电磁波也无法在等离子体中传播而导致通信中断。但是垂直于磁场的非寻常波中的左旋波为我们提供了可能的解决方案。当 $\omega_L \leqslant \omega \leqslant \omega_p$ 时,左旋椭圆偏振的电磁波可以在等离子体中传播,并且相速度大于光速。这种情形下,等离子体密度测量和通信都可能解决,当然条件是磁场要垂直于波方向。而且这个频率的宽度直接取决于磁场的强度,这也要求有足够强的磁场。这一点对于太空飞船是有难度的,但是对于等离子体一定范围的密度测量是可行的。

习题

3-38　请重新考虑习题3-34,是否可以提出合理可行的保持通信的方案。

3.9　平行于 $\boldsymbol{B}_0$ 的高频电磁波在等离子体中的传播

上一节讨论了垂直于磁场的寻常波与非寻常波在等离子体中的传播。这一节将讨论平行于外磁场的电磁波的传播特性。

假设磁场 $\boldsymbol{B}_0 = B_0\hat{z}$,波矢 $\boldsymbol{k} = k\hat{z}$,这样波的场分量满足

$$\boldsymbol{E} = E_{1x}\hat{x} + E_{1y}\hat{y}$$

习题

3-39　求解平行于外磁场在等离子体中传播的高频电磁波的色散关系。

(1)从 Maxwell 方程出发化简得到只包含电场、电流项的波方程,列出电子的运动方程的分量方程。

(2)利用小扰动假设和平面波假设化简上述方程为线性方程组,并求解系数矩阵的行列式得出色散关系:

$$\omega^2 - c^2k^2 = \frac{\omega_p^2}{1 \mp \dfrac{\omega_c}{\omega}} \tag{3-98}$$

(3)上述色散关系中包含了两种可能的波模式,右旋圆偏振波[式(3-99)]和左旋圆偏振波[式(3-100)]:

$$n^2 = \frac{c^2k^2}{\omega^2} = 1 - \frac{\dfrac{\omega_p^2}{\omega^2}}{1 - \dfrac{\omega_c}{\omega}} \tag{3-99}$$

$$n^2 = \frac{c^2k^2}{\omega^2} = 1 - \frac{\dfrac{\omega_p^2}{\omega^2}}{1 + \dfrac{\omega_c}{\omega}} \tag{3-100}$$

(4)将右旋波的色散关系代回式(3-98)的电场分量的线性方程组,试证明

$$E_{1y} = \mathrm{i}E_{1x} \tag{3-101}$$

即 $\boldsymbol{E}_{1x}$、$\boldsymbol{E}_{1y}$、$\hat{z}$ 满足右手定则(时间右旋、空间左旋)。

(5)将左旋波的色散关系代回式(3-98)的电场分量的线性方程组,试证明

$$E_{1y} = -\mathrm{i}E_{1x} \tag{3-102}$$

即 E_{1x}、E_{1y}、$\hat{z}$ 满足左手定则(时间左旋、空间右旋)。

(6)求出右旋波的截止频率为

$$\omega_{\mathrm{R}} = \frac{1}{2}(\omega_{\mathrm{c}} + \sqrt{\omega_{\mathrm{c}}^2 + 4\omega_{\mathrm{p}}^2})$$

左旋波的截止频率为

$$\omega_{\mathrm{L}} = \frac{1}{2}(-\omega_{\mathrm{c}} + \sqrt{\omega_{\mathrm{c}}^2 + 4\omega_{\mathrm{p}}^2})$$

(7)右旋波共振频率为 $\omega = 0$、ω_{c},左旋波共振频率为 $\omega = 0$。

(8)证明:当 $0 < \omega < \omega_{\mathrm{c}}$ 时,右旋圆偏振波在平行于磁场方向可以传播,并且其传播的相速度在 $\frac{\omega_{\mathrm{c}}}{2}$ 处有极大值。

(9)当 $\omega < \frac{\omega_{\mathrm{c}}}{2}$ 时,证明右旋圆偏振波的相速度随频率增加。

(10)当 $\omega < \frac{\omega_{\mathrm{c}}}{2}$ 时,证明右旋圆偏振波的群速度随频率增加。因此,高频分量会位于低频分量之前。这类似于口哨的声音,我们总是先听到尖锐的高频分量,之后才是低频分量。因此,这个传播区域的波也被称为哨声波(whistler mode)。

我们同样可以画出类似于3.8节中的色散曲线,如图3-5所示。图3-5表明了左旋波和右旋波的色散关系。从图中可以清楚地看出,右旋波有两个可以传播的区域,而左旋波只有一个可以传播的区域。在不可传播区域中,k 的值将包含虚部项,虚部不为零将导致波被阻尼或发生不稳定性,左旋波和右旋波都存在相应的特征空间尺度,而且这个特征尺度均是频率的函数。

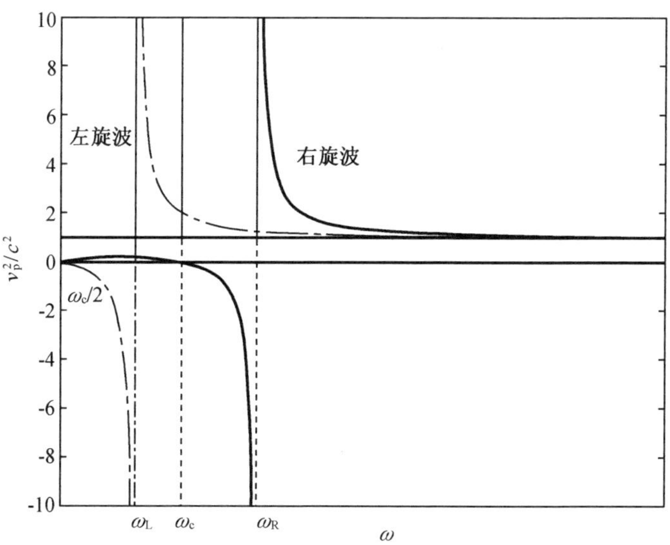

图3-5　左旋波和右旋波色散关系曲线

讨论图中的几个区域。

(1)右旋波截止区或阻尼区,$\omega_c < \omega < \omega_R$。

这一区域相应的特征空间尺度为

$$\delta_R = \frac{c}{\sqrt{\dfrac{\omega^2 - \omega_p^2\omega}{\omega - \omega_c}}} \tag{3-103}$$

从图 3-6 中可以看出,该特征尺度(又称趋肤深度)在该频率区域随频率单调增加。

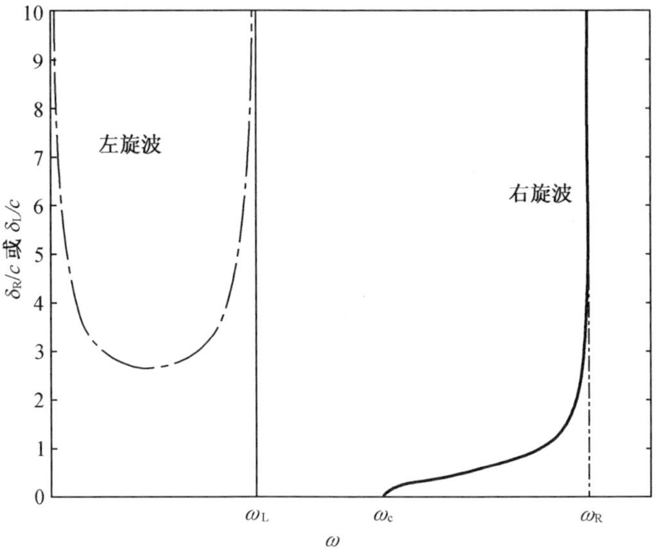

图 3-6　左旋波和右旋波空间阻尼特征尺度曲线

(2)左旋波阻尼区,$0 < \omega < \omega_L$。

在这一区域,也有同样的特征尺度:

$$\delta_L = \frac{c}{\sqrt{\dfrac{\omega^2 - \omega_p^2\omega}{\omega + \omega_c}}} \tag{3-104}$$

而且从图 3-6 可以看出,该趋肤深度在大约 $\dfrac{\omega_L}{2}$ 处有极小值。

(3)低频右旋波区,$0 \leqslant \omega \leqslant \omega_c$。

正如在习题 3-39 的第(8)~(10)问中讨论的一样,在这一区域低频电磁波可以传播,相速度远低于光速,这可以为等离子体高密度测量或者空间飞船保持通信提供理论依据。而且在这一区域的前半部分是典型的哨声波传播的区域。哨声波在研究地球电离层中具有重要意义。早期的电离层无线电发射研究者正是通过研究音频区域不同的哨声波来获得信报的。图 3-7 正是作为时间函数而接收到的频谱图。可以清楚地看出,高频分量先被接收,而低频分量后被接收。可以用扬声器听到一组典型的下降滑音。

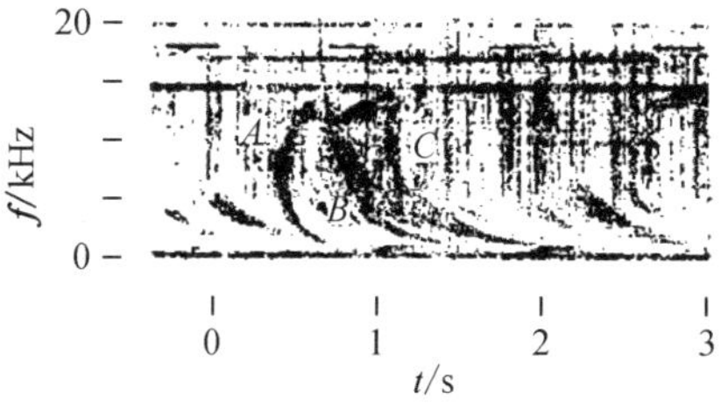

图 3-7 哨声信号的实际频谱图

当南半球发生一次闪电时,产生了所有频率的射频噪声。右旋波是在电离层和磁层中的等离子体中产生的波,它沿着地磁场传播,由磁力线引导,并被加拿大的观察者接收到。不同的频率在不同的时间到达。哨声波或是由于位于音频区域,或是由于外差作用,很容易转化为音频信号被观察到。

(4)左旋波传导区,$\omega_L < \omega$。

在这一典型区域允许左旋圆偏振波传播,其相速度均大于光速。而且随着频率的增加,其相速度趋近光速,其群速度必小于光速。

习题

3-40 证明在可传播区域,左旋波和右旋波的群速度 v_g 和相速度 v_p 满足如下关系:

$$v_p v_g = \frac{c^2}{1 + \frac{\omega_p^2 \omega_c}{2(\omega \pm \omega_c)^2 \omega}} < c^2 \tag{3-105}$$

(5)右旋波高频区,$\omega_R < \omega$。

在这一区域右旋圆偏振波被允许传播。由于 $\omega_R > \omega_L$,因此这一区域左旋圆偏振波也被允许传播,而且其相速度也均大于光速,其群速度也小于光速。

正因为存在这样的区域允许左旋和右旋圆偏振波同时传播,但是其传播的相速度又不相同,也就是相位移动的速度不同,所以当一束线偏振的平面电磁波在这样的区域中传播时,可以分解为一个左旋波和一个右旋波,二者的相位会发生相位差,进而导致在传播的过程中,该波的偏振电场相位会发生旋转,称为法拉第旋转(Faraday rotation)。下面通过习题来详细讨论。

习题

3-41 线偏振平面电磁波在平行于磁场的等离子体中传播时发生法拉第旋转,试推导其旋转角与传播路径、等离子体密度、磁场强度等参数的关系。

(1)首先一束线偏振的平面电磁波可分解为频率相同的一个左旋圆偏振电磁波和一个右旋圆偏振电磁波,请写出分解关系式。[提示:类比于 $1\,\hat{x} = \frac{1}{2}(1\,\hat{x} + \mathrm{i}\,\hat{y}) + \frac{1}{2}(1\,\hat{x} - \mathrm{i}\,\hat{y})$。]

(2)在 $\omega_R < \omega$ 区域,左旋波和右旋波都被允许传播,由习题 3-39(3)中结论可以求出

其波数 k_L、k_R 分别为

$$k_L = \frac{\sqrt{\omega^2 - \frac{\omega_p^2\omega}{\omega + \omega_c}}}{c} \tag{3-106}$$

$$k_R = \frac{\sqrt{\omega^2 - \frac{\omega_p^2\omega}{\omega - \omega_c}}}{c} \tag{3-107}$$

(3)假设初始线偏振波的电场沿 x 方向偏振，在等离子体中传播一段距离 L，左旋波和右旋波的相位均发生变化，右旋波相位增加 $\Delta\phi_R = k_R L$，左旋波相位增加 $\Delta\phi_L = k_L L$。则此时二者叠加后仍然为线偏振波，其相位角旋转为

$$\theta_F = (2m+1)\pi - \frac{(k_R L - k_L L)}{2}, m \in Z \tag{3-108}$$

[提示：$\tan\theta_F = \frac{i(\exp i\alpha - 1)}{\exp i\alpha + 1}$，$\alpha = k_R L - k_L L$。]

法拉第旋转可以在给定磁场条件下，利用合适频率的微波测出等离子体的密度，也可以在给定等离子体密度的条件下，测出磁场，或者在已知磁场和等离子体密度的条件下，测出电磁波的频率。

在恒星际空间中，通道的长度是如此之长，以至于极低密度等离子体中的法拉第旋转都是不可忽略的。这一点已经被用来解释新星形成时期，含有 OH^- 或者 H_2O 分子云中的微波溅射作用所产生的微波辐射的偏振。

习题

3-42　证明：在共振点非寻常波为纯粹的静电振荡。

3-43　证明：图 3-4 中，$\omega_L < \omega_p < \omega_h < \omega_R$。

3-44　证明：图 3-5 中，$\omega_L < \omega_c < \omega_R$。

3-45　证明：当 $\omega \ll \omega_c$ 时，哨声波的群速度正比于 $\omega^{\frac{1}{2}}$。

3-46　证明：在正负电子对等离子体中不存在法拉第旋转。

3-47　在 0.1 T 的磁场的均匀等离子体中，测量了 8 mm 微波波长微波束的法拉第旋转。发现微波束在穿过 100 cm 的等离子体之后，偏振面旋转了 90°，那么等离子体密度为多少？

3-48　利用法拉第旋转测量等离子体密度时，所利用的电磁波的频率不能小于或等于多少？

3-49　请写出利用非寻常波测量高密度等离子体的方案，包括等离子体的临界密度表达式（最好画图说明）、临界密度随磁场的变化关系。说明外加磁场受所采用的电磁波的频率和等离子体密度的制约关系。

3.10　平行于 $\boldsymbol{B}_0$ 的低频磁流体波——阿尔芬波

本节我们将讨论在等离子体中平行于外磁场 $\boldsymbol{B}_0$ 传播的低频磁流体波——阿尔芬波。在低频时，离子振荡成为主导，对电子的分析采用双流体方法。关于电磁波的传播问题，Maxwell 方程组足够将电子和离子之间的变量关联起来。因此，这时并不需要准中性假设。其求解过程仍然以习题形式给出。首先假设波矢 $\boldsymbol{k}=k\hat{z}$，外磁场 $\boldsymbol{B}_0=B_0\hat{z}$，波的电场沿 x 方向 $\boldsymbol{E}_1=E_1\hat{x}$，而磁场扰动量 $\boldsymbol{B}_1=B_1\hat{y}$。

习题

3－50　试求解低频磁流体波－阿尔芬波的色散关系。

(1) 试化简 Maxwell 方程组得到电场扰动量所满足的波方程，分别写出离子、电子的动量方程。

(2) 做微扰假设和平面波假设，将上述方程化简为线性方程组。当 $\omega^2 \ll \omega_c^2$ 时，证明

$$v_{ex}\approx 0,\ v_{ey}\approx -\frac{E_1}{B_0} \tag{3-109}$$

当 $\omega^2 \ll \Omega_c^2$ 时，有 $v_{iy}\approx v_{ey}\approx -\dfrac{E_1}{B_0}$。

(3) 求解上述线性方程组的系数矩阵行列式，得出阿尔芬波的色散关系：

$$\omega^2 - c^2k^2 = \Omega_p^2\left(1-\frac{\Omega_c^2}{\omega^2}\right)^{-1} \tag{3-110}$$

(4) 在 $\omega^2 \ll \Omega_c^2$ 时，该色散关系简化为

$$\frac{\omega^2}{k^2}=\frac{c^2}{1+\dfrac{\rho}{\varepsilon_0 B_0^2}}\approx v_A^2 \tag{3-111}$$

式中，$v_A=\dfrac{cB_0}{\sqrt{\dfrac{\rho}{\varepsilon_0}}}$ 为阿尔芬速度。这里应用了 $\dfrac{\rho}{\varepsilon_0 B_0^2}\gg 1$，$\rho=n_0M$。该假设等价于 $\Omega_p^2 \gg \Omega_c^2$。

(5) 证明：等效介电常数表达式为

$$\varepsilon = 1+\frac{c^2}{v_A^2} \tag{3-112}$$

时，该波的相速度和群速度均为 v_A。

(6) 回到 Maxwell 方程组，利用已求出的色散关系证明

$$E_1 = v_A B_1 \tag{3-113}$$

(7) 由于一阶扰动量都是波动量，即随空间、时间不断变化。已知磁力线方程为

$$\frac{B_x}{dx}=\frac{B_y}{dy}=\frac{B_z}{dz} \tag{3-114}$$

试证明:磁力线在波动过程中,向 $-y$ 方向运动的速度为

$$v_{\mathrm{B}y} = v_{\mathrm{A}} \frac{B_1}{B_0} = \frac{E_1}{B_0} \tag{3-115}$$

通过以上习题我们发现:电子和离子就像被粘在了磁力线上,和磁力线一同在 y 方向做简谐振荡,其振荡的回复力即为洛仑兹力。

3.11 垂直于 $\boldsymbol{B}_0$ 的磁声波

不同于上一节的阿尔芬波,这里考虑电磁波垂直于外磁场传播的情形。仍然假设外磁场沿着 z 方向,即 $\boldsymbol{B}_0 = B_0\hat{z}$,电磁波波矢 $\boldsymbol{k} = k\,\hat{y}$,电磁波电场 $\boldsymbol{E}_1 = E_1\hat{x}$。对于低速、非相对论情形,容易得到由电磁波的磁场产生的洛仑兹力为二阶小量,可以忽略。

习题

4-51　试求解磁声波的色散关系。

(1)对于离子,只考虑电场扰动项、由外磁场引起的洛仑兹力和压力梯度力,做一阶线性化假设化简离子动量方程。

(2)化简离子连续性方程,结合第(1)问的结论,得出离子速度扰动量与电场扰动量之间的线性关系。

(3)将第(2)问的结论应用于电子,得出电子速度扰动量的表达式,进一步结合电磁波的波动方程,得出色散关系为

$$\frac{\omega^2}{k^2} = c^2 \frac{v_{\mathrm{s}}^2 + v_{\mathrm{A}}^2}{c^2 + v_{\mathrm{A}}^2} \tag{3-116}$$

(4)当 $v_{\mathrm{A}} \ll c, k_{\mathrm{B}} T_{\mathrm{i}} \to 0$ 时,第(3)问中的色散关系退化为阿尔芬波的色散关系;当外磁场趋于0时,该色散关系退化为离子声波的色散关系。

3.12 等离子体波的分类总结

等离体波的分类如图3-8所示。

由图3-8可知,离子波的求解都涉及电子的特殊处理,这里需要着重说明。当研究电子振荡或者电子电磁波时,波的频率较高,相对于离子的振荡而言,离子可以看成是不动的,即冷离子假设。但是对于离子波,电子振荡的频率很高,因此不可忽略,更不能将电子假设为不动,一般情况下有以下四种处理方法。

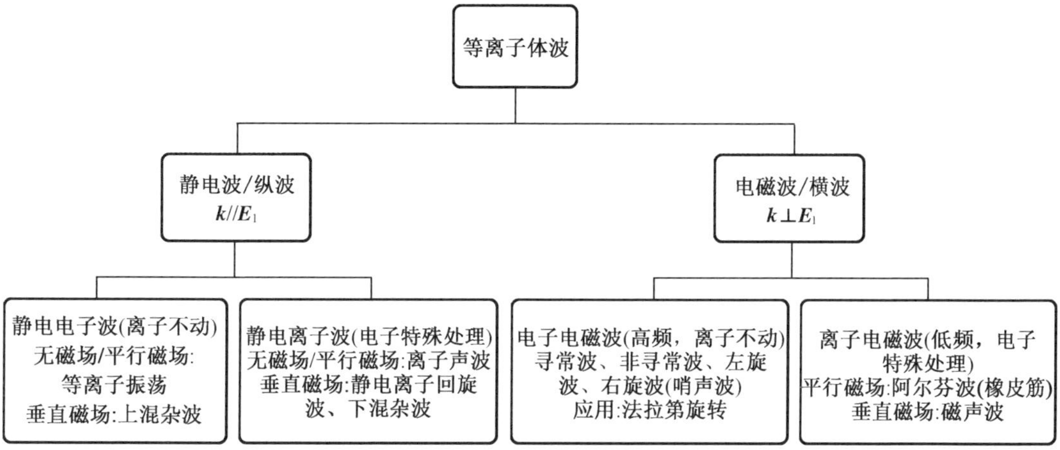

图 3－8　等离子体波的分类

(1) Boltzmann 关系式＋准中性条件。

如果电子能够达到热平衡,即满足 Maxwell 分布,等同于电子的数密度满足 Boltzmann 关系式,这样就可以将电子的密度扰动和电势(电场)扰动建立起关系式,进一步利用准中性假设 $n_{i1}=n_{e1}$,建立起离子密度扰动和电势(电场)扰动的关系式。

(2) Boltzmann 关系式＋Poisson 方程。

如果电子的数密度满足 Boltzmann 关系式,但是等离子体不能满足准中性假设,可进一步利用 Poisson 方程,建立起离子密度扰动与电势(电场)扰动的关系式。

(3) 双流体＋准中性条件。

如果电子不能满足 Boltzmann 关系式,可以利用电子的动量方程和连续性方程,进一步利用准中性条件,建立起离子密度扰动与电势(电场)扰动的关系式。

(4) 双流体＋ Poisson 方程。

如果电子不能满足 Boltzmann 关系式,可以利用电子的动量方程和连续性方程;同时不能满足准中性条件,可进一步利用 Poisson 方程,建立起离子密度扰动与电势(电场)扰动的关系式。

这四种途径,第四种应该是最烦琐的,但也是假设最少的;第一种是最简略的,也是假设最多的。可根据实际研究的物理问题"对症下药"。

等离子体的色散关系不能只从流体方程出发,更底层的是从 Boltzmann 方程出发,这将包含更多的物理内涵,将在第 5 章介绍 Bolzmann 方程之后再予以引入。

第 4 章　等离子体的不稳定性

4.1　为什么会有不稳定性?

如果单纯研究单个粒子的运动,将很容易设计磁场来约束非碰撞等离子体。我们只需要考虑场的力线不会碰到真空壁,设计系统的对称性使得所有粒子的静电漂移速度 $\boldsymbol{v}_E$ 和磁场梯度漂移速度 $\boldsymbol{v}_{\nabla B}$ 都向前平行于墙壁。但是如果对于一个宏观的流体,要把等离子体约束在磁场中就会变得非常困难。不论外部磁场如何设计,等离子体都会产生自生磁场来改变其自身的运动。同时,聚集的电荷将会产生强的电场,进而产生垂直于墙壁的 $\boldsymbol{E}\times\boldsymbol{B}$ 漂移。等离子体的电流也会产生强磁场,进而导致向外的磁场发生梯度漂移。正因为如此,即使被短时间内约束在一起的等离子体,也会因为各种各样的不稳定性而溃散、解体。因而研究约束状态下等离子体的平衡与不稳定性就非常必要了。

既然如此,我们先看看平衡的分类问题。如图 4－1 所示,利用简单的力学示意图给出了七种平衡状态。

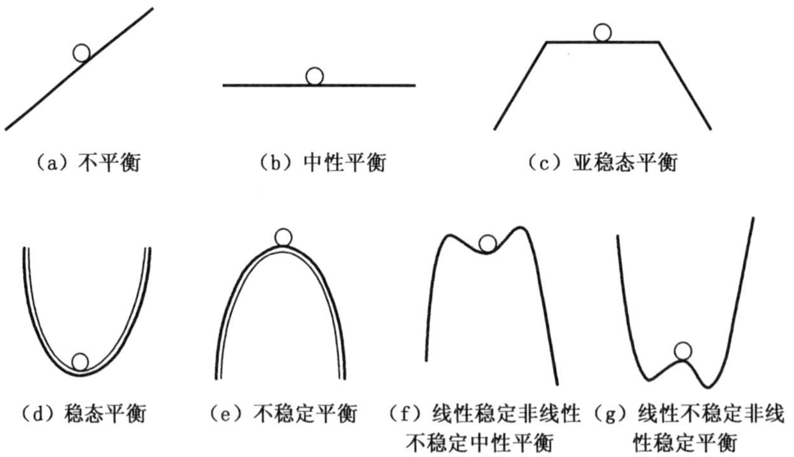

图 4－1　各种平衡状态的力学示意图

图 4－1(a)～图 4－1(e)的平衡状态都很好理解。图 4－1(f)中,只要扰动在一定的阈值以内都是平衡的,但是当扰动超出阈值后,平衡就不稳定了,这种情况又称为爆破不稳定性。图 4－1(g)中,小球初始是不稳定态,但是却不会发生大的位移,这种不稳定性并不危险。当然实际情况远比图 4－1 所示的要复杂得多。平衡态问题总是与不稳定性问题相伴相生,二者的研究方法也是相互借鉴。例如,如果能够求解出微扰状态下平衡态的衰减因

子,很多情况下不稳定因子也会同时求出。

4.2　磁流体平衡与比压

虽然要真正确定平衡态的关系很复杂,但是从磁流体方程可以得出一些简单有用的物理规律。虽不严格,但能抓住关键。

单流体磁流体方程中的动量方程为

$$\rho\frac{\partial \boldsymbol{v}}{\partial t}=\boldsymbol{J}\times\boldsymbol{B}-\nabla p+\rho\boldsymbol{g} \tag{4-1}$$

不考虑重力,平衡态 $\rho\frac{\partial \boldsymbol{v}}{\partial t}=0$,进而得出

$$\boldsymbol{J}\times\boldsymbol{B}=\nabla p \tag{4-2}$$

再加上平衡态的 Maxwell 方程:

$$\nabla\times\boldsymbol{B}=\mu_0\boldsymbol{J} \tag{4-3}$$

这两个公式基本给出了磁流体平衡时电流、磁场和密度梯度之间的关系。可以从以下三种情况进行简单分析。

①力的平衡,即压力梯度力和洛仑兹力之间的平衡,并且 $\boldsymbol{J}\perp\boldsymbol{B}\perp\nabla p$,满足右手螺旋定则。考虑一个柱状的等离子体,压力梯度力指向轴心。当外加一个轴向磁场时,等离子体的电子和离子将分别做角向回旋运动,进而产生角向电流。角向电流又会产生磁场,即等离子体的自生磁场,最终平衡后的总磁场所产生的洛仑兹力和等离子体本身向外膨胀的压力梯度力平衡,从而达到磁流体平衡状态。通过对 $\nabla\times\boldsymbol{B}=\mu_0\boldsymbol{J}$ 两边再求一次旋度,计算可得角向电流:

$$\boldsymbol{J}_{\perp}\frac{\boldsymbol{B}\times\nabla p}{B^2}=(k_BT_{\mathrm{i}}+k_{\mathrm{B}}T_{\mathrm{e}})\frac{\boldsymbol{B}\times\nabla n}{B^2} \tag{4-4}$$

可以发现,磁力线和电流线均在等压面上。这就是前面所说的抗磁性电流。从磁流体的角度看,抗磁性电流是由垂直磁场的压力梯度力产生的,但是其产生的洛仑兹力又与压力梯度力平衡,进而达到磁流体平衡态。图 4-2 所示为柱状等离子体磁流体平衡示意图。

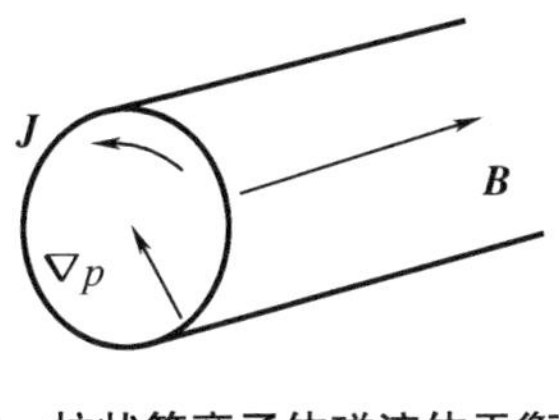

图 4-2　柱状等离子体磁流体平衡示意图

② $\boldsymbol{J}\perp\boldsymbol{B}\perp\nabla p$,满足右手螺旋定则。这个结论在较复杂的几何结构中显得不平凡。想象一个环状等离子体,具有光滑的径向密度梯度,以致等密度面(等压力面)刚好是一个一个嵌套的环面。由于 $\boldsymbol{J}$ 和 $\boldsymbol{B}$ 都必须垂直于压力梯度,两者就必须在等压面上。因此磁力线和电流线将相互垂直并且在等压环面上盘旋,而不能穿过等压面。

③由于磁力线位于等压面上,则沿着磁力线切向的压力不变。此时,有

$$\frac{\partial p}{\partial s}=0 \tag{4-5}$$

式中,s 为磁力线的弧长参数。对于等温等离子体,其在磁流体平衡态,这意味着沿着磁力线等离子体密度是不变的。

习题

4－1　在磁镜系统中,试论证平衡态下沿着磁力线的等离子体密度不变。(提示:考虑随流导数项的补偿效应。)

4－2　试将 $\nabla\times\boldsymbol{B}=\mu_0\boldsymbol{J}$ 代入 $\boldsymbol{J}\times\boldsymbol{B}=\nabla p$ 推导式(4－6)。[提示:利用 $(\boldsymbol{B}\cdot\nabla)\boldsymbol{B}\approx 0$,即沿着磁力线方向磁场变化缓慢。]

$$\nabla\left(p+\frac{B^2}{2\mu_0}\right)=0 \tag{4-6}$$

基于习题4－2的结论,可以得出磁流体平衡态中,粒子压力与磁压之和为常数的重要结论,即

$$p+\frac{B^2}{2\mu_0}=\text{常数} \tag{4-7}$$

这说明,在一个有密度梯度的等离子体中,密度高的地方,总磁场弱;密度低的地方,总磁场强。也就是说,强的磁场更容易压缩等离子体。高密度处总磁场的减弱是由抗磁性电流导致的。为了更好地描述这个抗磁性效应,可定义比压:

$$\beta=\frac{\max_v\left(\sum nk_{\mathrm{B}}T\right)}{\max_v\left(\dfrac{B^2}{2\mu_0}\right)} \tag{4-8}$$

为了更好地约束等离子体,一般情况下比压 β 介于 $10^{-6}\sim10^{-3}$。这样,抗磁性效应就会很弱。这也是很多时候能够假设磁场是均匀场的原因。当比压很高时,意味着抗磁性效应很明显,这时高密度处的磁场将会很大程度上被削弱。

高比压等离子体在天体和磁流体能量转换研究中应用更加普遍。对于聚变堆,选择比压,意味着要很好地考虑压缩率和经济成本之间的平衡,如 $\beta\approx1\%$ 时,产生的能量将和等离子体密度的平方成正比,而造价将随着磁感应强度的几次方成比例增加。

理论上讲,可以有比压等于1的等离子体,其中抗磁性电流产生的场能够恰好等于反向外加均匀磁场。这时会有两个区域:一个有等离子体没有场,另一个有场而没有等离子体。如果外场力线是直线,这样的平衡将是不稳定的,这就好比在一个弹性橡皮条上放了一个果冻一样,其有很大自由能。这样的平衡态能否实际出现,还有待验证。在某些此类结构中,等离子体内部确实会有真空场,局部的比压为无穷大。这当然只发生在仅在一个大的等离子体的边缘有外加磁场的情形。因此,我们选择了在整个区域取最大磁压和最大粒子压力来定义比压,就不会使局部比压为无穷大。

习题

4－3　一个柱状等离子体中,半径为 a,外加一个沿着轴向的均匀强磁场 $\boldsymbol{B}=B_0\hat{z}$,并且压力分布满足

$$p=p_0\cos^2\frac{\pi r}{2a} \tag{4-9}$$

(1)计算 p_0 的最大值。

(2)利用第(1)问计算所得的 p_0,计算抗磁性电流 $\boldsymbol{J}(r)$ 及总的磁场 $\boldsymbol{B}(r)$。

(3)在图中画出 $\boldsymbol{J}(r)$、$\boldsymbol{B}_\theta(r)$、$p(r)$。

(4)设想把这个圆柱弯曲成一个环,使得磁力线封闭,这使得原来建立的平衡态将被扰动。试问,是否有可能重新构建 $p(r,\theta)$,从而实现新的磁流体平衡。

4-4　考虑一个无限大、直的等离子体柱,具有方形的密度截面分布:

$$n(r)=\begin{cases}n_0,r\in[0,1]\\0,r\in(1,\infty)\end{cases} \tag{4-10}$$

整个空间的磁场为均匀场 $\boldsymbol{B}=-B_0\hat{z}$,如果比压为 β,试证明轴上的磁场为零。

(1)当 $k_\mathrm{B}T=$ 常数时,利用磁流体平衡的方程,求出电流 $\boldsymbol{J}_\perp$。

(2)利用 $\nabla\times\boldsymbol{B}=\mu_0\boldsymbol{J}$ 和 Stokes 定理,做环路积分,得到

$$B_{ax}-B_0=\mu_0\sum k_\mathrm{B}T\int_0^\infty\frac{\frac{\partial n}{\partial r}}{B(r)}\mathrm{d}r,B_{ax}\equiv B_{r=0} \tag{4-11}$$

(3)积分,证明 $B(r)$ 在 $r=a$ 处的值为 B_{ax}、B_0 的平均值。

4-5　抗磁环路是一个用来通过抗磁效应测量等离子体压力的装置。当等离子体产生后,抗磁电流增加,等离子体内部的磁场将减弱,通过环路截面的磁通量就减少,这将在连接的 RC 回路上产生一个电压。设 N 为电流环的圈数。

(1)证明

$$\int_{\mathrm{loop}}V\mathrm{d}t=-N\Delta\phi=-N\int\boldsymbol{B}_\mathrm{d}\cdot\mathrm{d}\boldsymbol{S},B_\mathrm{d}\equiv B-B_0 \tag{4-12}$$

(2)利用习题 4-4 中的方法求出 $B_\mathrm{d}(r)$,假设密度分布满足 $n(r)=n_0\exp\left[-\left(\frac{r}{r_0}\right)^2\right]$。为了进行积分,可假设 $\beta\ll1$,这样积分中的 B 就可以用 B_0 代替了。

(3)证明

$$\int V\mathrm{d}t=\frac{1}{2}N\pi r^2\beta B_0$$

4.3　磁场在等离子体中的扩散

天体等离子体中经常会遇到磁场向等离子体中扩散的问题。如果有一个边界,边界的一边有等离子体而没有场,另一边有场而没有等离子体,假如等离子体没有阻抗,这个边界将保持,这类似于超导体;否则,电力线上任意大小的电动势都将产生无穷大的电流,但这是不可能的,等离子体的流动会将力线扭曲弯折,这可能就是蟹状星云中气体的丝状结构产生的原因。

如果阻抗是有限的,等离子体将透入场中,场也将透入等离子体中。如果等离子体运动得足够慢,磁力线还没发生扭曲,场会在一定的时间内向等离子体内部扩散,扩散的时间可以由磁流体方程进行简单估算:

$$\nabla\times\boldsymbol{E}=-\dot{\boldsymbol{B}} \tag{4-13}$$

$$\boldsymbol{E}+\boldsymbol{v}\times\boldsymbol{B}=\eta\boldsymbol{J} \tag{4-14}$$

式中，$\eta=\dfrac{mv_{ei}}{ne^2}$ 为等离子体的微观阻抗系数。其定义可参看习题4-6。

习题

4-6 等离子体中电子和离子之间的碰撞将产生阻抗，定义 $P_{ei}=mn(\boldsymbol{v}_i-\boldsymbol{v}_e)v_{ei}$ 为由于电子和离子碰撞导致的单位时间内电子动量的变化，v_{ei} 为电子和离子碰撞频率，m 为电子质量，n 为等离子体密度。另外也可以从欧姆定律角度定义 $P_{ei}=\eta en\boldsymbol{J}$，$\boldsymbol{J}=en(\boldsymbol{v}_i-\boldsymbol{v}_e)$。试利用这两个定义，给出 η 与 v_{ei} 的关系。

4-7 由习题4-6，同样可以定义 P_{ie}，试说明 v_{ie} 与 v_{ei} 的不同之处。

为了简单起见，假设等离子体没有宏观流动，即是静止的。而场的力线向等离子体扩散，这样 $v=0$，结合式(4-13)和式(4-14)可以得出

$$\frac{\partial\boldsymbol{B}}{\partial t}=-\nabla\times\eta\boldsymbol{J} \tag{4-15}$$

习题

4-8 利用式(4-3)中磁流体平衡时的抗磁性电流，得出

$$\frac{\partial\boldsymbol{B}}{\partial t}=\frac{\eta}{\mu_0}\nabla^2\boldsymbol{B} \tag{4-16}$$

4-9 假设磁场的空间定标长度为 L，利用式(4-16)估计磁场的时间定标长度为

$$\tau\approx\frac{\mu_0L^2}{\eta} \tag{4-17}$$

习题4-9给出了磁场向等离子体内部扩散的空间定标长度与时间定标长度之间的关系表达式。

时间 τ 也可以理解为磁场在等离子体内部湮灭的时间尺度。当力线向等离子体内部透入时，其诱导的电流会导致等离子体的欧姆加热。欧姆加热的能量来源于场的能量。τ 时间内单位空间内等离子体欧姆加热的能量为 $\eta j^2\tau$，进而可以得出

$$\eta j^2\tau\approx\eta\left(\frac{B}{\mu_0L}\right)^2\frac{\mu_0L^2}{\eta}=2\left(\frac{B^2}{2\mu_0}\right) \tag{4-18}$$

因此 τ 也是场能耗散转化为焦耳热能的时间尺度。

习题

4-10 假定D-D反应堆中电磁不稳定性限制比压 β 最大为 $\left(\dfrac{m}{M}\right)^{\frac{1}{2}}$。假设磁场场强为20 T(受限于材料强度)。如果 $k_BT_e=k_BT_i=20$ keV，试求出内部最大等离子体密度。

4-11 简单推导等离子体阻抗的表达式：当一个电子与一个离子发生库伦碰撞时，假设离子静止，电子相对离子速度为 $\boldsymbol{v}$，相互作用距离为 r_0，则相互作用时间可估计为 $T=\dfrac{r_0}{v}$，

假设相互作用过程中电子动量改变为 $m\boldsymbol{v}$。

(1)试由冲量定理估计电子离子库仑碰撞的相互作用距离 r_0，并据此估计相互作用截面 $\sigma = \pi r_0^2$ 满足

$$\sigma \approx \frac{e^4}{16\pi\varepsilon_0^2 m^2 v^4} \tag{4-19}$$

(2)进一步电子和离子碰撞频率满足

$$v_{ei} \approx n\sigma v = \frac{ne^4}{16\pi\varepsilon_0^2 m^2 v^3} \tag{4-20}$$

(3)进而求出等离子体阻抗表达式为

$$\eta = \frac{m}{ne^2} v_{ei} \approx \frac{\pi e^2 m^{\frac{1}{2}}}{(4\pi\varepsilon_0)^2 (k_B T_e)^{\frac{3}{2}}} \tag{4-21}$$

一般来讲还要在公式(4－21)后面加上一个积分修正因子 $\ln \Lambda = \overline{\lambda_D / r_0} = \ln(12\pi n\lambda_D^3)$，即库仑对数，很多书可以查到。

4－12　在激光聚变实验中，靶丸表面吸收激光能量，产生了密度为 $10^{27}/\text{m}^3$，温度为 $k_B T_e = k_B T_i = 10$ keV 的等离子体。热电子电流同时会产生 10^3 T 的磁场。

(1)试证明 $\omega_c \tau_{ei} \gg 1$，因此电子的运动严格受限于磁场；

(2)试证明 $\beta \gg 1$，因此磁场将无法有效约束等离子体；

(3)等离子体和场将如何运动使得看起来矛盾的两个条件(1)和(2)同时成立？

4.4　不稳定性的分类

在处理等离子体波的问题时，我们假设未扰动态满足热动力学平衡状态：粒子满足 Maxwell 平衡分布，密度和磁场都是均匀分布。在这样一种熵值最高的状态，没有自由能用于激发波，要激发波必须考虑外来的能量源。现在我们考虑非热动力学平衡的状态，虽然似乎力学都是平衡的，并且可能有一个不含时的解。但这种状态是有自由能的，它能够自激发产生波，这样的平衡态就演变为非稳态。不稳定性总是这样一种运动，它会消耗系统的自由能，并且使等离子体状态更加接近真正的热动力学平衡状态。

因此根据自由能的种类可以将不稳定性分为四种不同的类型。

(1)流不稳定性。

这种情形，或者有一束能量束流穿过等离子体或者有一个电流来驱动等离子体，使得不同粒子之间存在相对漂移速度，这种漂移的能量能够激发波。其激发出的波的能量是消耗漂移能产生的。

(2)瑞丽泰勒不稳定性。

这种情形，等离子体有密度梯度或者有一个陡峭的边界，使得等离子体是不均匀的。同时等离子体受到一个外加的非电磁力的作用，这个力将驱动不稳定性。这好比一杯倒立的水。虽然水和气体的界面处于平衡态，水的重力也被大气压力所平衡(一个大气压能够

支持 10 米高的水柱!)。但这是一个非稳定平衡,界面上任何的祁连都将趋于增长,不停地消耗重力势能。这种轻流体支撑重流体的情况在流体力学中非常常见。

(3)普适不稳定性。

即便没有明显的驱动力(如电的力或者重力),等离子体依然不是处于完美的热动力学平衡态,类似于被束缚。等离子体自身的压力将驱使等离子体膨胀,膨胀的能量能够驱动不稳定性。这种类型的不稳定性在目前任何类型的等离子体中都是存在的,导致的波称为普适不稳定性。

(4)动力学不稳定性。

流体理论中,粒子速度分布总是被假定满足 Maxwell 分布。实际上,如果粒子分布不再是 Maxwell 分布,都会与热动力学平衡有所偏离。速度分布的各向异性也将驱动不稳定性。实际上,如果 $T_{\parallel} \neq T_{\perp}$,将会产生修正 Harris 不稳定性。在磁镜装置中,由于存在漏锥,大的 $\frac{v_{\parallel}}{v_{\perp}}$ 将使得粒子亏损,这种各向异性将导致漏锥不稳定性。

在接下来的几节中我们将简单分析几种不稳定性。

不是所有的不稳定性都会对粒子约束不利。接近电子振荡频率 ω_{p} 的高频不稳定性,并不会影响离子的运动。低频不稳定性 $\omega \ll \Omega_{\mathrm{c}}$,将通过 $\boldsymbol{E} \times \boldsymbol{B}$ 漂移来产生不规则的双极性泄漏损失。$\omega \approx \Omega_{\mathrm{c}}$ 的不稳定性,不会产生沿磁场方向的粒子输运,但是对于磁镜系统是危险的,这是由于这种不稳定性会通过扩散使得粒子进入速度空间的漏锥之中而产生离子泄漏。

4.5 双流不稳定性

作为一个简单的流不稳定性的例子,这一节我们考虑一均匀等离子体,其中离子是静止的,电子具有宏观流动,速度为 $\boldsymbol{v}_0 = v_0 \boldsymbol{x}$。假设等离子体满足离子假设,即 $T_{\mathrm{e}} = T_{\mathrm{i}} = 0$;不存在外加磁场,即 $B_0 = 0$。离子和电子的一阶线性化方程简化为

$$Mn_0 \frac{\partial v_{\mathrm{i1}}}{\partial t} \approx en_0 E_1 \tag{4-22}$$

$$mn_0 \left[\frac{\partial v_{\mathrm{e1}}}{\partial t} + (\boldsymbol{v}_0 \cdot \nabla) v_{\mathrm{e1}} \right] = -en_0 E_1 \tag{4-23}$$

其中电子的动量方程与第 3 章中处理波的色散关系时的动量方程有所不同,注意到零阶速度不再为零,因此就多出一个一阶项 $(\boldsymbol{v}_0 \cdot \nabla) v_{\mathrm{e1}}$,这就是导致不稳定性的自由能来源。由于假设 $T_{\mathrm{e}} = T_{\mathrm{i}} = 0$,即速度均匀分布,所以 $(v_{\mathrm{e1}} \cdot \nabla) v_0$ 项为零。进一步,与求解波的色散关系相同,引入波假设:

$$E_1, v_{\mathrm{i1}}, v_{\mathrm{e1}}, n_{\mathrm{o1}}, n_{\mathrm{e1}} \propto \exp[\mathrm{i}(kx - \omega t)] \tag{4-24}$$

其中,波矢方向为 $\boldsymbol{k} = k\hat{x}$。

习题

4-13　在公式(4-22)至公式(4-24)以及上面所做的假设的基础上,进一步将各式化为代数方程组,结合电子和离子的连续性方程,试推导双流不稳定性所满足的色散关系。

(1)化简电子和离子的动量方程,求出电子和离子的一阶速度与电荷分离场的一阶量之间的线性关系式:

$$v_{i1} = \frac{ieE}{M\omega}, v_{e1} = -\frac{ie}{m}\frac{E}{\omega - kv_0} \tag{4-25}$$

(2)列出离子的连续性方程,化简得出离子密度一阶量与速度一阶量之间的线性关系:

$$n_{i1} = \frac{k}{\omega}n_0 v_{i1} = \frac{ien_0 kE}{M\omega^2} \tag{4-26}$$

(3)列出电子的连续性方程,化简得出电子密度一阶量与速度一阶量之间的线性关系:

$$n_{e1} = \frac{kn_0 v_{e1}}{\omega - kv_0} = -\frac{iekn_0}{m}\frac{E}{(\omega - kv_0)^2} \tag{4-27}$$

(4)列出 Poisson 方程,将前(1)~(3)问的结果代入,得出色散关系满足:

$$1 = \omega_p^2\left[\frac{m}{M\omega^2} + \frac{1}{(\omega - kv_0)^2}\right] \tag{4-28}$$

式(4-28)给出了双流不稳定性的色散关系。该方程是关于 ω 的四阶代数方程,总共有四个复根。如果四个复根都是实数,则不会有不稳定性;如果有两个复根,则存在不稳定性。因此研究该代数方程解的情况将能够得到不稳定性发生的条件以及不稳定性的参数依赖关系。

为简单起见,假设 $x = \frac{\omega}{\omega_p}, y = \frac{kv_0}{\omega_p}, \mu = \frac{m}{M}$。式(4-28)可化简为

$$F(x,y) = \frac{\mu}{x^2} + \frac{1}{(x-y)^2} = 1 \tag{4-29}$$

这样色散关系的解问题变成了求解二元函数 $F(x,y)$ 与直线 1 的交点。可将 y 看作参量,x 作为自变量,$F(x,y)$ 就成了关于 x 的含参量 y 的函数,画出函数图像如图 4-3 所示。我们发现 $x=0$ 和 $x=y$ 为 $F(x,y)$ 的两个无穷远点。而 $x = \pm\infty$ 则都是 $F(x,y)$ 的零点,并且对于全体实数 x 有 $F(x,y)>0$。

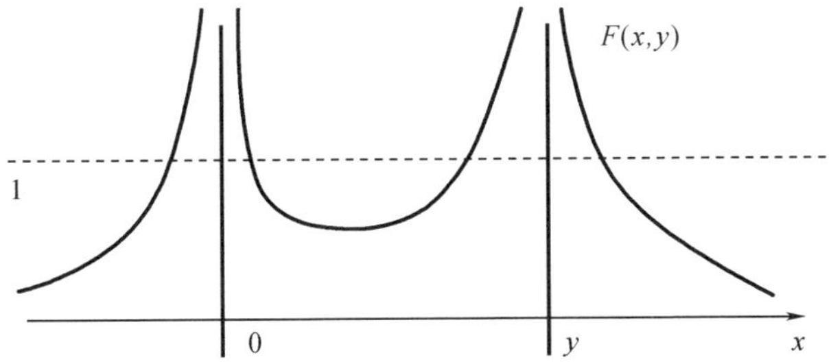

图 4-3　双流不稳定性中 $F(x,y)$ 的图像(等离子体稳定情形)

由图 4-3 可知,色散关系的四个根都是实根,等离子体是稳定的。从图中可以看出,在 $x \in (0,y)$ 中有一个 x 能够使得 F 达到极小值。如果该极小值小于 1,则色散关系有四个实根;如果该极小值大于 1,则必然存在复数解,即等离子体是不稳定的。

习题

4-14　试求出 $F(x,y)$ 在区间 $(0,y)$ 上的极小值,并求出等离子体不稳定性的必要

条件。

(1)将 $F(x,y)$ 看作关于自变量 x 的含参量 y 的一元函数,求出其在 $(0,y)$ 上的极小值及对应的 x 满足

$$F(x,y)_{\min}=\frac{(1+\mu^{\frac{1}{3}})^2}{y^2}=\frac{(1+\mu^{\frac{1}{3}})^2\omega_p^2}{k^2v_0^2},x=\frac{\mu^{\frac{1}{3}}}{1+\mu^{\frac{1}{3}}}y \tag{4-30}$$

(2)令第(1)问中求得的极小值大于1,求出不稳定性的必要条件如下:

$$(1+\mu^{\frac{1}{3}})^2\omega_p^2>k^2v_0^2 \tag{4-31}$$

这里虽然得到了双流不稳定性的判定条件,但是却很难写出描述不稳定性的不稳定增长率的简洁的解析表达式。

首先,这个条件表明不稳定性要发生必须有足够小的对流速度或者足够长的波长,使得 kv_0 对应的频率略小于电子等离子体频率。

假设 $\omega=\omega_r+i\gamma$,其中 ω_r 为实际不稳定性波的频率,由于该频率应该是能够耦合离子的振荡频率,因此要求

$$\omega_r\approx\Omega_p=\sqrt{\mu}\omega_p \tag{4-32}$$

即满足 $x_r\approx\sqrt{\mu}$。这里只考虑时间不稳定性,这时一定能得到 $\gamma=f(kv_0)$,这样就可能有最快增长率的出现,则要求满足 $\frac{\partial\gamma}{\partial k}=0$,等价于 $\frac{\partial\gamma}{\partial y}=0$。但是实际上要求解 $\gamma=f(kv_0)$ 比较困难,但是如果能求出其反函数 $y=h(x)$,则可以使问题得到解决。

习题

4-15 试求出上述双流不稳定性的最快增长率的近似表达式以及对应的波长模式。

(1)从式(4-29)出发,反解出 y 关于 x 的函数:

$$y=x\pm\frac{x}{\sqrt{x^2-\mu}} \tag{4-33}$$

(2)令 $\frac{\partial y}{\partial x}=0$,求出对应的 x,其对应虚部为

$$\gamma\approx\mu^{\frac{1}{3}} \tag{4-34}$$

[提示:这里对应式(4-33)中的负号情形,并将式(4-32)代入可得。]

(3)将第(2)步的结果代回(1),解出对应的最快增长率的波长模式为

$$k\approx\frac{\omega_p}{v_0} \tag{4-35}$$

实际上,这里要求 v_0 足够小方能出现双流不稳定性。但是实际上太小的 v_0(如 $v_0<v_{th}$),等离子体的热效应将使得双流不稳定性被抑制,这就是后面一章中要提到的 Landau 阻尼效应。这一点,必须通过动理论的办法求解 Boltzmann 方程得到,将在后面的章节中予以讨论。

这里讨论的不稳定性又称为 Buneman 不稳定性。通过下列习题我们可以更加清楚地明白其物理意义。

习题

4-16　电子振荡频率为 ω_p，离子振荡频率为 $\Omega_p=\sqrt{\mu}\omega_p$，要使得二者能够发生耦合，可以通过 Doppler 频移来降低电子频率，因此 kv_0 需要满足一定值。

(1) 对于未扰动的电子束团，其动能为 $\frac{1}{2}mv_0^2n_0$。如果有扰动，其动能变为 $\frac{1}{2}m(n_0+n_{e1})(v_0+v_{e1})^2$。试证明：在一个周期内电子动能的平均值小于未扰动时的动能。

动能的差别满足

$$\Delta E_e\approx-\frac{1}{4}\frac{kv_0+\omega}{kv_0-\omega}mn_0|v_1|^2<0,\ kv_0>\omega\approx\Omega_p \tag{4-36}$$

(2) 类似于第(1)步的证明方法可知，粒子的振荡平均动能大于未扰动时的动能，即获得能量。因此两个波动的振幅都将增加，以保证系统总的能量守恒。

4-17　(1) 当两束冷的电子束以大小相等、方向相反的速度 v_0 穿过一个静止的离子的背景等离子体时，会激发起双流不稳定性。假设两电子束密度相同，都是 $\frac{1}{2}n_0$，离子密度为 n_0。试推导该双流不稳定性的色散关系。

(2) 求出不稳定性增长率随波数 k 变化的公式，并求出最快增长率以及对应的最快增长模式。

4-18　一个等离子体包含两束均匀质子流，速度分别为 $+v_0\hat{x}$ 和 $-v_0\hat{x}$，密度分别为 δn_0 和 $(1-\delta)n_0$，$\delta\in(0,1)$。有一束使等离子体保持中性的电子流密度为 n_0，速度为 $v_{0e}=0$。所有粒子都是冷的，没有磁场。

(1) 试推导该流不稳定性的色散关系；

(2) 求出出现不稳定性的物理条件，并尝试探讨是否存在最快增长模式，若有，求出其增长率与波长。

4-19　一束冷的电子束入射到一束冷的静止等离子体，电子束密度为 δn_0，速度为 u，等离子体密度为 n_0。

(1) 推导高频不稳定性色散关系，以及不稳定出现的物理条件；

(2) 不稳定性的最快增长率很难求出，如果假设 $\delta\ll1$，类比于 Buneman 不稳定性，给出最快增长率 γ_m，以及对应的波长模式。

4-20　两束对流的冷的离子束，密度均为 $\frac{1}{2}n_0$，速度为 $\pm v_0\hat{y}$，磁场为 $B_0\hat{z}$，以及一束保持中性化冷的电子流体。磁场的强度能够约束电子的轨迹但不能够约束影响离子的轨迹。

(1) 试推导出频率满足 $\Omega_c^2\ll\omega^2\ll\omega_c^2$，沿着 $\pm\hat{y}$ 方向传播的静电波的色散关系满足

$$\frac{\Omega_p^2}{2(\omega-kv_0)^2}+\frac{\Omega_p^2}{2(\omega+kv_0)^2}=\frac{\omega_p^2}{\omega_c^2}+1 \tag{4-37}$$

(2) 求解色散关系，得出 $\omega(k)$ 的增长率 $\gamma(k)$，以及不稳定波的波数范围。

4.6　重力不稳定性

等离子体中，磁场就如同一个轻流体一样支撑着一个重流体——等离子体。因此会发

生瑞丽 Taylor 不稳定性。在一个弯曲的磁力场中,由于粒子沿着磁力线运动而等效的向心力扮演着重力等效力的角色。一个最简单的情况是考虑 $\hat{y}-\hat{z}$ 平面内一个等离子体边界面,如图 4 -4 所示。

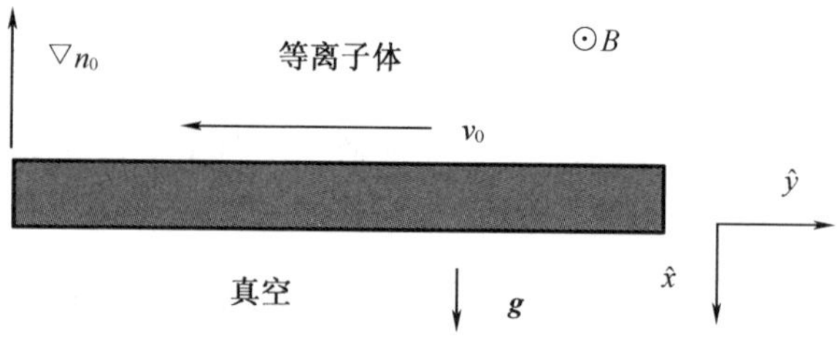

图 4 -4　属于重力不稳定性的等离子体边界面

假设在 $-\hat{x}$ 方向,等离子体有一个密度梯度分布 ∇n_0,在 $\hat{x}$ 方向有一个重力场 $\boldsymbol{g}$。为简单起见,令 $k_BT_e=k_BT_i=0$,这里满足低比压情况,即外加磁场 B_0 为均匀场。平衡态满足如下力学平衡:

$$Mn_0(\boldsymbol{v}_0\cdot\nabla)\boldsymbol{v}_0=en_0\boldsymbol{v}_0\times\boldsymbol{B}_0+Mn_0\boldsymbol{g} \tag{4-38}$$

如果 $\boldsymbol{g}$ 是常数场,那么 $\boldsymbol{v}_0$ 也将是常数场,进而可得洛仑兹力与重力平衡:

$$\boldsymbol{v}_0=\frac{M}{e}\boldsymbol{g}\times\frac{\boldsymbol{B}_0}{B_0^2}=-\frac{g}{\Omega_c}\hat{y} \tag{4-39}$$

即等离子体离子将具有沿 $-\hat{y}$ 方向的定常速度,这其实就对应第 2 章中所提到的重力场漂移。电子将具有反方向的漂移,但由于 $\frac{m}{M}\to0$,因此电子的重力漂移速度忽略不计。由于 $k_BT=0$,因而也不会有抗磁性漂移;由于 $E_0=0$,也没有静电漂移 $\boldsymbol{E}_0\times\boldsymbol{B}_0$。

如果在等离子体真空界面处,由于随机热涨落产生一个扰动波纹,重力场漂移将使得该扰动增长。如图 4 -5 所示,由于漂移效应导致在波纹的两侧产生正负电荷堆积,这样在波谷处将产生电荷分离场 $\boldsymbol{E}_1=E_1(-\hat{y})$。而该电荷分离场将使得波谷处的粒子产生向上的静电 $\boldsymbol{E}_1\times\boldsymbol{B}_0$ 漂移,波峰处的粒子产生向下的静电 $\boldsymbol{E}_1\times\boldsymbol{B}_0$ 漂移。这样波纹将增长,导致电荷分离场进一步增加,波纹更加长大。这就是重力不稳定性。

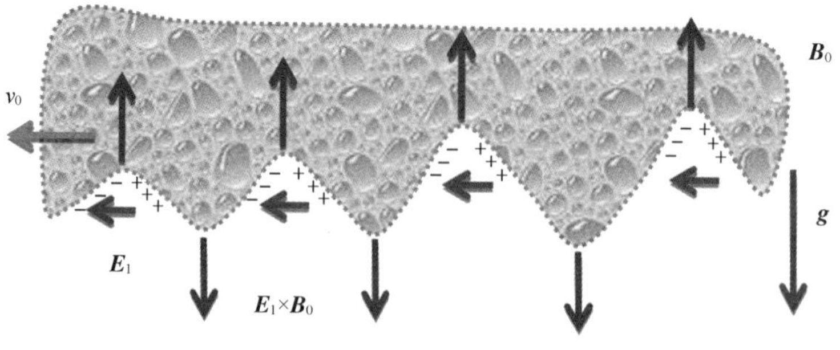

图 4 -5　等离子体重力不稳定性的物理解释

下面求解该重力不稳定性的色散关系。静电扰动波矢和扰动电场均沿着 y 方向,即 $\boldsymbol{k}=k\hat{y}$,$\boldsymbol{E}_1=E_1\hat{y}$。加入一阶线性化扰动,离子动量方程变为

$$M\left\{\frac{\partial(\boldsymbol{v}_0+\boldsymbol{v}_1)}{\partial t}+[(\boldsymbol{v}_0+\boldsymbol{v}_1)\cdot\nabla]\boldsymbol{v}_0+\boldsymbol{v}_1\right\}=\mathrm{e}[E_1\hat{y}+(\boldsymbol{v}_0+\boldsymbol{v}_1)\times\boldsymbol{B}_0]+M\boldsymbol{g} \quad (4-40)$$

式(4-40)去掉零阶平衡场的项,忽略二阶项,可得一阶方程满足

$$M\left(\frac{\partial\boldsymbol{v}_1}{\partial t}+v_0\frac{\partial\boldsymbol{v}_1}{\partial y}\right)=e[E_1\hat{y}+(\boldsymbol{v}_1)\times\boldsymbol{B}_0] \quad (4-41)$$

进一步利用静电波扰动假设,可得线性化方程组:

$$M(\omega-kv_0)v_{1x}=\mathrm{ie}(v_{1y}B_0) \quad (4-42)$$

$$M(\omega-kv_0)v_{1y}=\mathrm{ie}(E_1-v_{1x}B_0) \quad (4-43)$$

化简可得

$$v_{1y}=-\mathrm{i}\frac{\omega-kv_0}{[\Omega_\mathrm{c}^2-(\omega-kv_0)^2]}\frac{eE_1}{M} \quad (4-44)$$

假设磁场足够强,使得 $\Omega_\mathrm{c}^2\gg(\omega-kv_0)^2$,则上式可化简为

$$v_{1y}=-\mathrm{i}\frac{\omega-kv_0}{\Omega_\mathrm{c}}\frac{E_{1y}}{B_0} \quad (4-45)$$

以及

$$v_{1x}=\frac{E_{1y}}{B_0} \quad (4-46)$$

可见离子在 x 方向获得了 $\boldsymbol{E}_1\times\boldsymbol{B}_0$ 的漂移,y 方向对应为离子的极化漂移。令 $m\to M$,$-e\to e$,可得电子的 x 方向速度也为 $\boldsymbol{E}_1\times\boldsymbol{B}_0$ 漂移,y 方向速度可忽略不计。这与之前的讨论是一致的。

进一步,为了获得色散关系,还需要建立密度扰动与电场和速度的关系。

首先处理连续性方程:

$$\frac{\partial n_1}{\partial t}+\nabla\cdot(n_0v_0\hat{y})+\left(\frac{v_0\partial}{\partial y}\right)n_1+n_1\nabla\cdot\boldsymbol{v}_0+\frac{v_{1x}\partial}{\partial x}n_0+n_0\nabla\cdot\boldsymbol{v}_1=0 \quad (4-47)$$

式中,$\nabla\cdot(n_0v_0\hat{y})=0$,$n_1\nabla\cdot\boldsymbol{v}_0=0$,二阶项已经忽略,$n_0\nabla\cdot\boldsymbol{v}_1=n_0\mathrm{i}kv_{1y}$,则上式可化简为

$$-\mathrm{i}(\omega-kv_0)n_1+v_{1x}n_0'+\mathrm{i}kn_0v_{1y}=0 \quad (4-48)$$

对应的电子的连续性方程更为简单,可化简为

$$-\mathrm{i}\omega n_{1\mathrm{e}}+v_{\mathrm{ex}}n_0'=0 \quad (4-49)$$

习题

4-21　接着上面的化简,利用等离子体近似,即中性化假设 $n_1=n_{1\mathrm{e}}$,

(1)试推导如下色散关系:

$$\omega(\omega-kv_0)=-v_0\Omega_\mathrm{c}\frac{n_0'}{n_0} \quad (4-50)$$

(2)利用 v_0 为重力漂移,代入上式,可得

$$\omega^2-kv_0\omega-\frac{gn_0'}{n_0}=0 \quad (4-51)$$

(3)求解该一元二次方程,得出 $\omega(k)$ 的关系,并求出出现不稳定性的基本条件为

$$-\frac{gn_0'}{n_0}>\frac{1}{4}k^2v_0^2 \quad (4-52)$$

根据习题4－21的结论，要产生重力不稳定性，必要条件是重力场与密度梯度反向。这其实等价于轻流体在下、重流体在上，轻流体托住重流体的情形，即发生流体中的瑞丽 *Taylor* 不稳定性。重力场 $\boldsymbol{g}$ 是用来模拟磁场弯曲效应的。因此，只要磁力线向等离子体内侧弯曲，即可保证稳定，反之会出现瑞丽 *Taylor* 不稳定性。特别地，对于足够小的 $\boldsymbol{k}$，即波长足够长，不稳定性的增长率可近似为

$$\gamma = \mathrm{Im}(\omega) \approx \left[-g\left(\frac{n_0'}{n_0}\right)\right]^{\frac{1}{2}} \tag{4-53}$$

对应的 $\omega_r = \frac{1}{2}kv_0$。由于 v_0 为离子的漂移速度，因此这时为低频振荡，这与之前的假设也是一致的。

该不稳定性，$\boldsymbol{k} \perp \boldsymbol{B}_0$，有时又被称为槽(flute)不稳定性。这是由于，对于一个柱状等离子体，波矢沿着 $\hat{\theta}$ 方向，力沿着径向。常密度曲面会形成类似槽状的希腊柱(Greek columns)。

4.7 阻抗漂移波

阻抗漂移波是普适不稳定性的一个简单的例子。相比于重力槽不稳定性，阻抗漂移波的波矢 $\boldsymbol{k}$ 有一个小的沿着 $\boldsymbol{B}_0$ 的分量。这种情况下，常数密度曲面类似槽纹，但是有一个螺旋的扭曲，如图4－6所示。可以采用局部放大，并拉直到直角坐标系来研究，如图4－7所示。漂移波唯一的驱动力为压力梯度力 $k_B T \nabla n_0$，假设温度为常数，即 $k_B T =$ 常数。这样零阶的漂移即为抗磁性漂移，可表示为

$$\boldsymbol{v}_{i0} = \boldsymbol{v}_{Di} = \frac{k_B T_i}{eB_0}\frac{n_0'}{n_0}\hat{y} \tag{4-54}$$

$$\boldsymbol{v}_{e0} = \boldsymbol{v}_{De} = \frac{k_B T_e}{eB_0}\frac{n_0'}{n_0}\hat{y} \tag{4-55}$$

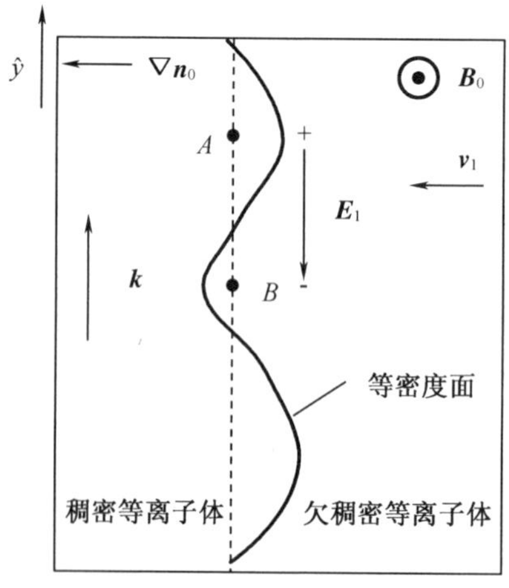

图4－6 漂移波的物理机制

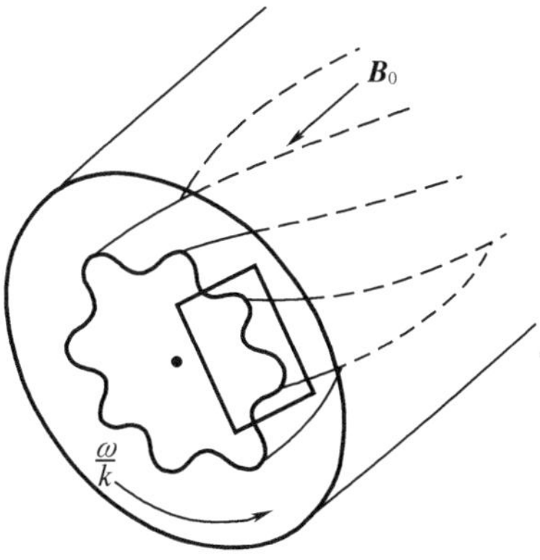

图 4-7　直的柱状等离子体中的漂移不稳定性的几何结构

习题

4-22　试利用单粒子在外力场中的漂移速度公式 $\boldsymbol{v}_{\mathrm{D}}=\frac{\boldsymbol{F}\times\boldsymbol{B}_0}{qB_0^2}$ 导出上述抗磁性漂移的速度公式。

4-23　试证明：从重力槽纹不稳定性的结论看，其波的相速度约为 $\frac{1}{2}v_0$，与漂移速度 v_0 同量级。

这里也期望漂移波的相速度与抗磁性漂移速度 v_{Di}、v_{De} 同量级，因此将证明 $\frac{\omega}{k_y}\approx v_{\mathrm{De}}$。由于波矢有一个有限的沿磁场 $\boldsymbol{B}_0$ 的分量 k_z，电子将沿着该方向建立一个热动力学平衡状态，因此电子满足 Boltzmann 关系式：

$$\frac{n_1}{n_0}=\frac{e\phi_1}{k_{\mathrm{B}}T_{\mathrm{e}}} \tag{4-56}$$

在图 4-6 中 A 点处，密度略高于平衡态，n_1 为正，因此 ϕ_1 也为正。同理在 B 点处，n_1、ϕ_1 都为负。这样在 A 与 B 之间建立了一个电荷分离场 $\boldsymbol{E}_1\parallel-\hat{y}$。该电荷分离场将导致 x 方向的漂移 $\boldsymbol{v}_1=\frac{\boldsymbol{E}_1\times\boldsymbol{B}_0}{B_0^2}$。这样当一列波沿着 y 方向通过时，将产生随时间变化的密度、电势和速度的振荡，即 y 方向的漂移波将导致 x 方向的流体运动产生振荡。

习题

4-24　试说明电子沿着 x 方向的电漂移速度满足

$$v_{1x}=-\frac{\mathrm{i}k_y\phi_1}{B_0} \tag{4-57}$$

进一步假设 v_{1x} 不会随着 x 变化，并且 $k_z\ll k_y$，即流体在 x 方向是不可压缩的。这样，在图 4-6 中的 A 点处，引导中心的连续性方程可化简为

$$\frac{\partial n_1}{\partial t}=-v_{1x}\frac{\partial n_0}{\partial x} \tag{4-58}$$

习题

4－25　结合式(4－57)、式(4－58)，可得 y 方向的漂移波的相速度满足

$$\frac{\omega}{k_y}=-\frac{k_{\mathrm{B}}T_{\mathrm{e}}}{eB_0}\frac{n_0'}{n_0}=v_{\mathrm{De}} \tag{4-59}$$

习题4－25给出了该波的相速度等于电子抗磁性漂移速度，这也是为什么称为漂移波的原因。这个速度是 y 方向的，在圆柱体内是角向的。另外，$\boldsymbol{k}$ 还有一个 z 方向的分量，而且必须满足如下条件：

$$k_z\ll k_y,v_{\mathrm{thi}}\ll\frac{\omega}{k_z}\ll v_{\mathrm{the}} \tag{4-60}$$

具体原因这里不做讨论。

为了了解漂移波为什么是不稳定的，我们发现 v_{1x} 并不等于 $\frac{E_x}{B_0}$，这是由于还有极化漂移、非均匀电场漂移。这些漂移总是使得电势 ϕ_1 落后于密度分布 n_1。这个相位移动将使得等离子体向外移动的同时，速度 $\boldsymbol{v}_1$ 也向外移动，这会使扰动不断增长。如果不考虑相位移动，n_1 和 ϕ_1 将相差90°相位，这时漂移波将变成单纯的振荡。

等离子体的阻抗使得扰动场并不会被沿磁场方向的电流短路。电子和离子碰撞以及波峰波谷的半波距离 $\frac{1}{2}\lambda_z$，使得电势会下降并且有一个有限的电场值 E_1。阻抗漂移波的色散关系可近似为

$$\omega^2+\mathrm{i}\sigma_{\parallel}(\omega-\omega_*)=0 \tag{4-61}$$

式中

$$\omega_*=k_yv_{\mathrm{De}},\sigma_{\parallel}=\frac{k_z^2}{k_y^2}\Omega_{\mathrm{c}}(\omega_{\mathrm{c}}\tau_{\mathrm{ei}}) \tag{4-62}$$

习题

4－26　尝试推导以上色散关系。并求出其解析解。

如果 $\sigma_{\parallel}>\omega$，仅当 $\omega\approx\omega_*$ 时，式(4－61)成立。这样，将式(4－61)第一项的 ω 替换为 ω_* 时可以求出 ω 满足

$$\omega\approx\omega_*+\left(\frac{\mathrm{i}\omega_*^2}{\sigma_{\parallel}}\right) \tag{4-63}$$

这表明 $\mathrm{Im}(\omega)>0$，并且正比于阻抗因子 η。因此，阻抗漂移波是不稳定的，在任何具有密度梯度的等离子体中都会发生。幸运的是，增长率很小，而且总可以通过调节 B_0 为非均匀的来抑制。

槽纹不稳定性和漂移波不稳定性是不同的。前者的色散关系中，系数是实数，ω 是复数，这是典型的无功不稳定性。而后者的色散关系中，系数是复数，ω 也是复数，这是典型的耗散不稳定性。

4.8　等时性回旋加速器中的类负质量不稳定性

等时性回旋加速器中的一个典型的物理现象就是涡流运动的形成,这一现象首先由 Gordon 根据分析模型提出。由于纵向和径向运动的强耦合,所以涡流在围绕空间电荷云密度大的区域形成。Adam 在 20 世纪八九十年代,采用简化的盘模型和球模型来模拟瑞士保罗谢尔研究所(PSI)的 72 MeV 注入器 Injector 2 中的空间电荷效应,并模拟了涡流的形成。随着计算机技术的发展,Adelmann 采用三维 Particle - in - cell (PIC)的方法来模拟 Injector 2 中的空间电荷效应,并验证了 Adam 的结果。Adam 和 Adelmann 都指出,在 Injector 2 中,束团在前几圈就形成了稳定的接近球形的分布。

由于在大型加速器中进行实验存在各种困难,在 2001—2004 年,Pozdeyev 和 Rodriguez 在密歇根州立大学(MSU)建造了一个小的等时性环 (SIR)来研究工作在等时性区域的加速器中的空间电荷效应。他们在模拟和实验中都观测到了束团的分裂现象。一个长束团会在纵向分裂成很多的小束团,并且最终形成多个稳定的近似球形分布。

2010 年,毕远杰等人利用等离子体物理中求解色散关系的办法,巧妙地建立了一个基于负质量不稳定性的模型来解释在等时性回旋加速器中的束团分裂现象。该模型成功地解释了等时性回旋加速器中束团分裂的个数、分裂的时间以及分裂后原型束团的尺寸。通过在电荷区和真空区同时求解包含纵向密度扰动的泊松方程,得到径向相干电场的表达式。径向相干电场能够降低跃迁 $\gamma(\gamma_t)$,使得 $\gamma_t < \gamma$,进而诱发负质量不稳定性。结合扰动带来的纵向空间电荷力和 γ_t,通过求解单能束的色散关系,得到了不稳定性增长因子的解析表达式,并进一步得到了增长最快的不稳定模式。最快增长的不稳定模式与能量、束团长度、流强、发射度等束流参数有关,它决定了束团分裂的个数。最快增长率与轨道半径成正比,与初始束斑大小成反比。由于不稳定增长率依赖于纵向密度分布,所以本节模型给出的增长率是随时间降低的,而不是不变的。

应该说,本节模型是等离子体色散关系处理方法在加速器物理关键问题研究中的一个成功的应用。因此,特编入本书供相关交叉学科研究人员参考。

1. 等时性加速器中空间电荷力导致的束团分裂

等时性加速器中由空间电荷力导致束团分裂的物理过程如图 4 - 8 所示。对于初始的纵向密度扰动,空间电荷力的排斥作用将导致相应的能散。而在等时性加速器中,能量不同会导致相应的径向位置不同,从而产生了相应的径向位置偏移。这种径向位置偏移会导致径向相干电场,从而改变非相干运动的色散函数,并最终导致不稳定性和束团分裂。接下来将通过解析的方法来求解这个物理过程。

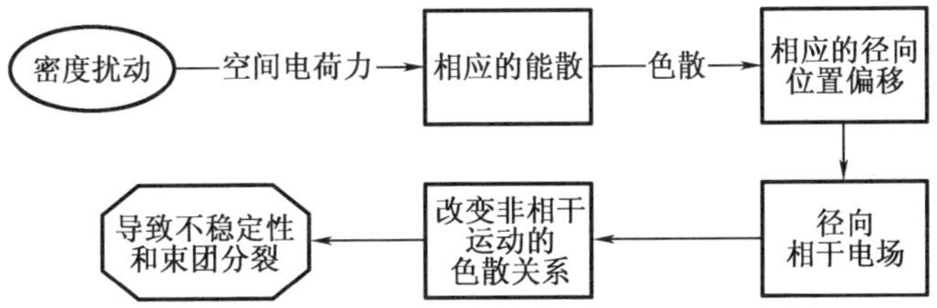

图 4 - 8　等时性加速器中束团分裂产生的物理过程

假设一个半径为 r_0 的束流在半径为 r_w 的真空室中运动。对于窄束流，即 $r_0 \ll r_w$ 时，真空室的形状对束流周围的场几乎没有什么影响，所以可以假设真空室为圆形。

束流线密度可以做傅立叶分解为一系列谐波的叠加，即

$$N(z)=N_k\cos(kz) \tag{4-64}$$

式中 N_k——一个常数系数；

k——扰动的波数；

z——纵向坐标。

利用分离变量法，设在真空区的电势为

$$\phi_{k,1}(r,z)=R(r)\cos(kz),r_0<r<r_w \tag{4-65}$$

式中，$R(r)$ 为径向坐标的函数。求解泊松方程，在 $r=r_w$ 处边界条件为电势是零，可以得到

$$\phi_{k,1}(r,z)=A_k\left[K_0(kr)-\frac{K_0(kr_w)}{I_0(kr_w)}I_0(kr)\right]\cos(kz) \tag{4-66}$$

式中 A_k——常数；

K_0、I_0——零阶修正的贝塞尔函数。

采用相同的办法，在电荷区的电势为

$$\phi_{k,2}(r,z)=\left[C_kK_0(kr)+D_kI_0(kr)+\frac{qN_k}{\pi r_0^2\varepsilon_0k^2}\right]\cos(kz) \tag{4-67}$$

式中 C_k 和 D_k——常数；

q——粒子所带电荷；

ε_0——真空介电常数。

利用在 $r=r_0$ 处电势和电场的连续性条件，可以得到

$$C_kK_0(kr_0)+D_kI_0(kr_0)+\frac{qN_k}{\pi\varepsilon_{0k}^2r_0^2}=A_k\chi_0(k) \tag{4-68}$$

$$C_kK_1(kr_0)-D_kI_1(kr_0)=A_k\chi_1(k) \tag{4-69}$$

式中 $\chi_0(k)=K_0(kr_0)-\dfrac{K_0(kr_w)}{I_0(kr_w)}I_0(kr_0)$；

$\chi_1(k)=K_1(kr_0)+\dfrac{K_0(kr_w)}{I_0(kr_w)}I_1(kr_0)$；

K_1、I_1——一阶修正的贝塞尔函数。

由于束流围绕轴 $r=0$ 对称，所以在 $r=0$ 处的径向电场是零。因此，可以得到

$$C_k=0 \tag{4-70}$$

进一步可以得到

$$A_k=\frac{qN_k}{\pi\varepsilon_0k^2r_0^2}\frac{1}{\chi_0(k)+\dfrac{I_0(kr_0)}{[I_1(kr_0)]\chi_1(k)}} \tag{4-71}$$

$$D_k=-\frac{\chi_1(k)}{I_1(kr_0)}A_k \tag{4-72}$$

由于线密度的扰动，纵向空间电荷力产生与扰动相关的能散，从而导致相应的径向位移。束团中心的径向位移和线密度扰动的周期相同。如图 4-9 所示，未经扰动的束团是对称的，所以相干径向电场是零。对于平均轨道半径的小扰动 $\delta R(\delta R\ll r_0)$，考虑到电势的连续性，径向电场的积分为

$$\int_{-(r_0-\delta R)}^{r_0+\delta R} E_{\mathrm{r}}\mathrm{d}r = -\left[\phi_{k,1}(r_0+\delta R,z)-\phi_{k,2}(r_0-\delta R,z)\right]$$
$$\approx -\left[\phi_{k,2}(r_0+\delta R,z)-\phi_{k,2}(r_0-\delta R,z)\right] \tag{4-73}$$

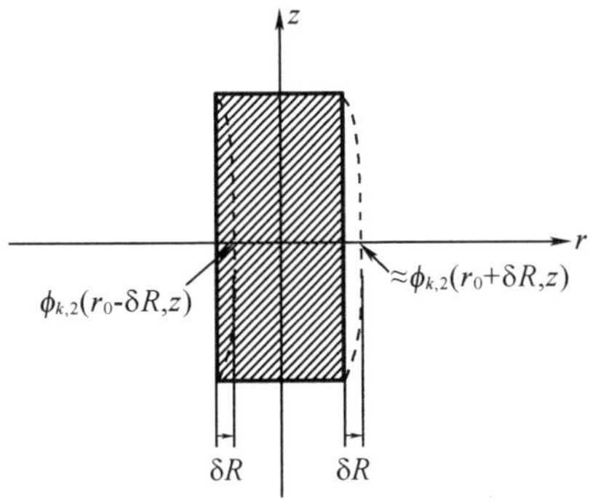

图 4 – 9　束团径向的小扰动

所以,对整个束流的径向电场积分得到一个相干的径向电场:

$$E_{\mathrm{rsc}} \approx -\frac{\phi_{k,2}(r_0+\delta R,z)-\phi_{k,2}(r_0-\delta R,z)}{2r_0} \tag{4-74}$$

上式可以化简为

$$E_{\mathrm{rsc}} = \alpha\delta R\omega_{\mathrm{c}}^2\frac{m}{q} \tag{4-75}$$

式中　ω_{c}——粒子的回旋频率;

$m=\gamma m_0$——粒子的质量;

m_0——粒子的静质量;

γ——相对论因子;

$$\alpha = \frac{-qkD_kI_1(kr_0)}{r_0\omega_{\mathrm{c}}^2 m}\cos(kz) = \frac{q^2N(z)}{\pi\varepsilon_0 kr_0^3\omega_{\mathrm{c}}^2 m}\frac{\chi_1(k)}{\chi_0(k)+\dfrac{I_0(kr_0)}{I_1(kr_0)}\chi_1(k)} \tag{4-76}$$

由式(4 – 76)可以看出,α 和纵向束流密度、束流强度及束斑大小有关。同时还要指出的是,α 是 k 的函数,表示不同的扰动模式将产生不同的 α。

在圆形加速器中,定义

$$\gamma_t^2 = \frac{\left(\dfrac{\delta p}{p}\right)}{\left(\dfrac{\delta R}{R}\right)} \tag{4-77}$$

式中　δp——动量围绕 p 的变化;

R——轨道半径。

对于工作在等时性区域的加速器,采用扰动理论,包含空间电荷效应的力平衡方程为

$$q(v+\delta v)B(R,\theta)\left(1-n\frac{\delta R}{R}\right) = \frac{(\gamma+\delta\gamma)m_0(v+\delta v)^2}{R+\delta R}+qE_{\mathrm{rsc}} \tag{4-78}$$

式中　$B(R,\theta)$——垂直于中心平面的磁场;

$n=-\dfrac{R}{B}\dfrac{\partial B}{\partial R}$——场梯度;

v——粒子的角向运动速度。

利用力方程，忽略二阶项，可得

$$\gamma_t^2 = 1 - n - \alpha \tag{4-79}$$

当不考虑空间电荷力时，由于等时性 $\gamma_t^2 = 1 - n = \gamma^2$，代入 α 的表达式，可以看出，γ_t 还依赖于纵向密度分布和扰动的波数。

利用 $T_c = \dfrac{2\pi R}{\beta c}$，$\dfrac{\delta p}{p} = \gamma^2\left(\dfrac{\delta\beta}{\beta}\right)$，相对回旋时间满足

$$\frac{\delta T_c}{T_c} = \frac{\delta p}{p}\left(\frac{1}{\gamma_t^2} - \frac{1}{\gamma^2}\right) \tag{4-80}$$

从方程可以看出，当 $\gamma_t < \gamma$ 时，粒子的回旋时间随着其动量的增加而增加，因而加速器工作在负质量区域。

2. 带有纵向空间电荷场的色散关系

根据电荷区的电势公式，束流的纵向空间电荷场可以表示为

$$E_z \approx -\frac{q}{\pi\varepsilon_0 k^2 r_0^2}\chi_2(k)\frac{\partial N(z)}{\partial z} \tag{4-81}$$

式中 $\chi_2(k) = \left[1 - \dfrac{\chi_1(k)\overline{I_0(kr)}}{\chi_0(k)I_1(kr_0) + \chi_1(k)I_0(kr_0)}\right]$；

$\overline{I_0(kr)}$——在区间 $0 < r \leqslant r_0$ 对 $I_0(kr)$ 取平均值。

引入波假设，束团的线密度和速度可以表示为

$$N = N_0 + n_k \exp[\mathrm{i}(kz - \omega t)],\quad v = \beta c + v_k \exp[\mathrm{i}(kz - \omega t)] \tag{4-82}$$

式中 N_0——平衡状态下的线密度；

n_k——线密度扰动的幅度；

v_k——速度扰动的幅度；

ω——扰动的角频率。

进而可得，粒子的连续性方程为

$$(k\beta c - \omega)n_k = -kN_0 v_k \tag{4-83}$$

对于固定的轨道 $\dfrac{\delta v}{\beta c} = -\dfrac{\delta T_c}{T_c}$，可以得到

$$\frac{\mathrm{d}v}{\mathrm{d}t} = \frac{\partial v}{\partial t} + \beta c\frac{\partial v}{\partial z} = -\frac{\mathrm{d}p}{\mathrm{d}t}\frac{1}{\gamma^3 m_0}\left(\frac{\gamma^2}{\gamma_t^2} - 1\right) \tag{4-84}$$

再根据 $\dfrac{\mathrm{d}p}{\mathrm{d}t} = qE_z$，可以得到

$$\frac{\partial v}{\partial t} + \beta c\frac{\partial v}{\partial z} = -qE_z\frac{1}{\gamma^3 m_0}\left(\frac{\gamma^2}{\gamma_t^2} - 1\right) \tag{4-85}$$

这里，并没有展开 $\left(\dfrac{\gamma^2}{\gamma_t^2} - 1\right)$，并且忽略二阶小量，因为这是表示径向和纵向耦合的关键项，并且预示着负质量不稳定性。

将 qE_z 公式代入式(4-85)中，可以得到

$$(k\beta c - \omega)v_k = \frac{q^2}{\pi\varepsilon_0 k r_0^2 m_0\gamma^3}\chi_2(k)\left(\frac{\gamma^2}{\gamma_t^2} - 1\right)n_k \tag{4-86}$$

习题

4-27 结合以上讨论,求解得出色散关系为

$$\omega = M\omega_c \pm i\omega_i \tag{4-87}$$

$$\omega_i = \frac{2c}{r_0}\left[v\chi_2\left(\frac{M}{R}\right)\frac{1}{\gamma^3}\left(\frac{\gamma^2}{\gamma_t^2}-1\right)\right]^{\frac{1}{2}} \tag{4-88}$$

式中 $v = \dfrac{q^2 N_0}{4\pi\varepsilon_0 m_0 c^2}$;

$M = kR$——角向的密度扰动周期的个数;

$M\omega_c$——密度扰动通过一个固定的观测点的频率。

当 $\gamma_t < \gamma$ 时,扰动的幅度以增长率 ω_i 指数增长。

从色散关系可以看出:

①ω 的实部是密度扰动的频率,与局部坐标 z 无关。

②ω 的虚部是纵向坐标 z 的函数,因为 γ_t 依赖于 z,所以其预示着不稳定性增长率和局部密度有关系。

不同于一般的色散关系,这里描述的是对非均匀束流具有局部增长率的局部色散关系。利用该局部色散关系,对于 $\dfrac{\alpha}{\gamma^2} \ll 1$ 时,可以得到

$$\omega_i \propto \sqrt{\frac{\gamma^2}{\gamma_t^2}-1} \propto \sqrt{\alpha} \propto \sqrt{N(z)} \tag{4-89}$$

这表明给出的增长率与局部密度有关。伴随着纵向电荷密度调制的增长,在局部密度极小值点的 γ_t 增加,从而导致增长率的降低。

由于位于局部极大值点的粒子固定不动,而位于局部密度极小值点的粒子向其移动,所以束团分裂的速度由密度极小值点的增长率,即这个降低了的增长率决定。最终的稳定状态是每一个密度极大值点产生一个局部的涡流运动,所以束流也就在角向发生分裂。分裂的个数和不稳定性的增长率都由最快增长模式决定。

习题

4-28 详细分析分裂个数和不稳定性增长率与束流能量、束团长度、流强和发射度的关系。[提示:最快增长模式 M_f 满足 $\dfrac{d\omega_i}{dk}\Big|_{k=k_f}=0$,其中,$k_f = \dfrac{M_f}{R}$。把该式解写成 $k_f = F(r_0)$,则 $M_f = F(r_0)R$,其中匹配束初始束斑大小 r_0 和发射度的关系是 $r_0 \approx \sqrt{\dfrac{\Pi}{k_0^2}+\dfrac{\varepsilon}{k_0}}$,其中 Π 为广义导流系数,ε 为非归一化的横向发射度,k_0 为 β 振荡的波数。然后分不同物理情形进行讨论,具体可参考相关文献。]

第5章 Boltzmann 方程与 Vlasov 方程

要讲清楚 Boltzmann 方程，必须先从气体输运理论讲起。Boltzmann 方程所研究的物理对象是，t 时刻处在某个空间位置(x,y,x)处，速度为(ξ_x,ξ_y,ξ_z)的粒子的数函数，或者概率函数，即 $f=f(t,x,y,z,\xi_x,\xi_y,\xi_z)$。概率函数是数函数归一化的结果。

5.1 相空间和 Liouville 定理

$(x,y,z,m\xi_x,m\xi_y,m\xi_z)=(\boldsymbol{r},\boldsymbol{p})$为六维相空间，六维相空间不仅仅包含了粒子分布的空间信息，而且包含了其动量能量信息，可以说包含了经典物理的所有的物理信息：密度、温度、压强等。

这里要说明的是，$\boldsymbol{\xi}=\boldsymbol{C}+\boldsymbol{u}$，其中 $\boldsymbol{C}$ 为离子运动的随机速度，$\boldsymbol{u}$ 为粒子运动的宏观速度。因此 $\boldsymbol{\xi}$ 为粒子运动的实际速度。在流体力学中的物理量均为宏观量，包括速度。而在相空间中，$\boldsymbol{\xi}$，$\boldsymbol{f}$ 均为微观量。宏观量是微观量取平均，即在微观速度空间积分的结果。因而，在相空间中研究粒子的运动规律将包含更多的信息，流体力学中的所有宏观物理量均可从相空间中的概率密度分布函数推出，为导出量。

对于 N 个粒子的$(6N+1)$维相空间$(\boldsymbol{x}_1,\boldsymbol{x}_2,\boldsymbol{x}_3,\cdots,\boldsymbol{x}_N,t)$，其中 $\boldsymbol{x}_i=(\boldsymbol{r}_i,\boldsymbol{p}_i)$，$i=1,2,3,\cdots,N$。定义 N 个粒子满足的相空间分布函数为 $F_N=F_N(\boldsymbol{x}_1,\boldsymbol{x}_2,\boldsymbol{x}_3,\cdots,\boldsymbol{x}_N,t)$，则 F_N 满足 Liouville 定理：

$$\frac{dF_N}{dt}=\frac{\partial F_N}{\partial t}+\sum_i\frac{\partial r_i}{\partial t}\cdot\frac{\partial F_N}{\partial r_1}+\sum_i\frac{\partial p_i}{\partial t}\cdot\frac{\partial F_N}{\partial p_i}=0 \tag{5-1}$$

利用经典力学中的 Hamilton 正则方程来证明 Liouville 定理。Hamilton 正则方程与由最小作用量原理导出的拉格朗日量满足的方程是等价的。拉格朗日量可定义为

$$L=L(\boldsymbol{r}_1,\boldsymbol{r}_2,\boldsymbol{r}_3,\cdots,\boldsymbol{r}_N;\dot{\boldsymbol{r}}_1,\dot{\boldsymbol{r}}_2,\dot{\boldsymbol{r}}_3,\cdots,\dot{\boldsymbol{r}}_N) \tag{5-2}$$

可定义作用量满足

$$S=\int_{t_1}^{t_2}L\mathrm{d}t \tag{5-3}$$

在物理实际中，从 t_1 到 t_2 总是有无数种可能的路径，规律是按照作用量最小的路径来进行。这就如同光路最短原理。因此，利用变分原理，可以得到

$$\delta S=\int_{t_1}^{t_2}\delta L\mathrm{d}t=\int_{t_1}^{t_2}\left[\frac{\partial L}{\partial r_i}\delta r_i+\frac{\partial L}{\partial \dot{r}_l}\delta\dot{\boldsymbol{r}}_l\right]\mathrm{d}t=\int_{t_1}^{t_2}\left[\frac{\partial L}{\partial r_i}-\frac{\mathrm{d}}{\mathrm{d}t}\left(\frac{\partial L}{\partial r_i}\right)\right]\delta\boldsymbol{r}_i\mathrm{d}t=0 \tag{5-4}$$

最后一步利用分部积分就可得到拉格朗日方程

$$\frac{\partial L}{\partial r_i}-\frac{\mathrm{d}}{\mathrm{d}t}\left(\frac{\partial L}{\partial\dot{\boldsymbol{r}}_l}\right)=0 \tag{5-5}$$

进一步可以定义动量 $\boldsymbol{p}_i=\dfrac{\partial L}{\partial \dot{\boldsymbol{r}}_l}$，于是我们定义 Hamilton 量为 $H=\boldsymbol{p}_i\dot{\boldsymbol{r}}_l-\boldsymbol{L}$。所以可以得到正则 Hamilton 方程

$$\dot{\boldsymbol{r}}_l=\frac{\partial H}{\partial p_i},\dot{\boldsymbol{p}}_l=-\frac{\partial H}{\partial r_i} \tag{5-6}$$

在我们要研究的问题中，假设 $H_n=\sum_{i=1}^{N}\left[\dfrac{p_i^2}{2m}+\Phi(r_i)\right]+\sum_{1\leqslant i<j\leqslant N}\phi(|\boldsymbol{r}_i-\boldsymbol{r}_j|)$ 为 N 个粒子组成系统的 Hamilton 函数，其中 Φ 表示外力的势能，ϕ 为粒子间相互作用的势能。则粒子系统满足 Hamilton 正则方程

$$\dot{\boldsymbol{r}}_l=\frac{\partial H_N}{\partial p_i},\dot{\boldsymbol{p}}_l=-\frac{\partial H_N}{\partial r_i} \tag{5-7}$$

其中，第二个方程等同于式(5-5)。

对于 N 个粒子的封闭系统，如果既没有粒子产生也没有粒子消失，F_N 将满足无源无漏的连续性方程

$$\frac{\partial F_N}{\partial t}+\sum\left[\frac{\partial}{\partial r_i}\cdot(F_N\dot{\boldsymbol{r}}_l)+\frac{\partial}{\partial p_i}\cdot(F_N\dot{\boldsymbol{p}}_l))\right] \tag{5-8}$$

其中，第二项为位置空间的散度，第三项为动量空间的散度。结合式(5-7)和式(5-8)，可得

$$\frac{\partial F_N}{\partial t}+\sum\left\{\frac{\partial F_N}{\partial r_i}\cdot(\dot{\boldsymbol{r}}_l)+\frac{\partial F_N}{\partial p_i}\cdot(\dot{\boldsymbol{p}}_l)+F_N\left[\frac{\partial}{\partial r_i}\cdot\frac{\partial H_N}{\partial p_i}-\frac{\partial}{\partial p_i}\cdot\frac{\partial H_N}{\partial r_i}\right]\right\}=0 \tag{5-9}$$

进一步化简，即可得 Liouville 定理。该定理也可以用 Poisson 括号的形式来表达：

$$\frac{\partial F_N}{\partial t}=\{H_N,F_N\}\triangleq\sum\left[\frac{\partial}{\partial p_i}\cdot\frac{\partial H_N}{\partial r_i}-\frac{\partial}{\partial r_i}\cdot\frac{\partial H_N}{\partial p_i}\right] \tag{5-10}$$

式中，$\sum$ 表示 i 从 1 到 N 求和。

要注意的是，Liouville 定理是关于 N 个粒子的 $(6N+1)$ 维空间的分布函数的约束方程。而如果 N 个粒子是全同粒子，能否给出任意粒子的 $(6N+1)$ 维相空间的分布函数满足的方程？这就是我们要推导的 Boltzmann 方程。

5.2 从微观量到宏观量的桥梁——相空间分布函数

微观量特指在微观相空间中的与微观速度相关的物理量，比如粒子的全速度 $\boldsymbol{\xi}=\boldsymbol{C}+\boldsymbol{u}$，粒子的相空间分布函数 $f=f(\boldsymbol{r},\boldsymbol{\xi},t)$。宏观量是指与粒子的瞬时速度无关的物理量，比如粒子的数密度 $n=n(\boldsymbol{r},t)$、宏观速度（又称流体速度）$\boldsymbol{u}$、温度 T、压强 $\boldsymbol{P}$、热流、质量流、速度流，等等。而如果已知粒子的相空间分布函数，就等于知道了系统内粒子的所有经典物理信息，进而可以得出要求的宏观物理量。因此，相空间分布函数是构架微观相空间与宏观物理量之间的桥梁，是非常基础而且重要的。也就是说，如果可以得到粒子的相空间分布函数，也就知道了所有系统相关的经典物理量。这一节，我们将介绍如何构建这一桥梁。

首先相空间分布函数又可以理解为粒子相空间的概率密度函数。利用该概率密度函

数可以求出任意函数 $\phi(\boldsymbol{r},\boldsymbol{\xi},t)$ 的平均值：

$$\bar{\phi} = \int_{-\infty}^{+\infty} f\phi \mathrm{d}\boldsymbol{V} \tag{5-11}$$

如果是在整个速度空间 $\boldsymbol{\xi}$ 上求平均，即可得到对应的宏观物理量。

粒子的数密度指的是，在某一时刻 t，某一空间位置 $\boldsymbol{r}$ 处的粒子数目。这里，忽略了一个关键的粒子的微观参数，即粒子的瞬时速度。也就是说，不论粒子的速度如何，只要其在 t 时刻处于 $\boldsymbol{r}$ 处，就算一个计数。因此，粒子数密度可由相空间分布函数 f 在三维速度空间积分求得

$$n = \int_{-\infty}^{+\infty} f \mathrm{d}\boldsymbol{\xi} \tag{5-12}$$

粒子系统的流体速度指的是将粒子的随机速度平均后的宏观速度，即

$$\boldsymbol{u} = \int_{-\infty}^{+\infty} f\boldsymbol{\xi} \mathrm{d}\boldsymbol{\xi} \tag{5-13}$$

$$\boldsymbol{0} = \int_{-\infty}^{+\infty} f\boldsymbol{C} \mathrm{d}\boldsymbol{\xi} \tag{5-14}$$

粒子系统的温度是指关于 t 时刻 $\boldsymbol{r}$ 位置处，所有粒子的平均热动能的量度。因此，我们需要知道单个粒子的热动能，$\frac{1}{2}mC^2$。进而，可以定义温度为微观相空间分布函数与热动能乘积在速度空间的积分：

$$\frac{3}{2}nk_{\mathrm{B}}T = \rho u(\boldsymbol{r},t) = \int_{-\infty}^{+\infty} f \frac{1}{2}mC^2 \mathrm{d}\boldsymbol{\xi} \tag{5-15}$$

式中　$u(\boldsymbol{r},t)$——系统单位质量的内能；

k_{B}——Boltzmann 常数，$k_{\mathrm{B}} = 1.38 \times 10^{-23}$ J/K。

粒子系统的压强，即为粒子随机动量流矢量，即

$$\boldsymbol{P} = \int_{-\infty}^{+\infty} fm\boldsymbol{CC} \mathrm{d}\boldsymbol{\xi} \tag{5-16}$$

式(5-16)为对称二阶张量，共包含六个独立分量：三个正压强 P_{11}、P_{22}、P_{33}，以及三个切向压强 P_{12}、P_{13}、P_{23}。当压强各向同性时，定义 $p = P_{11} = P_{22} = P_{33}$，$p$ 即为通常意义下的压强；但是当压强各向异性时，情况会比较复杂。

习题

5-1　试利用温度的微观定义式和压强的定义式，推导当各向同性情况下，压强和温度满足

$$p = nk_{\mathrm{B}}T \tag{5-17}$$

5-2　试证明压强张量为二阶对称张量，并且只有六个独立分量。

另外一个重要的宏观物理量是热流矢量，即

$$\boldsymbol{q} = \int_{-\infty}^{+\infty} f \frac{1}{2}mC^2 \boldsymbol{C} \mathrm{d}\boldsymbol{\xi} \tag{5-18}$$

综上，可以发现，相空间的分布函数或概率函数 f 是连接微观物理量和宏观物理量的重要的桥梁。在实际问题中，很难直接求解得到 f。普遍的做法是，利用 f 来导出一组宏观流体方程组，进而转变为流体力学问题来求解。但这仅适用于长时间的热力学平衡状态问题

而对于超短时间的非热平衡问题，多采用直接求解 Boltzmann 方程或者 PIC 数值模拟的办法。

以上讨论仅限于单组分气体情况，对于多组分气体，推广比较容易，见应纯同著的《气体输运理论及应用》。

5.3　Boltzmann 方程推导

在推导 Boltzmann 方程前，需要两个重要的假设：

①分子互相碰撞时，只考虑二体碰撞，忽略三体及三体以上的碰撞效应；

②“分子混沌”假设，即认为各个分子之间是独立的，也称为不相关假设。

正因如此，Boltzmann 方程对于必须考虑三体及以上碰撞的稠密气体是不适用的。另外分子混沌假设要求碰撞时间足够短，这也导致了假设的不可逆性。

而比 Boltzmann 方程更加广泛的理论是 BBGKY 方程，这一方程由五位科学家得到的，并以他们名字的首字母命名。BBGKY 方程在以上两个假设条件下可以导出 Boltzmann 方程。

考虑单组分气体。速度分布函数为$f(\boldsymbol{r},\boldsymbol{\xi},t)$，则$f(\boldsymbol{r},\boldsymbol{\xi},t)\,\mathrm{d}\boldsymbol{r}\mathrm{d}\boldsymbol{\xi}$ 表示在 t 时刻分子位于体积元 $\mathrm{d}\boldsymbol{r}$ 中，速度分布在速度体积元 $\mathrm{d}\boldsymbol{\xi}$ 中的可能分子数。如果存在外力场，$m\boldsymbol{X}$ 为作用在分子上的外力，m 为分子的质量。外力 $m\boldsymbol{X}$ 可以是重力场，与分子速度 $\boldsymbol{\xi}$ 和时间 t 无关。如果所研究的气体局限于一个小的区域，可认为单位质量力 $\boldsymbol{X}$ 是常数力场。在离心力场中，$\boldsymbol{X}$ 是位置 $\boldsymbol{r}$ 的函数而与速度 ξ 无关。为简单起见，我们假定 $\boldsymbol{X}$ 与 $\boldsymbol{\xi}$ 无关。

如果在 t 到 $t+\mathrm{d}t$ 时间间隔内分子没有发生碰撞，则分子的位置矢量将由 $\boldsymbol{r}$ 变为 $\boldsymbol{r}+\boldsymbol{\xi}\mathrm{d}t$，速度由 $\boldsymbol{\xi}$ 变为 $\boldsymbol{\xi}+\boldsymbol{X}\mathrm{d}t$。因此，如果分子没有发生碰撞，则 t 时刻 $\mathrm{d}\boldsymbol{r}\mathrm{d}\boldsymbol{\xi}$ 中的气体分子 $f(\boldsymbol{r},\boldsymbol{\xi},t)\,\mathrm{d}\boldsymbol{r}\mathrm{d}\boldsymbol{\xi}$将全部既不增加又不减少的变到$(\boldsymbol{r}+\boldsymbol{\xi}\mathrm{d}t)$，$(\boldsymbol{\xi}+\boldsymbol{X}\mathrm{d}t)$的 $\mathrm{d}\boldsymbol{r}\mathrm{d}\boldsymbol{\xi}$ 中，所以有

$$f(\boldsymbol{r}+\boldsymbol{\xi}\mathrm{d}t,\boldsymbol{\xi}+\boldsymbol{X}\mathrm{d}t,t+\mathrm{d}t)\,\mathrm{d}\boldsymbol{r}\mathrm{d}\boldsymbol{\xi}=f(\boldsymbol{r},\boldsymbol{\xi},t)\,\mathrm{d}\boldsymbol{r}\mathrm{d}\boldsymbol{\xi} \tag{5-19}$$

但是，实际情况是分子会发生碰撞，因而上式应加上碰撞项：

$$f(\boldsymbol{r}+\boldsymbol{\xi}\mathrm{d}t,\boldsymbol{\xi}+\boldsymbol{X}\mathrm{d}t,t+\mathrm{d}t)\,\mathrm{d}\boldsymbol{r}\mathrm{d}\boldsymbol{\xi}=f(\boldsymbol{r},\boldsymbol{\xi},t)\,\mathrm{d}\boldsymbol{r}\mathrm{d}\boldsymbol{\xi}+\left(\frac{\partial f}{\partial t}\right)_{\mathrm{coll}}\mathrm{d}t\mathrm{d}\boldsymbol{r}\mathrm{d}\boldsymbol{\xi} \tag{5-20}$$

式中，$\left(\frac{\partial f}{\partial t}\right)_{\mathrm{coll}}\mathrm{d}t\mathrm{d}\boldsymbol{r}\mathrm{d}\boldsymbol{\xi}$ 表示在 $\mathrm{d}t$ 时间间隔内，在 $\boldsymbol{r}$、$\boldsymbol{\xi}$ 处的 $\mathrm{d}\boldsymbol{r}\mathrm{d}\boldsymbol{\xi}$ 体积元内由于碰撞产生的分子数变化量：包括由于碰撞从该体积元碰出去的和从别的体积元碰进来分子数量的。将公式(5-20)两边同时除以 $\mathrm{d}t\mathrm{d}\boldsymbol{r}\mathrm{d}\boldsymbol{\xi}$，并令 $\mathrm{d}t\to 0$，则有

$$\frac{\partial f}{\partial t}+\boldsymbol{\xi}\cdot\frac{\partial f}{\partial \boldsymbol{r}}+\boldsymbol{X}\cdot\frac{\partial f}{\partial \boldsymbol{\xi}}=\left(\frac{\partial f}{\partial t}\right)_{\mathrm{coll}} \tag{5-21}$$

式中　$\frac{\partial f}{\partial \boldsymbol{r}}=\left(\frac{\partial f}{\partial x},\frac{\partial f}{\partial y},\frac{\partial f}{\partial z}\right)$ —— f 的梯度；

$\frac{\partial f}{\partial \xi}$ —— f 在速度空间的梯度。

习题

5－3　试从公式(5－20)推导公式(5－21)，并说明每一项的物理意义。(提示：利用微分的定义。)

对于多组分气体的情况，只需将公式(5－21)中每一项加一个下标，表示特定分子的物理量。

至此，可知 Boltzmann 方程中，最为关键的是碰撞项与 f 的关系。假定 $\left(\frac{\partial f}{\partial t}\right)_{\text{coll}}^{+}\mathrm{d}\boldsymbol{r}\mathrm{d}\boldsymbol{\xi}\mathrm{d}t$ 表示由于碰撞从别的体积元进入 $\boldsymbol{r}$、$\boldsymbol{\xi}$ 附近的 $\mathrm{d}\boldsymbol{r}\mathrm{d}\boldsymbol{\xi}$ 体积元的分子数，$\left(\frac{\partial f}{\partial t}\right)_{\text{coll}}^{-}\mathrm{d}\boldsymbol{r}\mathrm{d}\boldsymbol{\xi}\mathrm{d}t$ 表示由于碰撞从 $\boldsymbol{r}$、$\boldsymbol{\xi}$ 附近的 $\mathrm{d}\boldsymbol{r}\mathrm{d}\boldsymbol{\xi}$ 体积元离开的分子数。因此

$$\left(\frac{\partial f}{\partial t}\right)_{\text{coll}}=\left(\frac{\partial f}{\partial t}\right)_{\text{coll}}^{+}-\left(\frac{\partial f}{\partial t}\right)_{\text{coll}}^{-}\tag{5-22}$$

我们只考虑二体碰撞的情况。假设两个分子的质量分别为 m_1、m_2，假设分子可以看作光滑的球对称的并且可以看作质心点。两分子相互作用力通过二者的中心。另外，假设外力场的作用力远远小于两分子碰撞瞬间的作用力，可以忽略。假设碰撞前两个分子的速度分别为 $\boldsymbol{\xi}_1$、$\boldsymbol{\xi}_2$，碰撞后的速度为 $\boldsymbol{\xi}_1'$、$\boldsymbol{\xi}_2'$。由于碰撞瞬间忽略外力，也没有分子内能和平动能的交换，即发生弹性碰撞，因而碰撞前后的两个分子的总动量和总动能守恒，即

$$m_1\boldsymbol{\xi}_1+m_2\boldsymbol{\xi}_2=m_1\boldsymbol{\xi}'+m_2\boldsymbol{\xi}_2'\tag{5-23}$$

$$\frac{1}{2}m_1\xi_1^2+\frac{1}{2}m_2\xi_2^2=\frac{1}{2}m_1\xi_1'^2+\frac{1}{2}m_2\xi_2'^2\tag{5-24}$$

两分子碰撞前后所组成的系统的质心速度 $\boldsymbol{G}$ 不变：

$$\boldsymbol{G}=\frac{m_1\boldsymbol{\xi}_1+m_2\boldsymbol{\xi}_2}{m_1+m_2}=\frac{m_1\boldsymbol{\xi}_1'+m_2\boldsymbol{\xi}_2'}{m_1+m_2}\tag{5-25}$$

如果以 $\boldsymbol{g}$ 和 $\boldsymbol{g}'$ 表示碰撞前后分子 2 相对于分子 1 的速度，则有

$$\begin{cases}\boldsymbol{g}=\boldsymbol{\xi}_2-\boldsymbol{\xi}_1\\ \boldsymbol{g}'=\boldsymbol{\xi}_2'-\boldsymbol{\xi}_1'\end{cases}\tag{5-26}$$

由式(5－25)、式(5－26)，可以用 $\boldsymbol{G}$、$\boldsymbol{g}$、$\boldsymbol{g}'$ 表示出 $\boldsymbol{\xi}_1$、$\boldsymbol{\xi}_2$、$\boldsymbol{\xi}_1'$、$\boldsymbol{\xi}_2'$：

$$\begin{cases}\boldsymbol{\xi}_1=\boldsymbol{G}-\mu_2\boldsymbol{g}\\ \boldsymbol{\xi}_2=\boldsymbol{G}+\mu_1\boldsymbol{g}\end{cases}\tag{5-27}$$

$$\begin{cases}\boldsymbol{\xi}_1'=\boldsymbol{G}-\mu_2\boldsymbol{g}'\\ \boldsymbol{\xi}_2'=\boldsymbol{G}+\mu_1\boldsymbol{g}'\end{cases}\tag{5-28}$$

其中，μ_1、μ_2 为折合质量，对应的定义分别为

$$\begin{cases}\mu_1=\dfrac{m_1}{m_1+m_2}\\ \mu_2=\dfrac{m_2}{m_1+m_2}\end{cases}\tag{5-29}$$

进一步，由碰撞前后动能守恒，可知

$$g=g'\tag{5-30}$$

即两个分子的相对速度在碰撞前后只改变方向,而不改变速度的大小。

分子互相碰撞示意图如图 5 - 1 所示。

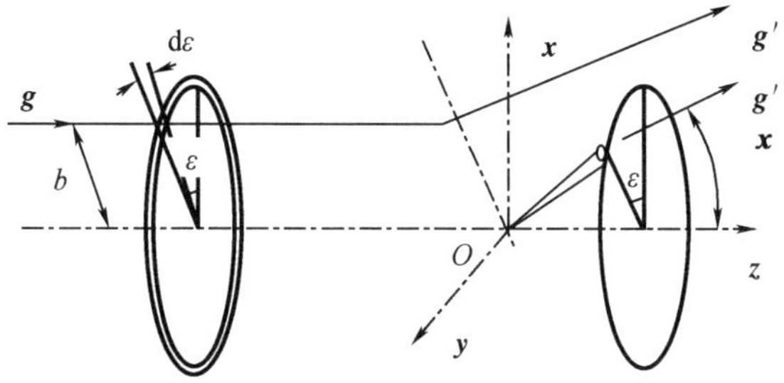

图 5 - 1　分子互相碰撞示意图

假设二体碰撞中的分子 1 静止不动处于 O 点。分子 2 以速度 $\boldsymbol{g}$ 相对于分子 1 运动。选取球坐标,O 为原点,极轴过 O 点并平行于 $\boldsymbol{g}$。$\boldsymbol{g}$ 至极轴的距离称为碰撞参数,用 b 表示。碰撞后分子 2 相对于分子 1 的速度为 $\boldsymbol{g}'$。$\boldsymbol{g}$ 和 $\boldsymbol{g}'$所在平面与 x 轴夹角为 ε,$\boldsymbol{g}$ 与 $\boldsymbol{g}'$的夹角为 χ。过 O 点作一直线平行于 $\boldsymbol{g}'$,χ 和 ε 如图 5 - 1 所示。$\Omega' = \dfrac{\boldsymbol{g}'}{g'}$,表示过 O 点沿 $\boldsymbol{g}'$方向的单位矢量。$\mathrm{d}\boldsymbol{\Omega}$ 表示 $\boldsymbol{\Omega}$ 与极轴夹角从 χ 到$(\chi + \mathrm{d}\chi)$,而方位角从 ε 到 $\varepsilon + \mathrm{d}\varepsilon$ 的立体角元,因而有

$$\mathrm{d}\boldsymbol{\Omega} = \sin \chi \mathrm{d}\chi \mathrm{d}\varepsilon \tag{5-31}$$

取时间间隔 $\mathrm{d}t$ 比宏观量变化的时间尺度小很多,但比微观量的变化时间又长很多。由于设分子 1 在 O 点不动,分子 2 以速度 $\boldsymbol{g}$ 相对于 O 点运动。在 $\mathrm{d}t$ 时间内能到达面积 $b\mathrm{d}b\mathrm{d}\varepsilon$ 上的分子应在以 $b\mathrm{d}b\mathrm{d}\varepsilon$ 为底面,以 $-\boldsymbol{g}\mathrm{d}t$ 为棱的柱体中,即分子 2 必须在 $gb\mathrm{d}b\mathrm{d}\varepsilon\mathrm{d}t$ 的体积中。在这个体积中、分子 2 处于 $\boldsymbol{\xi}_2$ 附近的 $\mathrm{d}\boldsymbol{\xi}_2$ 的可能的分子数为 $f_2(\boldsymbol{r},\boldsymbol{\xi}_2,t)gb\mathrm{d}b\mathrm{d}\varepsilon\mathrm{d}t\mathrm{d}\boldsymbol{\xi}_2$。然而每一个分子 1 周围都有这样一个体积。位于 $\mathrm{d}\boldsymbol{\xi}_1$ 及 $\mathrm{d}\boldsymbol{r}$ 中的分子 1 数为 $f_1(\boldsymbol{r},\boldsymbol{\xi}_1,t)\mathrm{d}\boldsymbol{\xi}_1\mathrm{d}\boldsymbol{r}$。因而在 $\mathrm{d}t$ 时间间隔中,在 $\mathrm{d}\boldsymbol{\xi}_1$、$\mathrm{d}\boldsymbol{\xi}_2$、$\mathrm{d}\boldsymbol{r}$、$\mathrm{d}b$、$\mathrm{d}\varepsilon$ 中分子碰撞数为

$$f_1(\boldsymbol{r},\boldsymbol{\xi}_1,t)f_2(\boldsymbol{r},\boldsymbol{\xi}_2,t)gb\mathrm{d}b\mathrm{d}\varepsilon\mathrm{d}\boldsymbol{\xi}_1\mathrm{d}\boldsymbol{\xi}_2\mathrm{d}\boldsymbol{r}\mathrm{d}t \tag{5-32}$$

碰撞后分子 1 和分子 2 的速度变为 $\boldsymbol{\xi}_1'$、$\boldsymbol{\xi}_2'$,因此这两个分子不再处于原先的速度体积元中。所以该碰撞数也是碰撞损失分子数。根据之前的定义有

$$\left(\frac{\partial f}{\partial t}\right)_{\mathrm{coll}}^{-} = \int\mathrm{d}\boldsymbol{\xi}_2\int\mathrm{d}b\int\mathrm{d}\varepsilon f_1(\boldsymbol{r},\boldsymbol{\xi}_1,t)f_2(\boldsymbol{r},\boldsymbol{\xi}_2,t)gb \tag{5-33}$$

如果利用 $\mathrm{d}\boldsymbol{\Omega}$ 并引入新的物理量微分碰撞截面 σ,而令

$$\sigma\mathrm{d}\boldsymbol{\Omega} = b\mathrm{d}b\mathrm{d}\varepsilon \tag{5-34}$$

如果有一束以相同速度运动的分子,在单位时间内与此束流垂直的单位面积表面上流过的分子数,即入射强度 I,则 $I\sigma\mathrm{d}\boldsymbol{\Omega}$ 表示在单位时间内散射于 $\mathrm{d}\boldsymbol{\Omega}$ 方向上的分子数。所以微分碰撞截面的定义为单位时间内被散射入 $\boldsymbol{\Omega}$ 方向单位立体角内的分子数除以入射强度。σ 为 g、χ 的函数,具有面积的量纲。全碰撞截面 σ_{tot}满足

$$\sigma_{\mathrm{tot}} = \int\sigma\mathrm{d}\boldsymbol{\Omega} \tag{5-35}$$

该式的物理意义为单位时间内被一固定的分子所散射的分子数与束强度之比。

如果分子 1 和分子 2 的碰撞前的速度分别为 $\boldsymbol{\xi}_1$、$\boldsymbol{\xi}_2$,碰撞后的速度分别为 $\boldsymbol{\xi}_1'$、$\boldsymbol{\xi}_2'$。与此对碰撞相对应的有另一对碰撞,碰撞前分子 1 和分子 2 的速度分别为 $\boldsymbol{\xi}_1'$、$\boldsymbol{\xi}_2'$,碰撞后的速度

为 $\boldsymbol{\xi}_1$、$\boldsymbol{\xi}_2$。此即为第一对碰撞的逆碰撞。类似地,我们可以求出逆碰撞的分子数为

$$f_1(\boldsymbol{r},\boldsymbol{\xi}_1',t)f_2(\boldsymbol{r},\boldsymbol{\xi}_2',t)g'\sigma'\mathrm{d}\boldsymbol{\Omega}'\mathrm{d}\boldsymbol{\xi}_1'\mathrm{d}\boldsymbol{\xi}_2'\mathrm{d}\boldsymbol{r}\mathrm{d}t \tag{5-36}$$

这是增加到 $\mathrm{d}\boldsymbol{\xi}_1$、$\mathrm{d}\boldsymbol{\xi}_2$ 的分子数。由之前的定义可知,$g'=g,\sigma'=\sigma$。$\boldsymbol{\Omega}'$表示 $\boldsymbol{g}$ 方向的单位矢量。$\boldsymbol{\xi}_1'$、$\boldsymbol{\xi}_2'$、$\boldsymbol{\xi}_1$、$\boldsymbol{\xi}_2$、$\boldsymbol{g}'$、$\boldsymbol{g}$ 之间满足变换关系:

$$\begin{cases}\boldsymbol{\xi}_1'=\mu_1\boldsymbol{\xi}_1+\mu_2\boldsymbol{\xi}_2+\mu_2\boldsymbol{g}'\\ \boldsymbol{\xi}_2'=\mu_1\boldsymbol{\xi}_1+\mu_2\boldsymbol{\xi}_2+\mu_1\boldsymbol{g}'\\ \boldsymbol{g}=\boldsymbol{\xi}_2-\boldsymbol{\xi}_1\end{cases} \tag{5-37}$$

$$\begin{cases}\boldsymbol{\xi}_1'=\mu_1\boldsymbol{\xi}_1'+\mu_2\boldsymbol{\xi}_2'+\mu_2\boldsymbol{g}'\\ \boldsymbol{\xi}_2'=\mu_1\boldsymbol{\xi}_1'+\mu_2\boldsymbol{\xi}_2'+\mu_1\boldsymbol{g}'\\ \boldsymbol{g}'=\boldsymbol{\xi}_2'-\boldsymbol{\xi}_1'\end{cases} \tag{5-38}$$

则从$(\boldsymbol{\xi}_1,\boldsymbol{\xi}_2,\boldsymbol{g}')$转换为$(\boldsymbol{\xi}_1',\boldsymbol{\xi}_2',\boldsymbol{g})$的 Jacobi 行列式 J 满足

$$J=\frac{\partial(\boldsymbol{\xi}_1',\boldsymbol{\xi}_2',\boldsymbol{g})}{g(\boldsymbol{\xi}_1,\boldsymbol{\xi}_2,\boldsymbol{g}')}=\begin{vmatrix}\mu_1 & \mu_2 & -\mu_2\\ \mu_1 & \mu_2 & \mu_1\\ -1 & 1 & 0\end{vmatrix}=-(\mu_1+\mu_2)^2=-1 \tag{5-39}$$

因此变换前后的积分体积元满足

$$\mathrm{d}\boldsymbol{\xi}_1',\mathrm{d}\boldsymbol{\xi}_2',\mathrm{d}\boldsymbol{g}=|J|\mathrm{d}\boldsymbol{\xi}_1\mathrm{d}\boldsymbol{\xi}_2\mathrm{d}\boldsymbol{g}'=\mathrm{d}\boldsymbol{\xi}_1\mathrm{d}\boldsymbol{\xi}_2\mathrm{d}\boldsymbol{g}' \tag{5-40}$$

根据空间立体角 $\boldsymbol{\Omega}$、$\boldsymbol{\Omega}'$的定义,可知

$$\begin{cases}\mathrm{d}\boldsymbol{g}=g^2\mathrm{d}g\mathrm{d}\boldsymbol{\Omega}'\\ \mathrm{d}\boldsymbol{g}'=g'^2\mathrm{d}g'\mathrm{d}\boldsymbol{\Omega}\end{cases} \tag{5-41}$$

因为 $g=g'$,所以

$$\mathrm{d}\boldsymbol{\xi}_1'\mathrm{d}\boldsymbol{\xi}_2'\mathrm{d}\boldsymbol{\Omega}'=\mathrm{d}\boldsymbol{\xi}_1\mathrm{d}\boldsymbol{\xi}_2\mathrm{d}\boldsymbol{\Omega} \tag{5-42}$$

$$\left(\frac{\partial f}{\partial t}\right)_{\mathrm{coll}}^{+}=\int\mathrm{d}\boldsymbol{\xi}_2\int\mathrm{d}\boldsymbol{\Omega}f_1(\boldsymbol{r},\boldsymbol{\xi}'_1,t)f_2(\boldsymbol{r},\boldsymbol{\xi}'_2,t)g\sigma(g,\chi) \tag{5-43}$$

进而可得 f 的碰撞改变率为

$$\left(\frac{\partial f}{\partial t}\right)_{\mathrm{coll}}^{+}=\iint(f'_1f'_2-f_1f_2)g\sigma\mathrm{d}\boldsymbol{\Omega}\mathrm{d}\boldsymbol{\xi}'_2 \tag{5-44}$$

式中

$$f_1=f_1(\boldsymbol{r},\boldsymbol{\xi}_1,t)$$
$$f_2=f_2(\boldsymbol{r},\boldsymbol{\xi}_2,t)$$
$$f'_1=f_1(\boldsymbol{r},\boldsymbol{\xi}_1',t)$$
$$f'_2=f_2(\boldsymbol{r},\boldsymbol{\xi}_2',t)$$

有了碰撞项,就可以得出 Boltzmann 方程的完整形式:

$$\frac{\partial f}{\partial t}+\boldsymbol{\xi}\cdot\frac{\partial f}{\partial\boldsymbol{r}}+\boldsymbol{X}\cdot\frac{\partial f}{\partial\boldsymbol{\xi}}=\iint(f'f'_1-ff_1)g\sigma\mathrm{d}\boldsymbol{\Omega}\mathrm{d}\boldsymbol{\xi}_1 \tag{5-45}$$

Boltzmann 方程是积分微分方程,同时在右边积分核中含有非线性项,所以该方程又是非线性方程。再者,在碰撞项中,微分碰撞截面 σ 与具体的分子模型相关。一般情况下,Boltzmann 方程很难有解析解结果,大部分需要借助数值模拟法求解。

5.4　BBGKY 链式方程和 Boltzmann 方程

对于一个由 N 个全同粒子组成的系统，以 $\boldsymbol{x}_k=(\boldsymbol{r}_k,\boldsymbol{p}_k)$ 表示第 k 个粒子在相空间中的位置。则 $F_N(\boldsymbol{x}_1,\boldsymbol{x}_2,\cdots,\boldsymbol{x}_k,\cdots,\boldsymbol{x}_N,t)$ 表示粒子 1 在 $\boldsymbol{x}_1$ 到 $(\boldsymbol{x}_1+\mathrm{d}\boldsymbol{x}_1)$ 的相空间，…，粒子 k 在 $\boldsymbol{x}_k$ 到 $\boldsymbol{x}_k+\mathrm{d}\boldsymbol{x}_k$ 的相空间，…，粒子 N 在 $\boldsymbol{x}_N$ 到 $(\boldsymbol{x}_N+\mathrm{d}\boldsymbol{x}_N)$ 的相空间中的概率。F_N 是相空间的概率密度。如果 N 个粒子是全同的，则 F_N 对每一个 $\boldsymbol{x}_k$ 都是对称的，即任何两个变量 $\boldsymbol{x}_j$ 和 $\boldsymbol{x}_k$ 互相对换后 F_N 是相同的。由 F_N 的定义应有

$$\int\cdots\int F_N(\boldsymbol{x}_1,\boldsymbol{x}_2,\cdots,\boldsymbol{x}_k,\boldsymbol{x}_N,t)\,\mathrm{d}\boldsymbol{x}_1\mathrm{d}\boldsymbol{x}_2\cdots\mathrm{d}\boldsymbol{x}_k\cdots\mathrm{d}\boldsymbol{x}_N=1 \tag{5-46}$$

式中，$\mathrm{d}\boldsymbol{x}_k=\mathrm{d}\boldsymbol{r}_k\mathrm{d}\boldsymbol{p}_k$。

根据 Liouville 定理，F_N 应满足

$$\frac{\partial F_N}{\partial t}=\sum_{k=1}^{N}\left(\frac{\partial H_N}{\partial \boldsymbol{r}_k}\cdot\frac{\partial F_N}{\partial \boldsymbol{p}_k}-\frac{\partial H_N}{\partial \boldsymbol{p}_k}\cdot\frac{\partial F_N}{\partial \boldsymbol{r}_k}\right) \tag{5-47}$$

式中，H_N 为 N 个粒子的 Hamilton 函数。如果引入 Poisson 括号：

$$\{H_N,F_N\}=\sum_{k=1}^{N}\left(\frac{\partial H_N}{\partial \boldsymbol{r}_k}\cdot\frac{\partial F_N}{\partial \boldsymbol{p}_k}-\frac{\partial H_N}{\partial \boldsymbol{p}_k}\cdot\frac{\partial F_N}{\partial \boldsymbol{r}_k}\right) \tag{5-48}$$

令 F_s 表示 s 个粒子的约化分布函数，则 F_s 满足

$$F_s(\boldsymbol{x}_1,\boldsymbol{x}_2,\cdots,\boldsymbol{x}_s)=\int\cdots\int F_N(\boldsymbol{x}_1,\boldsymbol{x}_2,\cdots,\boldsymbol{x}_k,\cdots,\boldsymbol{x}_N,t)\,\mathrm{d}\boldsymbol{x}_{s+1}\mathrm{d}\boldsymbol{x}_{s+2}\cdots\mathrm{d}\boldsymbol{x}_N \tag{5-49}$$

类似于 F_N 的对称性，F_s 同样满足相同的对称性。因此 s 个粒子的选择不是确定的。而我们最感兴趣的是最初几个约化分布函数：F_1、F_2。$F_1(\boldsymbol{r},\boldsymbol{p},t)\mathrm{d}\boldsymbol{p}$ 表示一个粒子在 $\boldsymbol{r}$ 处，t 时刻在 $\boldsymbol{p}$ 到 $(\boldsymbol{p}+\mathrm{d}\boldsymbol{p})$ 动量空间中的概率。由于粒子是全同的，因此前述的速度分布函数满足 $f(\boldsymbol{r},\boldsymbol{\xi},t)\mathrm{d}\boldsymbol{\xi}=NF_1(\boldsymbol{r},\boldsymbol{p},t)\mathrm{d}\boldsymbol{p}$。因此，只要求出 F_1 满足的方程，就可以得到速度分布函数 f 满足的方程。

在保守外力场的作用下，N 个相同粒子的 Hamilton 函数 H_N 为

$$H_N=\sum_{k=1}^{N}\left(\frac{p_k^2}{2m}+\Phi(r_k)\right)+\sum_{1\leqslant k<j\leqslant N}\phi(|r_k-r_j|) \tag{5-50}$$

式中　m——粒子的质量；

$\Phi(r_k)$——外力场的势能；

$\phi(|r_k-r_j|)$——分子间的相互作用位能。引入 $\phi_{kj}=\phi(|r_k-r_j|)$。

习题

5-4　将上述 Hamilton 量代入 Liouville 方程，并求出约化分布函数 F_s 满足

$$\frac{\partial F_s}{\partial t}=\sum_{k=1}^{N}\int\cdots\int\left\{\left[\frac{p_k^2}{2m}+\Phi(r_k)\right],F_N\right\}\mathrm{d}\boldsymbol{x}_{s+1}\cdots\mathrm{d}\boldsymbol{x}_N+\sum_{1\leqslant k<j\leqslant N}\int\cdots\int\{\phi_{kj},F_N\}\,\mathrm{d}\boldsymbol{x}_{s+1}\cdots\mathrm{d}\boldsymbol{x}_N \tag{5-51}$$

5-5　设在无穷远处，$p_k\to\infty$ 或 $r_k\to\infty$ 时，$F_N=0$，证明：

$$\int \frac{\partial F_N}{\partial \boldsymbol{p}_k} \mathrm{d}\boldsymbol{p}_k = 0 \tag{5-52}$$

5-6 对于粒子处于有限空间的容器中时,证明:

$$\int \frac{\boldsymbol{p}_k}{2m} \cdot \frac{\partial F_N}{\partial \boldsymbol{r}_k} \mathrm{d}\boldsymbol{r}_k \mathrm{d}\boldsymbol{p}_k = -\oint_s F_N(\boldsymbol{\xi}_k \cdot \boldsymbol{n}) \mathrm{d}s \mathrm{d}\boldsymbol{p}_k = 0 \tag{5-53}$$

5-7 证明:

$$\int \left\{ \left[\frac{\boldsymbol{p}_k^2}{2m} + \Phi(\boldsymbol{r}_k) \right], F_N \right\} \mathrm{d}\boldsymbol{r}_k \mathrm{d}\boldsymbol{p}_k = 0, k = 1,2,\cdots,N \tag{5-54}$$

5-8 证明:

$$\int \{ \phi_{kj}, F_N \} \mathrm{d}\boldsymbol{r}_k \mathrm{d}\boldsymbol{p}_k = 0, k = 1,2,\cdots,N \tag{5-55}$$

5-9 证明:

$$\sum_{k=1}^{N} \int \cdots \int \left\{ \left[\frac{\boldsymbol{p}_k^2}{2m} + \Phi(\boldsymbol{r}_k) \right], F_N \right\} \mathrm{d}\boldsymbol{x}_{s+1} \cdots \mathrm{d}\boldsymbol{x}_N = \left\{ \sum_{k=1}^{s} \left[\frac{\boldsymbol{p}_k^2}{2m} + \Phi(\boldsymbol{r}_k) \right], F_s \right\} \tag{5-56}$$

5-10 证明:

$$\sum_{1 \leqslant k < j \leqslant N} \int \cdots \int \{ \phi_{kj}, F_N \} \mathrm{d}\boldsymbol{x}_{s+1} \cdots \mathrm{d}\boldsymbol{x}_N = \sum_{1 \leqslant k < j \leqslant s} \{ \phi_{kj}, F_s \} + (N-s) \int \left\{ \sum_{k=1}^{s} \phi_{k,s+1}, F_{s+1} \right\} \mathrm{d}\boldsymbol{x}_{s+1} \tag{5-57}$$

综合以上结论,代回 F_s 满足的 Liouville 方程,可得

$$\frac{\partial F_s}{\partial t} = \{ H_s, F_s \} + (N-s) \int \left\{ \sum_{k=1}^{s} \phi_{k,s+1}, F_{s+1} \right\} \mathrm{d}\boldsymbol{x}_{s+1} \tag{5-58}$$

式中,H_s 为前 s 个粒子的 Hamilton 量。从上式可以看出 s 个粒子的约化分布函数 F_s 不仅仅取决于这 s 个粒子的初始值,还取决于其与其他$(N-s)$个粒子的相互作用。这使得要精确求解 F_s 几乎是不可能的,需要联合求解 N 个链式方程。

习题

5-11 根据 H_s 的表达式和 Poisson 括号的含义,将公式(5-58)改写为

$$\frac{\partial F_s}{\partial t} + \sum_{k=1}^{s} \frac{\boldsymbol{p}_k}{m} \cdot \frac{\partial F_s}{\partial \boldsymbol{r}_k} + \sum_{k=1}^{s} m\boldsymbol{X}_k \cdot \frac{\partial F_s}{\partial \boldsymbol{p}_k} - \sum_{1 \leqslant k < j \leqslant s} \frac{\partial \phi_{kj}}{\partial \boldsymbol{r}_k} \cdot \frac{\partial F_s}{\partial \boldsymbol{p}_k} = (N-s) \int \left\{ \sum_{k=1}^{s} \phi_{k,s+1}, F_{s+1} \right\} \mathrm{d}\boldsymbol{x}_{s+1} \tag{5-59}$$

式中,$s=1,2,\cdots,N-1$。

此方程即为 BBGKY 链式方程。由于 N 过于庞大,导致该方程几乎不可解。因此,实际应用中必须考虑将 N 截断。这里我们截断到 $s=2$,即只考虑 F_1、F_2。如果不考虑外力的存在,则 F_1 满足:

$$\frac{\partial F_1}{\partial t} + \frac{\boldsymbol{p}_1}{m} \cdot \frac{\partial F_1}{\partial \boldsymbol{r}_1} = (N-1) \int \frac{\partial \phi_{12}}{\partial \boldsymbol{r}_1} \cdot \frac{\partial F_2}{\partial \boldsymbol{p}_1} \mathrm{d}\boldsymbol{x}_2 \tag{5-60}$$

一般来讲,$F_2(\boldsymbol{x}_1,\boldsymbol{x}_2,t) = F_1(\boldsymbol{x}_1,t)F_1(\boldsymbol{x}_2,t) + G_2(\boldsymbol{x}_1,\boldsymbol{x}_2,t)$。其中 $G_2(\boldsymbol{x}_1,\boldsymbol{x}_2,t)$ 表示粒子 1 和粒子 2 之间的相互作用,为两个粒子的不可约相关函数。一般做分子混沌假设,即两

个粒子在碰撞前后都是互不相干的，碰撞瞬间满足动量和能量方程。

习题

5-12　对于 F_2 满足的方程可化简为

$$\frac{\mathrm{d}F_2}{\mathrm{d}t} = (N-2)\int\left(\frac{\partial\phi_{13}}{\partial \boldsymbol{r}_1}\cdot\frac{\partial F_3}{\partial \boldsymbol{p}_1}+\frac{\partial\phi_{23}}{\partial \boldsymbol{r}_2}\cdot\frac{\partial F_3}{\partial \boldsymbol{p}_2}\right)\mathrm{d}\boldsymbol{x}_3 \tag{5-61}$$

由于分子间只在一定距离内才存在相互作用，即分子间距离 $r_{kj}<d$（d 为分子本身的尺度）ϕ_{kj}才不为零。因此上式的积分只在 d^3 的球内被积函数不为零。令 $\boldsymbol{r}$ 为 N 个分子中分子间的平均距离，则有

$$N\int\left(\frac{\partial\phi_{13}}{\partial \boldsymbol{r}_1}\cdot\frac{\partial F_3}{\partial \boldsymbol{p}_1}\right)\mathrm{d}\boldsymbol{x}_3 \sim N\frac{\partial\phi(r)}{\partial \boldsymbol{r}_1}\cdot\frac{\partial F_2}{\partial \boldsymbol{p}_1}\frac{d^3}{N\boldsymbol{r}_3}\approx 0 \tag{5-62}$$

对于稀疏气体，$\frac{d^3}{\boldsymbol{r}^3}\ll 1$。因此，对于稀疏气体，可得

$$\frac{\mathrm{d}F_2}{\mathrm{d}t}=0 \tag{5-63}$$

进而，假设在碰撞前 t_0 时刻，粒子 1 和粒子 2 处于 $\boldsymbol{r}_{10}$、$\boldsymbol{r}_{20}$，由于 F_2 的全导数为零，可得

$$F_2(\boldsymbol{x}_1,\boldsymbol{x}_2,t)=F_2(\boldsymbol{x}_{10},\boldsymbol{x}_{20},t_0)=F_1(\boldsymbol{x}_{10},t_0)F_1(\boldsymbol{x}_{20},t_0) \tag{5-64}$$

由于 $f=mNF$，可得 f 满足

$$\frac{\partial f}{\partial t}+\boldsymbol{\xi}_1\cdot\frac{\partial f}{\partial \boldsymbol{r}_1}=C(f) \tag{5-65}$$

式中，$C(f)=\iint\frac{\partial\phi_{12}}{\partial \boldsymbol{r}_1}\cdot\frac{\partial}{\partial p_1}[f(\boldsymbol{x}_{10},t_0)f(\boldsymbol{x}_{20},t_0)]\mathrm{d}\boldsymbol{r}_2\mathrm{d}\boldsymbol{\xi}_2$。由于 ϕ_{12}只在 d 的范围内不为零，在这个范围内，我们可以认为上式中的空间坐标未改变，因此可认为 f 只是动量的函数。

习题

5-13　利用

$$\frac{\mathrm{d}[f(\boldsymbol{p}_{10},t_0)f(\boldsymbol{p}_{20},t_0)]}{\mathrm{d}t}=\left(\boldsymbol{\xi}_1\cdot\frac{\partial}{\partial \boldsymbol{r}_1}+\boldsymbol{\xi}_2\cdot\frac{\partial}{\partial \boldsymbol{r}_2}-\frac{\partial\phi_{12}}{\partial \boldsymbol{r}_1}\cdot\frac{\partial}{\partial \boldsymbol{p}_1}-\frac{\partial\phi_{12}}{\partial \boldsymbol{r}_2}\cdot\frac{\partial}{\partial \boldsymbol{p}_2}\right)\cdot [f(\boldsymbol{p}_{10},t_0)f(\boldsymbol{p}_{20},t_0)]=0 \tag{5-66}$$

证明

$$\iint\frac{\partial\phi_{12}}{\partial \boldsymbol{r}_1}\cdot\frac{\partial}{\partial \boldsymbol{r}_1}[f(\boldsymbol{x}_{10},t_0)f(\boldsymbol{x}_{20},t_0)]\mathrm{d}\boldsymbol{r}_2\mathrm{d}\boldsymbol{\xi}_2 = \iint\boldsymbol{g}\cdot\frac{\partial}{\partial \boldsymbol{r}}[f(\boldsymbol{x}_{10},t_0)f(\boldsymbol{x}_{20},t_0)]\mathrm{d}\boldsymbol{r}\mathrm{d}\boldsymbol{\xi}_2 \tag{5-67}$$

式中　$\boldsymbol{g}=\boldsymbol{\xi}_2-\boldsymbol{\xi}_1$——两个粒子的相对速度；

$\boldsymbol{r}=\boldsymbol{r}_2-\boldsymbol{r}_1$。

这等价于转换到了 1 个粒子静止的坐标系。进而有碰撞项满足

$$C(f)=\iint\boldsymbol{g}\cdot\frac{\partial}{\partial \boldsymbol{r}}[f(\boldsymbol{x}_{10},t_0)f(\boldsymbol{x}_{20},t_0)]\mathrm{d}\boldsymbol{r}\mathrm{d}\boldsymbol{\xi}_2 \tag{5-68}$$

如果取 $\boldsymbol{r}$ 为柱坐标 (z,b,ε)，其中 z 为轴向坐标，b 为径向坐标，ε 为切向角。假定 $\boldsymbol{g}=\boldsymbol{\xi}_2-\boldsymbol{\xi}_1 \parallel \hat{z}$，则有 $\boldsymbol{g}\cdot\frac{\partial}{\partial \boldsymbol{r}}=\frac{g\partial}{\partial z}$。由 $\mathrm{d}\boldsymbol{r}=b\mathrm{d}z\mathrm{d}b\mathrm{d}\varepsilon$，可得

$$C(f) = \iint [f(\boldsymbol{x}_{10},t_0)f(\boldsymbol{x}_{20},t_0)]_{z=-\infty}^{z=+\infty} gb\mathrm{d}b\mathrm{d}\varepsilon\mathrm{d}\boldsymbol{\xi}_2 \tag{5-69}$$

$z=-\infty$ 可认为是粒子碰撞之前，此时 $\boldsymbol{p}_{10}=\boldsymbol{p}_1$，$\boldsymbol{p}_{20}=\boldsymbol{p}_2$。$z=+\infty$ 代表粒子碰撞之后，此时，$\boldsymbol{p}_{10}=\boldsymbol{p}_1'$，$\boldsymbol{p}_{20}=\boldsymbol{p}_2'$。$\boldsymbol{p}_1$、$\boldsymbol{p}_2$ 和 $\boldsymbol{p}_1'$、$\boldsymbol{p}_2'$ 满足弹性碰撞的动量和动能守恒。另外 t_0 可替换为 t，可选择 $t-t_0 \ll \frac{l}{\bar{\xi}}$（$l$ 为平均自由程，$\bar{\xi}$ 为气体分子的平均速度）。对于 f，时间变化尺度为 $\frac{l}{\bar{\xi}}$，因此 $(t-t_0)$ 的时间差是可以忽略的。综合以上，我们得到了上节中导出的碰撞项：

$$C(f) = \iint [f(\boldsymbol{p}'_1,t)f(\boldsymbol{p}'_2,t) - f(\boldsymbol{p}_1,t)f(\boldsymbol{p}_2,t)] g\sigma\mathrm{d}\boldsymbol{\Omega}\mathrm{d}\boldsymbol{\xi}_2 \tag{5-70}$$

综合以上，从 BBGKY 方程做截断，得到了 Boltzmann 方程。这其中用到了以下重要假设：

①分子混沌性假设；

②气体稀疏假设；

③碰撞时间 $\tau_c=\frac{d}{\bar{\xi}} \ll \frac{l}{\bar{\xi}}$。

5.5 从 Boltzmann 方程导出宏观量守恒方程组

我们从单组分气体的 Boltzmann 方程出发：

$$\frac{\partial f}{\partial t}+\boldsymbol{\xi}\cdot\frac{\partial f}{\partial \boldsymbol{r}}+\boldsymbol{X}\cdot\frac{\partial f}{\partial \boldsymbol{\xi}} = \iint (f'f'_1-ff_1)g\sigma\mathrm{d}\boldsymbol{\Omega}\mathrm{d}\boldsymbol{\xi}_1 \tag{5-71}$$

我们假定单位质量力 $\boldsymbol{X}$ 不是分子运动速度 $\boldsymbol{\xi}$ 的函数。令 $\phi=\phi(\boldsymbol{r},\boldsymbol{\xi},t)$ 表示任意函数，它可以表示气体分子的质量、动量或动能等。将 ϕ 乘到 Boltzmann 方程的两侧并对动量空间积分，以求出相应的宏观守恒量方程。为方便起见，定义

$$n\left(\frac{\partial \phi}{\partial t}\right)_{\mathrm{coll}} = \int \phi\left(\frac{\partial f}{\partial t}\right)_{\mathrm{coll}}\mathrm{d}\boldsymbol{\xi} \tag{5-72}$$

另外

$$n\left(\frac{\partial \phi}{\partial t}\right)_{\mathrm{coll}} = \int\left(\phi\frac{\partial f}{\partial t}+\phi\boldsymbol{\xi}\cdot\frac{\partial f}{\partial \boldsymbol{r}}+\phi\boldsymbol{X}\cdot\frac{\partial f}{\partial \boldsymbol{\xi}}\right)\mathrm{d}\boldsymbol{\xi} \tag{5-73}$$

习题

5-14　试证明：

$$\int\left(\phi\frac{\partial f}{\partial t}\right)\mathrm{d}\boldsymbol{\xi} = \frac{\partial(n\bar{\phi})}{\partial t} - n\frac{\partial \bar{\phi}}{\partial t} \tag{5-74}$$

式中，$\bar{\phi}$ 为相应物理量在动量空间的统计平均值。

5 - 15　试证明：

$$\int\left(\phi\boldsymbol{\xi}\cdot\frac{\partial f}{\partial\boldsymbol{r}}\right)\mathrm{d}\boldsymbol{\xi} = \frac{\partial}{\partial\boldsymbol{r}}\cdot(n\overline{\phi\boldsymbol{\xi}}) - n\overline{\boldsymbol{\xi}\frac{\partial\phi}{\partial\boldsymbol{r}}} \tag{5-75}$$

5 - 16　试证明：

$$\int\left(\phi\boldsymbol{X}\cdot\frac{\partial f}{\partial\boldsymbol{\xi}}\right)\mathrm{d}\boldsymbol{\xi} = -n\boldsymbol{X}\cdot\overline{\frac{\partial\phi}{\partial\boldsymbol{\xi}}} \tag{5-76}$$

综合以上，可以得到 Maxwell 输运方程或转移方程：

$$n\left(\frac{\partial\phi}{\partial t}\right)_{\text{coll}} = \frac{\partial(n\overline{\phi})}{\partial t} - n\overline{\frac{\partial\phi}{\partial t}} + \frac{\partial}{\partial\boldsymbol{r}}\cdot(n\overline{\phi\boldsymbol{\xi}}) - n\boldsymbol{\xi}\cdot\overline{\frac{\partial\phi}{\partial\boldsymbol{r}}} - n\boldsymbol{X}\cdot\overline{\frac{\partial\phi}{\partial\boldsymbol{\xi}}} \tag{5-77}$$

如果 $\phi=\phi(\boldsymbol{\xi})$ 不显含 $\boldsymbol{r}$、t，则上式可化简为

$$n\left(\frac{\partial\phi}{\partial t}\right)_{\text{coll}} = \left(\frac{\partial(n\overline{\phi})}{\partial t}\right) + \frac{\partial}{\partial\boldsymbol{r}}\cdot(n\overline{\phi\boldsymbol{\xi}}) - n\boldsymbol{X}\cdot\overline{\frac{\partial\phi}{\partial\boldsymbol{\xi}}} \tag{5-78}$$

接下来，需要对碰撞项进行积分变换：$\mathrm{d}\boldsymbol{\Omega}\mathrm{d}\boldsymbol{\xi}\mathrm{d}\boldsymbol{\xi}_1=\mathrm{d}\boldsymbol{\Omega}'\mathrm{d}\boldsymbol{\xi}'\mathrm{d}\boldsymbol{\xi}_1'$，则有

$$\iiint\phi f'f_1'g\sigma\mathrm{d}\boldsymbol{\Omega}\mathrm{d}\boldsymbol{\xi}\mathrm{d}\boldsymbol{\xi}_1 = \iiint\phi f'f_1'g\sigma\mathrm{d}\boldsymbol{\Omega}'\mathrm{d}\boldsymbol{\xi}'\mathrm{d}\boldsymbol{\xi}_1' \tag{5-79}$$

由于 $g=g'$，$\sigma(g,\chi)=\sigma'(g',\chi')$，进而可得

$$\iiint\phi f'f_1'g\sigma\mathrm{d}\boldsymbol{\Omega}\mathrm{d}\boldsymbol{\xi}\mathrm{d}\boldsymbol{\xi}_1 = \iiint\phi' ff_1g\sigma\mathrm{d}\boldsymbol{\Omega}\mathrm{d}\boldsymbol{\xi}\mathrm{d}\boldsymbol{\xi}_1 \tag{5-80}$$

所以

$$n\left(\frac{\partial\phi}{\partial t}\right)_{\text{coll}} = \iiint(\phi'-\phi)ff_1g\sigma\mathrm{d}\boldsymbol{\Omega}\mathrm{d}\boldsymbol{\xi}\mathrm{d}\boldsymbol{\xi}_1 \tag{5-81}$$

习题

5 - 17　证明：

$$n\left(\frac{\partial\phi}{\partial t}\right)_{\text{coll}} = \iiint(\phi-\phi')f'f_1'g\sigma\mathrm{d}\boldsymbol{\Omega}\mathrm{d}\boldsymbol{\xi}\mathrm{d}\boldsymbol{\xi}_1 = \frac{1}{2}\iiint(\phi-\phi')(f'f_1'-ff_1)g\sigma\mathrm{d}\boldsymbol{\Omega}\mathrm{d}\boldsymbol{\xi}\mathrm{d}\boldsymbol{\xi}_1 \tag{5-82}$$

5 - 18　证明：

$$n\left(\frac{\partial\phi}{\partial t}\right)_{\text{coll}} = \frac{1}{4}\iiint(\phi+\phi_1-\phi'-\phi_1')(f'f_1'-ff_1)g\sigma\mathrm{d}\boldsymbol{\Omega}\mathrm{d}\boldsymbol{\xi}\mathrm{d}\boldsymbol{\xi}_1 \tag{5-83}$$

可以发现，$\left(\frac{\partial\phi}{\partial t}\right)_{\text{coll}}$ 由碰撞前后物理量总和之差 $(\phi+\phi_1-\phi'-\phi_1')$ 决定。因此，对于碰撞前后的守恒量，其方程可以大大简化，即碰撞前后的变化为零，$\left(\frac{\partial\phi}{\partial t}\right)_{\text{coll}}=0$。这样我们可以很容易得到宏观量守恒方程组：

$$\frac{\partial(n\overline{\phi})}{\partial t} + \frac{\partial}{\partial\boldsymbol{r}}\cdot(n\overline{\varphi\boldsymbol{\xi}}) - n\boldsymbol{X}\cdot\frac{\partial\overline{\phi}}{\partial\boldsymbol{\xi}} = 0 \tag{5-84}$$

常见的守恒量为：m、$m\boldsymbol{\xi}$、$\frac{1}{2}m\boldsymbol{\xi}^2$，即质量、动量和动能（非相对论）。

习题

5－19 证明连续性方程

$$\frac{\partial\rho}{\partial t}+\frac{\partial}{\partial \boldsymbol{r}}\cdot(\rho\boldsymbol{v})=0 \tag{5-85}$$

式中，$\boldsymbol{v}=\frac{\int\boldsymbol{\xi}f\mathrm{d}\boldsymbol{\xi}}{n}$ 为流体的宏观平均速度。

5－20 证明动量方程

$$\frac{\partial(\rho\boldsymbol{v})}{\partial t}+\frac{\partial}{\partial \boldsymbol{r}}\cdot(\boldsymbol{P}+\rho\boldsymbol{v}\boldsymbol{v})-\rho\boldsymbol{X}=0 \tag{5-86}$$

［提示：$\int mf\boldsymbol{\xi}\boldsymbol{\xi}\mathrm{d}\boldsymbol{\xi}=\int mf(\boldsymbol{C}+\boldsymbol{v})(\boldsymbol{C}+\boldsymbol{v})\mathrm{d}\boldsymbol{\xi}=m\int f\boldsymbol{C}\boldsymbol{C}\mathrm{d}\boldsymbol{\xi}+m\int f\mathrm{d}\boldsymbol{\xi}\boldsymbol{v}\boldsymbol{v}$，$(\int f\boldsymbol{C}\mathrm{d}\boldsymbol{\xi})\boldsymbol{v}=0$。］

再结合连续性方程，可得出

$$\rho\frac{\partial\boldsymbol{v}}{\partial t}+\rho\boldsymbol{v}\cdot\frac{\partial\boldsymbol{v}}{\partial \boldsymbol{r}}+\frac{\partial}{\partial \boldsymbol{r}}\cdot(\boldsymbol{P})-\rho\boldsymbol{X}=0 \tag{5-87}$$

式中，$\frac{\partial\boldsymbol{v}}{\partial\boldsymbol{r}}$为张量。

5－21 证明能量方程：

$$\rho\frac{\partial(u)}{\partial t}+\rho\boldsymbol{v}\cdot\frac{\partial u}{\partial \boldsymbol{r}}+\frac{\partial}{\partial \boldsymbol{r}}\cdot q+\boldsymbol{P}:\frac{\partial\boldsymbol{v}}{\partial\boldsymbol{r}}=0 \tag{5-88}$$

［提示：$\int\frac{1}{2}m\xi^2\boldsymbol{\xi}f\mathrm{d}\boldsymbol{\xi}=\int\frac{1}{2}m(C^2+2\boldsymbol{C}\cdot\boldsymbol{v}+v^2)(\boldsymbol{C}+\boldsymbol{v})f\mathrm{d}\boldsymbol{\xi}=\boldsymbol{q}+\rho\left(u+\frac{1}{2}v^2\right)\boldsymbol{v}+\boldsymbol{P}\cdot\boldsymbol{v}$。］

式中 $\boldsymbol{q}=\int\frac{1}{2}mC^2\boldsymbol{C}f\mathrm{d}\boldsymbol{\xi}$—— 热流矢量；

$\rho u=\int\frac{1}{2}mC^2f\mathrm{d}\boldsymbol{\xi}$—— 气体内能。

进一步引入温度的定义，$u=\frac{3k_{\mathrm{B}}T}{2m}$，可将能量方程改写为

$$\frac{\partial(T)}{\partial t}+\boldsymbol{v}\cdot\frac{\partial T}{\partial\boldsymbol{r}}+\frac{2}{3nk_{\mathrm{B}}}\left(\frac{\partial}{\partial\boldsymbol{r}}\cdot\boldsymbol{q}+\boldsymbol{P}:\frac{\partial\boldsymbol{v}}{\partial\boldsymbol{r}}\right)=0 \tag{5-89}$$

综上可知，宏观量的三个守恒方程可直接通过对 Boltzmann 方程求三次积分得到。而实际上 Boltzmann 方程的信息量更大。这三组方程虽然是宏观量的守恒方程组，但却并不能够封闭，还需要一些实验定律：牛顿定律（给出压强张量 $\boldsymbol{P}$ 和速度梯度的关系），傅立叶定律（给出热流矢量 $\boldsymbol{q}$ 和温度 T 的梯度关系）。这些定律中会出现输运系数，如黏滞系数 $\boldsymbol{\eta}$、热传导系数 $\boldsymbol{\lambda}$。因此，求解 Boltzmann 方程的重大意义在于求解出输运系数，这样有助于导出宏观量。

5.6　H 定理及 Maxwell 热平衡的速度分布率

热力学第二定律中的一种表述是:不可逆热力学过程中的熵的微增量总是大于零,又称为熵增原理。类似于熵增原理,Boltzmann 在 1972 年得出了一个著名的不等式,即 H 定理。

定义 H 函数:

$$H \overset{\text{def}}{=} \int f \ln f \mathrm{d}\boldsymbol{\xi} \tag{5-90}$$

H 定理　H 绝不会随时间变化而增长,即

$$\frac{\mathrm{d}H}{\mathrm{d}t} \leqslant 0 \tag{5-91}$$

为简单起见,这里只证明无外力场的情形,及假定分布函数与 $\boldsymbol{r}$ 无关,即 $\boldsymbol{X}=\boldsymbol{0}$, $f=f(\boldsymbol{\xi},t)$。Boltzmann 方程可简化为

$$\frac{\partial f}{\partial t} = \iint (f' f'_1 - f f_1) g\sigma \mathrm{d}\boldsymbol{\Omega} \mathrm{d}\boldsymbol{\xi}_1 \tag{5-92}$$

因此 H 只是 t 的函数,对 H 求导可得

$$\frac{\mathrm{d}H}{\mathrm{d}t} = \frac{\partial H}{\partial t} = \int (1 + \ln f) \frac{\partial f}{\partial t} \mathrm{d}\boldsymbol{\xi} \tag{5-93}$$

进一步

$$\frac{\mathrm{d}H}{\mathrm{d}t} = \iiint (1 + \ln f)(f' f'_1 - f f_1) g\sigma \mathrm{d}\boldsymbol{\Omega} \mathrm{d}\boldsymbol{\xi}_1 \mathrm{d}\boldsymbol{\xi} \tag{5-94}$$

习题

5-22　证明

$$\frac{\mathrm{d}H}{\mathrm{d}t} = \frac{1}{4} \iiint \left(\ln \frac{f f_1}{f' f'_1} \right) (f' f'_1 - f f_1) g\sigma \mathrm{d}\boldsymbol{\Omega} \mathrm{d}\boldsymbol{\xi}_1 \mathrm{d}\boldsymbol{\xi} \tag{5-95}$$

(提示:令 $\phi = 1 + \ln f$,利用类似于 5.5 节中的变换即可。) 由于 $g \geqslant 0, \sigma \geqslant 0$, 可简单讨论得到 H 定理。

根据以上证明过程,可知要使得 $\frac{\mathrm{d}H}{\mathrm{d}t}=0$,当且仅当 $f f_1 = f' f'_1$。这时又称满足细致平衡,即正碰撞和反碰撞互相抵消,分子之间的碰撞不会引发速度分布规律的变化,也就是系统达到了宏观热平衡。

H 定理说明,当时间变化使分布函数变化时,H 总是减少的。当 H 减少到极小值时就不再改变,系统就达到了平衡态。从这里可以看出不可逆性,这是统计的结果。

H 定理与熵增原理的关系可以由下式更加清楚地表示:

$$S = -k_{\mathrm{B}} H_0 = -k_{\mathrm{B}} \int_V H \mathrm{d}\boldsymbol{r} \tag{5-96}$$

该式表明 H 定理和熵增原理是等价的。

当系统达到平衡态时,由于速度分布函数必须满足细致平衡关系,可得

$$\ln f + \ln f_1 = \ln f' + \ln f'_1 \tag{5-97}$$

即 $\ln f$ 是总和不变量的线性组合：

$$\ln f = \alpha_1 m + \boldsymbol{\alpha}_2 \cdot m\boldsymbol{\xi} + \frac{\alpha_3}{2} m\xi^2 \tag{5-98}$$

因此，只要求出这些线性系数就能够给出平衡态分布函数。

习题

5-23　试利用

$$\begin{cases} n = \int f \mathrm{d}\boldsymbol{\xi} \\ \boldsymbol{v} = \int \boldsymbol{\xi} f \mathrm{d}\boldsymbol{\xi} \\ \dfrac{3}{2} n k_{\mathrm{B}} T = \int \dfrac{1}{2} m C^2 f \mathrm{d}\boldsymbol{\xi} \end{cases} \tag{5-99}$$

求出

$$\begin{cases} \dfrac{\boldsymbol{\alpha}_2}{\alpha_3} = \boldsymbol{v} \\ \alpha_3 = \dfrac{1}{k_{\mathrm{B}} T} \\ n = \alpha_0 \left(\dfrac{2\pi}{m\alpha_3} \right)^{\frac{3}{2}} \end{cases} \tag{5-100}$$

式中，$\alpha_0 = \exp\left[m\alpha_1 + \dfrac{1}{2} \dfrac{m(\boldsymbol{\alpha}_2 \cdot \boldsymbol{\alpha}_2)}{\alpha_3} \right]$，并且证明：

$$f_{\mathrm{M}} = n\left(\frac{m}{2\pi k_{\mathrm{B}} T} \right)^{\frac{3}{2}} \exp\left(-\frac{m(\boldsymbol{\xi} - \boldsymbol{v})^2}{2k_{\mathrm{B}} T} \right) \tag{5-101}$$

f_{M} 就是我们要求的热平衡态的速度分布函数——Maxwell 速度分布函数。

习题

5-24　根据得到的 Maxwell 速度分布函数试求出 Maxwell 速率分布函数：

$$g_{\mathrm{M}} = 4\pi n\left(\frac{m}{2\pi k_{\mathrm{B}} T} \right)^{\frac{3}{2}} (\boldsymbol{\xi} - \boldsymbol{v})^2 \exp\left(-\frac{m(\boldsymbol{\xi} - \boldsymbol{v})^2}{2k_{\mathrm{B}} T} \right) = 8\pi n\left(\frac{m}{2\pi k_{\mathrm{B}} T} \right)^{\frac{3}{2}} \frac{E_{c,k}}{m} \exp\left(-\frac{E_{c,k}}{k_{\mathrm{B}} T} \right) \tag{5-102}$$

（提示：$\int f \mathrm{d}\boldsymbol{\xi} = \int g \mathrm{d}\xi$，其中 ξ 为 $\boldsymbol{\xi}$ 的大小。$E_{c,k}$ 为非相对论情形下的粒子的随机热动能。）

当 $\boldsymbol{v} \neq \boldsymbol{0}$ 时，又称 g_{M} 为漂移的 Maxwell 分布函数。

进一步可以得到，存在外力场时的 Maxwell 分布函数：

$$f_{\mathrm{M}} = n_0 \exp\left[-\frac{1}{k_{\mathrm{B}} T} (\psi_0 + \psi) \right] \left(\frac{m}{2\pi k_{\mathrm{B}} T} \right)^{\frac{3}{2}} \exp\left(-\frac{m(\boldsymbol{\xi} - \boldsymbol{v})^2}{2k_{\mathrm{B}} T} \right) \tag{5-103}$$

式中　$\boldsymbol{v}=\boldsymbol{\alpha}+\boldsymbol{\omega}\times\boldsymbol{r}$（$\boldsymbol{\alpha}$ 为常数平动速度，$\boldsymbol{\omega}$ 为常数转动角速度），这时系统整体做刚性转动；

$\psi_0=-\dfrac{1}{2}m(\boldsymbol{\omega}\times\boldsymbol{r})^2=-\dfrac{1}{2}\omega^2r^2$——在旋转参考系中离心力场产生的势能；

$m\boldsymbol{X}=-\dfrac{\partial\boldsymbol{\psi}}{\partial\boldsymbol{r}}$（$\boldsymbol{\psi}$ 为外力场对应的势能）。

这个证明可参考《气体输运理论及应用》（应纯同著）中的相应章节的内容。如果对如何求解 Boltzmann 方程以及输运系数感兴趣，也可参看该书。

5.7　Boltzmann 方程在等离子体物理中的表现形式

第一章给出的等离子体的明确定义中，最重要的一条就是电磁相互作用占主导。因此 Boltzmann 方程在等离子体中的表现形式最关键的部分就是受力，即电磁力，具体包括电场力和洛仑兹力。在等离子体的研究中，其有另外的名字。当忽略碰撞时，具体表现形式如下：

$$\frac{Df}{Dt}=\frac{\partial f}{\partial t}+\boldsymbol{\xi}\cdot\frac{\partial f}{\partial\boldsymbol{r}}+\frac{q}{m}(\boldsymbol{E}+\boldsymbol{\xi}\times\boldsymbol{B})\cdot\frac{\partial f}{\partial\boldsymbol{\xi}}=0 \tag{5-104}$$

该式被称为 Vlasov 方程。考虑到等离子体中电磁相互作用占主导，带电粒子之间的碰撞也主要是库仑碰撞，因此不同于气体流体中碰撞项，库仑碰撞的效应是完全可以被包含在电磁力中的。因此 Vlasov 方程被广泛地应用于等离子体动理论的研究中。

另外，如果需要考虑带电粒子与中性粒子的碰撞，可采用 Krook 碰撞项：

$$\left(\frac{\partial f}{\partial t}\right)_{\mathrm{c}}=\frac{f_n-f}{\tau} \tag{5-105}$$

式中　f_n——中性粒子的分布函数；

τ——碰撞时间常数。

当然，当库仑碰撞不能合并考虑到力项中时，可近似采用 Fokker – Plank 碰撞项：

$$\frac{\mathrm{d}f}{\mathrm{d}t}=-\frac{\partial}{\partial\boldsymbol{\xi}}\cdot(f<\Delta\boldsymbol{\xi}>)\frac{1}{2}\frac{\partial^2}{\partial\boldsymbol{\xi}\partial\boldsymbol{\xi}}:(f<\Delta\boldsymbol{\xi}\Delta\boldsymbol{\xi}>) \tag{5-106}$$

式中，$\Delta\boldsymbol{\xi}$ 为碰撞中速度的改变量。这其中也只考虑了二体碰撞。

如果不考虑碰撞，$\dfrac{\mathrm{d}f}{\mathrm{d}t}$为常数，这意味着粒子将沿着相空间中 f 的等高线运动。这也等同于粒子的 Hamilton 量守恒。一个典型的例子是 4.5 节中的双流不稳定性。在一个未扰动等离子体中，一束常速度 $\boldsymbol{v}_0$ 电子束，其相空间 $f(x,v_x)$ 是一个 δ 函数，只在 $v_x=v_0$ 处有值。电子在相空间沿着直线 $v_x=v_0$ 运动。当双流不稳定性激荡起波时，电场、电势、速度、密度都将有一个微扰 E_1，形成一个小的三角波波纹。该波纹传播的速度为相速度而非粒子的速度。相对于波而言，粒子在原地起伏振荡。当微扰 E_1 增大时，电势也会出现较深的势阱，电子将会被捕获在该势阱中。在相空间中，捕获电子将在一个闭环上运动，这时电子的运动是非线性的，无法通过求解 Vlasov 方程得到，但可以通过计算机求解 Hamilton 量守恒给出。在高度非线性的大部分情况下，f 的分布函数都无法解析得出，几乎都要依赖于数值模拟计算。

第6章　Landau 阻尼

在探讨 Landau 阻尼之前，先简单介绍一下朗道（Landau）其人。

列夫·达维多维奇·朗道（Лев Давидович Ландау，1908 年 1 月 22 日—1968 年 4 月 1 日），英文名 Lev Davidovich Landau，是苏联著名的物理学家，凝聚态物理学的奠基人如图 6－1 所示。

图 6－1　列夫·达维多维奇·朗道

朗道的数学功底非常扎实，喜欢用简单而深刻的物理模型说明问题，这种风格是因为受到了丹麦物理学家玻尔的影响，也深深影响了后世的苏联物理学家。在固体物理学方面，朗道提出了著名的元激发，引入了声子的概念。1958 年，为了庆祝朗道的 50 岁寿辰，苏联原子能研究所送给他两块青石板，上面仿照《圣经》中的《摩西十诫》刻着朗道在物理学中做出的最重要的十项贡献，被称为“朗道十诫”：量子力学中的密度矩阵和统计物理学（1927 年）；自由电子的抗磁性量子理论（1930 年）；二级相变的研究（1936—1937 年）；铁磁性的磁畴理论和反铁磁性的理论解释（1935 年）；超导体的混合态理论（1934 年）；原子核的概率理论（1937 年）；氦Ⅱ超流性的量子理论（1940—1941 年）；基本粒子的电荷约束理论（1954 年）；费米液体的量子理论（1956 年）；弱相互作用的 CP 不变性（1957 年）。

朗道对学生的要求极其严格，他的学生要做大量的习题，毕业之前还要通过他设置的难度极大的考试。他和列夫谢兹编写的《物理学教程》深度和难度都很大，被奉为 20 世纪物理学的经典著作。朗道的学生在进行科研工作之前都要通读此书，学生戏称其为“朗道势垒”。

1962 年 1 月 7 日，朗道经历了一次严重的车祸，震动了整个物理学界。众多苏联物理学家来到医院，在医院的长廊点上烛光为他祈祷。著名物理学家玻尔亲自安排了一流的医生前往莫斯科。在昏迷了大约两个月后，朗道醒来，但智力已经发生了严重的退化。该年年底，诺贝尔物理学奖授予朗道，表彰他在液氦的超流理论方面做出的贡献。由于健康原因，奖项破例由瑞典驻苏联大使在莫斯科代为颁发。6 年后的 1968 年，朗道去世。

Landau 阻尼是 1946 年朗道在理论上研究无碰撞等离子体中波的性质时发现的。不过，在朗道的工作成果发表后的十年未能引起重视，大家都认为只是一个理论技巧而已。但是 20 世纪 60 年代，美国科学家 J. 马尔姆贝格在实验上证实了这一现象。从此之后，Landau 阻尼被公认为等离子体物理中最重要的研究成果之一。目前，仍然有很多人在不同的物理研究中发现类似 Landau 阻尼的存在。

阻尼一定要有摩擦吗？这个问题在 Landau 阻尼被认可之前，不应该是问题。但是没有摩擦也会有阻尼，却是个问题。Landau 阻尼就是等离子体物理中典型的非碰撞阻尼现象。Landau 阻尼的本质是波与粒子的能量交换，由于粒子分布函数的特殊性——近 Maxwell 分布而导致粒子不断地从波获得能量，而使得波振幅不断减小被阻尼的现象。粒子获得的能量具有不稳定的状态，即具有了一定的自由能。这会使粒子通过其他方式，包括碰撞，使得熵增加，最终又达到 Maxwell 平衡，但是相比从波获得能量之前，粒子的总体温度提高了。

我们将从几个不同的角度来认识 Landau 阻尼。首先，通过类似朗道当年的方式从围道积分得到 Landau 阻尼因子，然后从纯物理角度分析再次得到 Landau 阻尼。这一章我们会用较多篇幅来重点讨论 Landau 阻尼的物理意义。

6.1　围道积分与 Landau 阻尼

作为 Vlasov 方程最重要的一个应用，这里将采用线性化分析、围道积分的方法得到 Landau 阻尼因子的解析表达式。在零阶情形，假设等离子体满足空间均匀分布 $f_0(\boldsymbol{\xi})$，为简单起见，令 $\boldsymbol{B}_0=\boldsymbol{E}_0=0$。假设总的粒子分布函数满足

$$f(\boldsymbol{r},\boldsymbol{\xi},t)=f_0(\boldsymbol{\xi})+f_1(\boldsymbol{r},\boldsymbol{\xi},t) \tag{6-1}$$

这样，电子满足的 Vlasov 方程可线性化为

$$\frac{\partial f_1}{\partial t}+\boldsymbol{\xi}\cdot\nabla f_1-\frac{e}{m}\boldsymbol{E}_1\cdot\frac{\partial f_0}{\partial\boldsymbol{\xi}}=0 \tag{6-2}$$

习题

6－1　请利用 Maxwell 方程组证明在非相对论情况下，自生磁场对带电粒子产生的洛仑兹力相比电场力可以忽略不计。

6－2　请线性化 Vlasov 方程，得到公式(6－2)。(提示：忽略二阶小量。)

6－3　利用波假设 $f_1,E_1\propto\exp(\mathrm{i}kx-\mathrm{i}\omega t)$，进一步化简线性化的 Vlasov 方程，经过代数运算证明

$$1=\frac{\omega_{\mathrm{p}}^2}{k^2}\iiint\frac{\dfrac{\partial\hat{f}_0}{\partial\xi_x}}{\xi_x-v_\phi}\mathrm{d}\boldsymbol{\xi} \tag{6-3}$$

式中　$v_\phi=\dfrac{\omega}{k}$；

$\hat{f}_0=\dfrac{f_0}{n_0}$——归一化的速度分布函数。

[提示：再加上$\nabla\cdot\boldsymbol{E}_1=\dfrac{\rho}{\varepsilon_0}$，$\rho=e(n_{\mathrm{i}}-n_{\mathrm{e}})$，$n_{\mathrm{i}}=n_0$(冷离子假设，或者离子没来得及被扰动)，$n_{\mathrm{e}}=n_0+n_1$，$n_1=\int f_1\mathrm{d}\boldsymbol{\xi}$。]

由于 $\hat{f}_0$ 是归一化的 Maxwell 分布函数，上式是对整个速度空间的积分，但是对于另外两个维度 ξ_y、ξ_z 完全可以消去积分。因此上式又可以化简为

$$1=\frac{\omega_p^2}{k^2}\int\frac{\dfrac{\partial\hat{f}_0(\xi_x)}{\partial\xi_x}}{\xi_x-v_\phi}\mathrm{d}\xi_x \tag{6-4}$$

式中，$\hat{f}_0(\xi_x)=\left(\frac{m}{2\pi k_B T}\right)^{\frac{1}{2}}\exp\left(-\frac{m\xi_x^2}{2k_B T}\right)$。

这个积分是无法直接积分得到解析结果的。一般都会考虑采用围道积分的办法来解决。但是将 ξ_x 的取值从实轴拓展到整个复平面时，一般考虑一个大半圆和小半圆的围道路径，如图 6－2 所示。

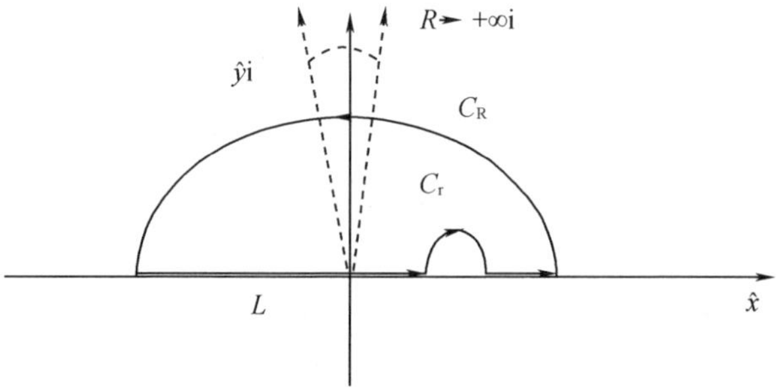

图 6－2　Landau 问题围道积分示意图 $\left[\mathrm{Im}\left(\frac{\omega}{k}\right)\geqslant 0\right]$

如果采用图 6－2 所示的积分路径，则有

$$\left(\int_L+\int_{C_r}+\int_{C_R}\right)\frac{\frac{\partial\hat{f}_0(z)}{\partial z}}{z-v_\phi}\mathrm{d}z=0 \tag{6-5}$$

其中奇点 $z=v_\phi$ 位于 C_r 内，被积函数 $\frac{\frac{\partial\hat{f}_0(z)}{\partial z}}{z-v_\phi}$ 在该围道包含的区域内解析。并且

$$\int_{C_r}\frac{\frac{\partial\hat{f}_0(z)}{\partial z}}{z-v_\phi}\mathrm{d}z=-\pi\mathrm{i}\mathrm{Res}\left(\frac{\frac{\partial\hat{f}_0(z)}{\partial z}}{z-v_\phi},v_\phi\right) \tag{6-6}$$

负号表示 C_r 路径是顺时针的。$\mathrm{Res}\left(\frac{\frac{\partial\hat{f}_0(z)}{\partial z}}{z-v_\phi},v_\phi\right)$表示$\frac{\frac{\partial\hat{f}_0(z)}{\partial z}}{z-v_\phi}$在 v_ϕ 点的留数。而

$$\lim_{R\to\infty}\int_L\frac{\frac{\partial\hat{f}_0(z)}{\partial z}}{z-v_\phi}\mathrm{d}z=Cauchy\left(\int_{-\infty}^{+\infty}\frac{\frac{\partial\hat{f}_0(z)}{\partial z}}{z-v_\phi}\mathrm{d}z\right) \tag{6-7}$$

其中 $Cauchy(\,)$表示该积分的 Cauchy 主值，即

$$Cauchy\left[\int_{-\infty}^{+\infty}f(x)\,\mathrm{d}x\right]=\lim_{R\to+\infty}\int_{-R}^{+R}f(x)\,\mathrm{d}x \tag{6-8}$$

习题

6－4　试证明：

$$\int_{-\infty}^{+\infty}T(x)\,\mathrm{d}x=任意值 \tag{6-9}$$

而

$$Cauchy\left[\int_{-\infty}^{+\infty} T(x)\,\mathrm{d}x\right] = 0 \tag{6-10}$$

式中

$$T(x)=\begin{cases}1 & x>0\\ 0 & x=0\\ -1 & x<0\end{cases}$$

这个围道中还有一个重要的积分：

$$\lim_{R\to\infty}\int_{C_R}\frac{\frac{\partial \hat{f}_0(z)}{\partial z}}{z-v_\phi}\mathrm{d}z = +\infty \tag{6-11}$$

这是因为在当 $R\to\infty$ 时，路径 C_R 包含了虚轴附近的区域：$y\mathrm{i}\to+\infty\,\mathrm{i}$，这时被积函数中包含因子 $\exp\left(-\frac{z^2}{2k_BT}\right)$项，并且 $\lim\limits_{R\to\infty}\exp\left(-\frac{z^2}{2k_BT}\right)\to\exp\left(-\frac{\infty^2}{2k_BT}\right)\to+\infty$，这就导致积分 $\lim\limits_{R\to\infty}\int_{C_R}\frac{\frac{\partial \hat{f}_0(z)}{\partial z}}{z-v_\phi}\mathrm{d}z$ 发散为无穷大。这样的围道无法用来求解 Landau 问题，导致问题无解。

但是 Landau 敏锐地发现 $\lim\limits_{r\to0}\int_{C_r}\frac{\frac{\partial \hat{f}_0(z)}{\partial z}}{z-v_\phi}\mathrm{d}z = -\pi\mathrm{i}\mathrm{Res}\left(\frac{\frac{\partial \hat{f}_0(z)}{\partial z}}{z-v_\phi},v_\phi\right)$其实就是阻尼项！也就是说我们没有必要去求解整个围道。综合以上，Landau 阻尼的核心是

$$\int\frac{\frac{\partial \hat{f}_0(\xi_x)}{\partial \xi_x}}{\xi_x-v_\phi}\mathrm{d}\xi_x = Cauchy\left(\int_{-\infty}^{+\infty}\frac{\frac{\partial \hat{f}_0(z)}{\partial z}}{z-v_\phi}\mathrm{d}z\right)+\lim_{r\to0}\int_{C_r}\frac{\frac{\partial \hat{f}_0(z)}{\partial z}}{z-v_\phi}\mathrm{d}z \tag{6-12}$$

第二项即为阻尼项。

为了简化问题，我们先求解第一项，即无阻尼的情形：

$$Cauchy\left(\int_{-\infty}^{+\infty}\frac{\frac{\partial \hat{f}_0(z)}{\partial z}}{z-v_\phi}\mathrm{d}z\right)=\left(\frac{\hat{f}_0}{z-v_\phi}\right)_{-\infty}^{\infty}+\int_{-\infty}^{+\infty}\frac{\hat{f}_0}{(z-v_\phi)^2}\mathrm{d}z = \overline{(\xi-v_\phi)^{-2}} \tag{6-13}$$

习题

6-5　试推导假设

$$\overline{(\xi-v_\phi)^{-2}}\approx v_\phi^{-2}\left(1+3\frac{\overline{\xi^2}}{v_\phi^2}\right) \tag{6-14}$$

［提示：对$(\xi-v_\phi)^{-2}$做 Taylor 展开，并假设 $\xi\ll v_\phi$，并且 $(1+\delta)^{-n}=\sum\limits_{k=0}^{\infty}\binom{-n}{k}\delta^k$，其中 $\binom{-n}{k}=\frac{-n(-n-1)\cdots(-n-k+1)}{k(k-1)\cdots2\cdot1}$。］其中假设粒子满足热平衡 Maxwell 分布，即没有

宏观流动 $\bar{\boldsymbol{\xi}}=0$。

6－6　证明：

$$\overline{\frac{1}{2}m_e\xi_x^2}=k_BT_e \tag{6-15}$$

［提示：利用第 5 章中 $\frac{3}{2}nk_BT=\rho u(\boldsymbol{r},t)=\int_{-\infty}^{+\infty}f\frac{1}{2}mC^2\mathrm{d}\boldsymbol{\xi}$。］

这样，代回之前的色散关系，可得到无阻尼的色散关系：

$$1=\frac{\omega_p^2}{k^2}\frac{k^2}{\omega^2}\left(1+\frac{3k^2k_BT_e}{\omega^2m_e}\right) \tag{6-16}$$

化简可得

$$\omega^2=\omega_p^2+\frac{3k_BT_e}{m_e}k^2 \tag{6-17}$$

这正是在第 3 章中得到的考虑电子压力梯度力时的静电电子波的色散关系。

进一步，假设 $k_BT_e=0$，即忽略热效应，可得 $\omega^2\approx\omega_p^2$。

处理完实部，我们需要求出阻尼部分，需要求解留数。先简单回顾一下复变函数的知识。

①解析函数。复变函数 $f(z)$ 在区域 D 内解析当且仅当 $f(z)=u(z)+\mathrm{i}v(z)$ 的实部 $u(z)$ 与虚部 $v(z)$ 在 D 内可微，且 $\frac{\partial f(z)}{\partial \bar{z}}\equiv 0$，即 $f(z)$ 不显含 $\bar{z}$。$\left[注：\frac{\partial}{\partial z}=\frac{1}{2}\left(\frac{\partial}{\partial x}-\mathrm{i}\frac{\partial}{\partial y}\right),\frac{\partial}{\partial \bar{z}}=\frac{1}{2}\left(\frac{\partial}{\partial x}+\mathrm{i}\frac{\partial}{\partial y}\right)。\right]$

②解析函数的 Taylor 级数展开和 Lorentz 展开

$$f(z)=\sum_0^{+\infty}a_n(z-z_0)^n+\sum_1^{+\infty}a_{-n}(z-z_0)^{-n} \tag{6-18}$$

正指数部分为 Taylor 级数展开，负指数部分为 Lorentz 展开。这里可以定义解析函数的零点、奇点。

③解析函数的孤立奇点。若函数 $f(z)$ 在 a 点的空心领域 $V^*(a;R)$ 内解析，则称 a 是 $f(z)$ 的一个孤立奇点（a 可以是 ∞），则 $\psi(z)=\sum_1^{+\infty}a_{-n}(z-z_0)^{-n}$ 为 $f(z)$ 的奇异部分，该部分描绘了 $f(z)$ 的奇点性质。若 $\lim\limits_{z\to a}f(z)$ 存在（有限复数），则称 a 为可去奇点；若 $\lim\limits_{z\to a}f(z)=\infty$，则称 a 为极点；若 $\lim\limits_{z\to a}f(z)$ 不存在，则称 a 为本性奇点。

④解析函数在单位圆周上的积分值，取决于其在单位圆内极点的留数。

简单地看一个例子，$f(z)=\frac{a_{-1}}{z-z_0}$ 在以 z_0 为圆心的单位圆的积分，很显然 z_0 点是 $f(z)$ 的一阶极点，即

$$\oint_{C_1}f(z)\mathrm{d}z=\oint_{C_1}\frac{a_{-1}\mathrm{d}z}{z-z_0}\underset{z=z_0+\mathrm{e}^{\mathrm{i}\theta}}{=}\int_0^{2\pi}\mathrm{i}a_{-1}\mathrm{d}\theta=2\pi\mathrm{i}a_{-1} \tag{6-19}$$

习题

6－7　试证明：

$$\oint_{C_1}\frac{\mathrm{d}z}{(z-z_0)^n}=0,n\neq 1 \tag{6-20}$$

所以,求留数实际上是求被积函数在该极点的空心领域的 Lorentz 展开的 -1 次方项的展开系数。

习题

6-8　试求证:

$$\mathrm{Res}\left(\frac{\dfrac{\partial \hat{f}_0(z)}{\partial z}}{z-v_\phi}, v_\phi\right) = \left(\frac{\partial \hat{f}_0(z)}{\partial z}\right)_{z=v_\phi} \tag{6-21}$$

有了上面的结果,结合实部、虚部即可得到包含 Landau 阻尼的色散关系:

$$\omega = \omega_\mathrm{p}\left[1 + \mathrm{i}\,\frac{\pi}{2}\,\frac{\omega_\mathrm{p}^2}{k^2}\left(\frac{\partial \hat{f}_0(z)}{\partial z}\right)_{z=v_\phi}\right] \tag{6-22}$$

这个式子表明 Landau 阻尼主要取决于$\left(\frac{\partial \hat{f}_0(z)}{\partial z}\right)_{z=v_\phi}$,如果分布函数对相速度的导数为负数,则为阻尼,如果该导数为负数,则为不稳定性。关于不稳定性,这一点可以在双流不稳定性中得到印证。

如果$\hat{f}_0(z)$是归一化的一维 Maxwell 分布函数,则

$$\left(\frac{\partial \hat{f}_0(z)}{\partial z}\right)_{z=v_\phi} = -\frac{2\omega}{\sqrt{\pi}\,v_\mathrm{th}^3 k}\exp\left(-\frac{\omega^2}{k^2 v_\mathrm{th}^2}\right) \tag{6-23}$$

此时,我们把热效应项加回来,即可明确写出 Landau 阻尼的解析公式:

$$\frac{\gamma_\mathrm{Landau}}{\omega_\mathrm{p}} \approx -0.22\sqrt{\pi}\left(\frac{\omega_\mathrm{p}}{k v_\mathrm{th}}\right)^3 \exp\left(-\frac{1}{2k^2\lambda_\mathrm{D}^2}\right) \tag{6-24}$$

这表明 Landau 阻尼对于 $k\lambda_\mathrm{D} = o(1)$ 变得很重要,而对于 $k\lambda_\mathrm{D} = o(1)$ 是微乎其微的。需要注意的是,Landau 阻尼和波对等离子体的扰动直接相关。

6.2　Landau 阻尼的物理意义

作为一种典型的非碰撞阻尼,Landau 阻尼具有重要的里程碑式的意义。波的能量不是通过碰撞的形式耗散的,而是通过和粒子的相互作用转移到粒子束,改变了粒子束在相速度附近的局域分布。类似地,Landau 阻尼可以应用到其他领域,比如在星系的形成中,星体可被看作等离子体中的原子,万有引力可类比作电磁力。这样由于不稳定性会导致星云气体形成螺旋臂,而 Landau 阻尼会限制它的形成。

从 Landau 阻尼的表达式可知,该效应主要来自速度在相速度附近的粒子与波的相互作用,称为共振粒子(resonant particles)。这些粒子与波一起运动,并因为感受不到快速振荡的电磁场而能够与波有效地交换能量。最简单的理解可以参考海上冲浪模型。如果冲浪板不动或者速度远大于水波的速度,那么当水波穿过冲浪板时,并不会与冲浪板发生能量交换。然而,如果冲浪板的速度接近于水波的速度,那么其有可能赶上水波或被水波推动,进而二者之间发生能量交换。例如,当冲浪板速度略大于波的相速度时,如果它正好位于

从波谷到波峰，冲浪板会推动波，并把能量转移到波，波会获得能量。反之，如果冲浪板的速度略小于波的相速度，如果它正好位于从波峰到波谷位置，则会被波推动，从波获得能量，从而阻尼波。在等离子体中，当粒子分布处于 Maxwell 热平衡时，由于分布函数在 v_ϕ 附近的导数为负数，即速度小于 v_ϕ 的粒子数多于速度大于 v_ϕ 的粒子数。这就导致从波获得能量的粒子数多于给波能量的粒子数，这就意味着波会损失能量，而粒子束会获得能量。之后粒子的速度分布会发生畸变，即 v_ϕ 附近分布会趋于平缓。这就是我们之前计算的速度分布函数的一阶扰动 $f_1(\boldsymbol{\xi})$。如图 6－3 所示为 Landau 阻尼导致的 Maxwell 分布畸变示意图。

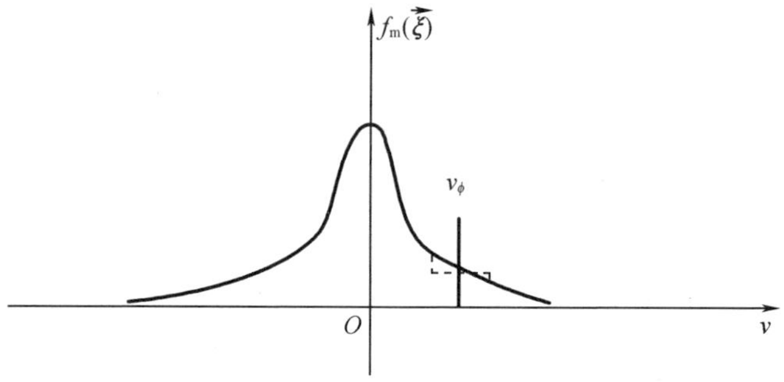

图 6－3　Landau 阻尼导致的 Maxwell 分布畸变示意图

如果粒子束有两束，那么可认为是一个静态 Maxwell 分布和一个偏移 Maxwell 分布的叠加。那么分布函数在 v_ϕ 处的导数有可能是正的，这将导致不稳定性，类比于双流不稳定性，这在 4.5 节中已经进行了推导。

6.3　非线性 Landau 阻尼

冲浪板模型很吸引人，但是却不能十分准确地助于理解 Landau 阻尼。Landau 阻尼包含线性 Landau 阻尼和非线性 Landau 阻尼两种，这两种都是非碰撞阻尼。如果一个粒子被困在一个波的势阱中，这种现象被称为捕获（trapping）。在冲浪模型中，捕获粒子能够获得或者失去能量。然而，捕获并不能从线性模型中得到。我们从粒子运动方程出发：

$$\frac{m\mathrm{d}^2x}{\mathrm{d}t^2}=qE(x) \tag{6-25}$$

要精确求解上式，需要一个非线性过程，这是因为 $E(x)$ 并非 x 的线性函数。一般来讲，我们将为扰动轨道的 x 代入 $x=x_0+v_0t$，从而简化求解过程。但是这个近似过程对于被捕获的粒子是无效的。这是因为，捕获粒子会被势阱壁反射，它的速度和位移将远离未扰动的值。流体理论中有方程

$$m\left[\frac{\partial \boldsymbol{v}}{\partial t}+(\boldsymbol{v}\cdot\nabla)\boldsymbol{v}\right]=q\boldsymbol{E}(x) \tag{6-26}$$

这个方程中，$(\boldsymbol{v}\cdot\nabla)\boldsymbol{v}$ 是非线性项，求解困难。线性理论中，$(\boldsymbol{v}_1\cdot\nabla)\boldsymbol{v}_1$ 是被作为二阶小量忽略的，这与使用未扰动轨道是一回事。在动力学理论中，我们忽略的非线性项是

$\frac{q}{m}E_1\frac{\partial f_1}{\partial v}$。当被捕获的粒子被势阱反射时，速度分布函数也将发生较大的改变，尤其在 v_ϕ 附近。这意味着，$\frac{\partial f_1}{\partial \xi}$和$\frac{\partial f_0}{\partial \xi}$ 已经不能被忽略。因此，捕获不能用线性理论来描述。当波增长到产生一个大幅度的非碰撞阻尼，同时发生了捕获，我们会发现波并不是单调地衰减，相反，其振幅会发生涨落，这是因为捕获粒子会在势阱中发生回弹，而出现粒子与波的能量反复交换，这就是非线性 Landau 阻尼。

而线性 Landau 阻尼是在线性化假设下得出的，这不同于非线性阻尼。那么非捕获电子能够和波交换能量吗？

6.4　细解冲浪模型和相空间分析

我们把粒子分布函数微分切分成若干个单能束，考虑其中一份：速度为 u，密度为 n_u。接近速度 u 的粒子束中包含了共振电子。我们来考虑当一个束团通过波的波峰和波谷时，束团的动能在振荡场中的变换 $\boldsymbol{E}(x,t)$。令

$$E(x,t)=E_0\sin(kx-\omega t)=-\frac{\mathrm{d}\phi}{\mathrm{d}x} \tag{6-27}$$

则

$$\phi=\frac{E_0}{k}\cos(kx-\omega t) \tag{6-28}$$

线性化的流体动量方程为

$$m\left(\frac{\partial v_1}{\partial t}+u\frac{\partial v_1}{\partial x}\right)=-eE_0\sin(kx-\omega t) \tag{6-29}$$

则可能的解为

$$v_1=\frac{eE_0}{km}\frac{\cos(kx-\omega t)}{u-v_\phi} \tag{6-30}$$

这是由于波作用于粒子束导致的粒子的速度调制。为了保证粒子通量守恒，密度也会有一个调制。密度调制可以通过线性化连续性方程得到

$$\frac{\partial n_1}{\partial t}+u\frac{\partial n_1}{\partial x}=-n_u\frac{\partial v_1}{\partial x} \tag{6-31}$$

由于速度调制正比于 $\cos(kx-\omega t)$，因此可尝试 $n_1\propto\cos(kx-\omega t)$，可得

$$n_1=-n_u\frac{eE_0}{mk}\frac{\cos(kx-\omega t)}{(u-v_\phi)^2} \tag{6-32}$$

从图 6-4 中可以看出，当电子 a 速度 $u>v_\phi$ 时，相对于电势，它将向电势的峰位移动，这时电子的速度将减小，能量转移给波。当电子 b 速度 $u<v_\phi$ 时，相对于电势同样会移动到电势峰位，但是这时电子的速度将增加，从波获得能量。但是不论电子获得能量还是失去能量，其密度都将增大，因为它不随$(u-v_\phi)$而改变符号。因此在电势波峰处，电子密度都会达到最大值。

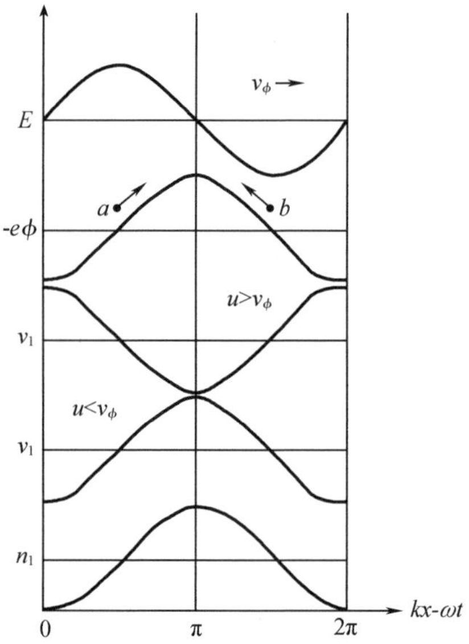

图 6-4　静电波中电子密度和速度调制相位关系

习题

6-9　试证明 $<\cos^2\phi> = \frac{1}{2}$，其中 < > 表示周期取平均。

6-10　试证明周期平均后，速度小于相速度的电子会从波获得能量，而速度大于相速度的电子会把能量转移给波，即证明动能增加量 ΔW_k 满足

$$<\Delta W_k> = -\frac{n_u}{4}\frac{e^2E_0^2}{mk^2}\frac{u+v_\phi}{(u-v_\phi)^3} \tag{6-33}$$

[提示：$\Delta W_k = W_k - W_{k0} = \frac{1}{2}m(n_u+n_1)(u+v_1)^2 - \frac{1}{2}mn_uu^2$，且 $<\Delta W_k>$ 表示在一个电子运动周期内取平均。]

这个结果非常直接地说明了共振电子与波相互作用过程中的能量转移。不过需要注意的是，动能增量中 $\frac{1}{2}m<2un_1u_1> = -\frac{n_u}{4}\frac{e^2E_0^2}{mk^2}\frac{2u}{(u-v_\phi)^3}$ 决定了能量转移的正负。这说明密度和速度调制共同起作用导致能量转移。

由于我们的推导仍然非常粗糙，得到的 $<\Delta W_k>$ 与时间无关。但实际上是即便是速度小于相速度的电子也不总是从波获得能量，即便是速度大于相速度的电子也不总是给波能量。这都与电子所处的初始相位相关。为了说明这一点就必须考察速度分布函数与相空间。如图 6-5 所示为正弦波势场中电子运动的相空间分布与对应的速度分布函数。

从相空间图中，选取 4 点来说明初始相位与粒子与波相互作用过程中能量的交换关系。图中最下方，电子电势图与上面的电子相位图相互对应。*B* 粒子在波峰处，*D* 粒子在波谷处。*A*、*C* 粒子都是速度大于相速度，*B*、*D* 粒子都是速度小于相速度。轨迹上的箭头代表了粒子下一刻运动的相轨迹。*E* 是被捕获粒子，相轨迹为一个封闭椭圆。*A*、*B*、*C*、*D* 的运动轨

迹都是开放曲线。相图纵坐标是速度，左侧对应画出了速度分布函数。可以很清楚地看出，对于速度大于相速度的粒子 A，如果初始位于势阱的波峰，下一刻会向波谷运动，其速度会进一步增加，这意味着其会被加速，会从波获得能量，而不是把能量给波。但是对于位于波谷的 C 粒子，速度大于相速度，下一刻会向波峰运动，速度会降低，会把能量给波。但是从速度分布函数可看出：$n_A > n_C$ 且 $|\Delta n_A v_A^2| > |\Delta n_C v_C^2|$。可知，虽然是粒子速度大于相速度，所有相位的粒子总的效应依然是从波获得能量，波被阻尼。

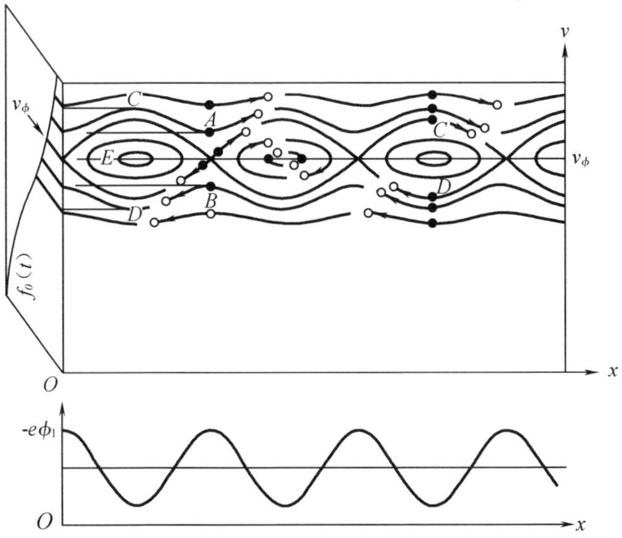

图 6-5　正弦波势场中电子运动的相空间分布与对应的速度分布函数

再看 B、D 粒子。两者的速度都小于相速度，但是 B 粒子初始处于波峰处，下一刻会反向运动到波谷处，会损失能量，即把能量给波。而 D 粒子初始位于波谷处，下一刻也会反向运动到波峰处，但是能量会增加，会从波获得能量。这意味着，并不是速度小于相速度的粒子都会从波获得能量，这与它们的初始相位相关。同样，对照速度分布函数可知，$n_B < n_D$，则 $|\Delta n_B v_B^2| < |\Delta n_D v_D^2|$，即综合 B、D 粒子情况，速度小于相速度的粒子都会从波获得能量，波被阻尼。

综合以上，不论粒子速度大于相速度还是小于相速度，综合考虑不同相位的影响，总的效果是粒子都会从波获得能量，从而波被阻尼。

6.5　Landau 阻尼的纯物理推导与实验验证

在 Landau 阻尼被实验验证后，有科学家从纯物理的角度导出了 Landau 阻尼，这使得 Landau 阻尼的物理意义更加被确信。这一小节，我们对 Landau 阻尼进行纯物理推导并实验验证。上节中，我们得到了微分束团 u、n_u，重新计算考虑初始条件的扰动速度和扰动密度分布。假设波场为 $E = E_1 \sin(kx - \omega t)$。考虑运动方程左侧在外力为零时，有

$$\frac{\partial v_1}{\partial t} + u\frac{\partial v_1}{\partial x} = 0 \tag{6-34}$$

其一般解为$f(x-ut)$。因此，为了让扰动速度满足初始条件$v_1(t=0)=0$，添加一项式(6-34)的通解$\cos(kx-kut)$，可得

$$v_1=-\frac{eE_1}{m}\frac{\cos(kx-\omega t)-\cos(kx-kut)}{\omega-ku} \tag{6-35}$$

进一步需要求解密度扰动，且满足$n_1(t=0)=0$。如果假设$n_1=\tilde{n}_1[\cos(kx-\omega t)-\cos(kx-kut)]$，代入连续性方程，会发现仍然缺少一项$\sin(kx-kut)$。为了同时保证初始条件，考虑在$n_1$中添加$At\sin(kx-kut)$，这样既能保证方程成立又可以保证初始条件。

习题

6-11 请计算：

$$n_1=-n_u\frac{eE_1k}{m}\frac{1}{(\omega-ku)^2}[\cos(kx-\omega t)-\cos(kx-kut)-(\omega-ku)t\sin(kx-kut)] \tag{6-36}$$

对于初始速度为u的微分束团，受到的力为

$$F_u=-eE_1\sin(kx-\omega t)(n_u+n_1) \tag{6-37}$$

这个力对该束团做功为

$$\frac{dW}{dt}=F_u(u+v_1)=-eE_1\sin(kx-\omega t)(n_uu+n_uv_1+n_1u+n_1v_1) \tag{6-38}$$

需要对上式对波长取平均。其中只有第二项和第三项有值，第四项为二阶小量，可以忽略。

习题

6-12 请计算对波长周期平均：

$$<\sin(kx-\omega t)\cos(kx-kut)>=-\frac{1}{2}\sin(\omega t-kut) \tag{6-39}$$

$$<\sin(kx-\omega t)\sin(kx-kut)>=\frac{1}{2}\cos(\omega t-kut) \tag{6-40}$$

6-13 利用上题的结果，证明

$$<\frac{dW}{dt}>_u=\frac{e^2E_1^2n_u}{2m}\left[\frac{\sin(\omega t-kut)}{\omega-ku}+ku\frac{\sin(\omega t-kut)-(\omega-ku)t\cos(\omega t-kut)}{(\omega-ku)^2}\right] \tag{6-41}$$

有了单束电子束的能量变化率，积分可以得到总的束团的能量变化率：

$$\sum_u<\frac{dW}{dt}>_u=\int\frac{f_0(u)}{n_u}<\frac{dW}{dt}>_u du=n_0\int\frac{\hat{f}_0(u)}{n_u}<\frac{dW}{dt}>_u du \tag{6-42}$$

习题

6-14 试通过上式计算得到

$$<\frac{dW}{dt}>=-\frac{1}{2}\varepsilon_0E_1^2\frac{\omega_p^2\pi\omega}{k^2}\hat{f}_0'\left(\frac{\omega}{k}\right) \tag{6-43}$$

{提示：首先通过分部积分证明 $<\frac{\mathrm{d}W_k}{\mathrm{d}t}> = \frac{1}{2}\varepsilon_0 E_1^2\omega_\mathrm{p}^2\int_{-\infty}^{+\infty}\hat{f}_0(u)\mathrm{d}u\frac{\mathrm{d}}{\mathrm{d}u}\left[\frac{u\sin(\omega t - kut)}{\omega - ku}\right]$，再次分步积分可得 $<\frac{\mathrm{d}W_k}{\mathrm{d}t}> = -\frac{1}{2}\varepsilon_0 E_1^2\omega_\mathrm{p}^2\int_{-\infty}^{+\infty}\hat{f}'_0(u)\mathrm{d}u\left[\frac{u\sin(\omega t - kut)}{\omega - ku}\right]$，进一步利用 δ 函数的定义，$\delta\left(u - \frac{\omega}{k}\right) = \frac{k}{\pi}\lim\limits_{t\to\infty}\left[\frac{\sin(\omega - ku)t}{\omega - ku}\right]$。}

波的能量包括两部分：静电场的能量和粒子振荡的动能。静电场的能量满足

$$<W_\mathrm{E}> = \frac{\varepsilon_0 <E^2>}{2} = \frac{1}{4}\varepsilon_0 E_1^2 \tag{6-44}$$

上节中得到了粒子振荡能量的周期平均值为 $<\Delta W_k>_u = -\frac{n_u}{4}\frac{e^2E_1^2}{mk^2}\frac{u+v_\phi}{(u-v_\phi)^3}$。如果 $v_\phi \gg u$，$<\Delta W_k>_u \approx \frac{n_u}{4}\frac{e^2E_1^2}{mk^2}\frac{1}{(u-v_\phi)^2}$。进一步可得总的粒子束团的振荡能量为 $<\Delta W_k> \approx \frac{1}{4}\frac{e^2E_1^2}{mk^2}\int_{-\infty}^{+\infty}\frac{f_0(u)\mathrm{d}u}{(u-v_\phi)^2}$。

习题

6－15　试利用上节中得出的 $n_1 = -n_u\frac{eE_1}{mk}\frac{\cos(kx-\omega t)}{(u-v_\phi)^2}$，$E = E_1\sin(kx-\omega t)$，以及 Maxwell 方程 $\nabla\cdot\boldsymbol{E} = -e\sum_u n_1$，证明

$$\frac{\omega_p^2}{k^2}\int_{-\infty}^{+\infty}\frac{\hat{f}_0(u)\mathrm{d}u}{(u-v_\phi)^2} = 1 \tag{6-45}$$

因此，可得出总束团的振荡能量满足

$$<\Delta W_k> = \frac{\varepsilon_0 E_1^2}{4} = <W_\mathrm{E}> \tag{6-46}$$

这两部分能量求和可得波总的能量：

$$W_\mathrm{w} = \frac{\varepsilon_0 E_1^2}{2} \tag{6-47}$$

由能量守恒可知，波的总能量的变化率正好等于负的粒子动能的变化率，进而可得

$$\frac{\mathrm{d}W_\mathrm{w}}{\mathrm{d}t} = -<\frac{\mathrm{d}W_k}{\mathrm{d}t}> W_\mathrm{w}\frac{\omega_\mathrm{p}^2\pi\omega}{k^2}\hat{f}'_0\left(\frac{\omega}{k}\right) \tag{6-48}$$

由于 $W_\mathrm{w} = \frac{\varepsilon_0 E_1^2}{2} \propto E_1^2 \propto \exp(2\mathrm{Im}(\omega)t)$，因此可得

$$\mathrm{Im}(\omega) = \frac{\pi\omega_\mathrm{p}^2\omega}{2k^2}\hat{f}'_0\left(\frac{\omega}{k}\right) \tag{6-49}$$

这与我们利用 Landau 的围道积分得到的结果是一致的。

有了上面的细致计算，可以更加清楚哪些是对线性 Landau 阻尼有贡献的共振粒子。如图 6－6 所示为 Landau 阻尼的不同速度群的函数。

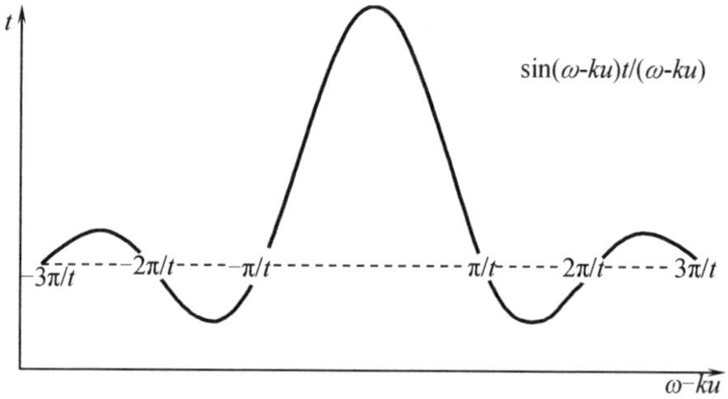

图 6－6　Landau 阻尼不同速度群的函数

从图 6－5 可以看出，处于区间 $|\omega - ku| < \dfrac{\pi}{t}$ 或者 $|v - v_\phi| t < \dfrac{\pi}{k} = \dfrac{\lambda}{2}$ 的粒子对 Landau 阻尼的贡献最大，这些相位的粒子还没有来得及运动超过半个波长，中心峰值的宽度也会随着时间的增长而变得狭窄。图中的旁瓣来自运动到周围的半波长区域的粒子，这些粒子会快速地分布到各个相位，因此平均来讲，其相应的贡献很小。注意到，中心峰的宽度与其波的初始振幅无关，因此共振粒子不仅包含捕获粒子也包含非捕获粒子，即这个现象与粒子捕获无关。

Bernstein，Greene 和 Kruskal 首次提出无阻尼的波，具有任意频率和波矢，振幅以及波前，又被称为 BGK 模式。这个模式中，要求沿着粒子初始运动轨迹分布的函数 $f(v,t=0)$ 是一个常数。这样从相图中可以看出，平均来讲，粒子既不会获得能量也不会损失能量，因此便不会有阻尼发生，即平均来讲，波与粒子不会发生能量交换。如果我们限制 BGK 模式为小振幅极限，这时又被称为 Van Kampen 模式，在这种模式下，只有速度等于相速度的粒子才会被捕获。我们可以改变捕获粒子的数目，通过在 $f(v,t=0)$ 中添加正比于 $\delta(v - v_\phi)$ 的项，很容易发现，这些被捕获粒子并不会导致波被阻尼。事实上，平均来讲这些粒子从波获得的能量等于给波的能量。当然，这样的模式并不是真正的物理模式。虽然可能每一个单模都不会导致阻尼，但是实际的情况却会发生阻尼，这是因为不同的模式发生了矢相导致的。

虽然 Landau 通过短小精妙的推导得到了阻尼因子，但是直到后来 Dawson 给出长的更加物理化的推导过程，Landau 阻尼才引起科学家的足够重视。在 1965 年，Malmberg 和 Wharton 通过设计实验验证了 Landau 阻尼。他们在一个非碰撞的等离子体栅格中，利用一个探针来激发和探测等离子体波。这些波的相位和振幅随着距离的变化均由通过干涉仪测得。图 6－7 给出了阻尼波的空间变化。

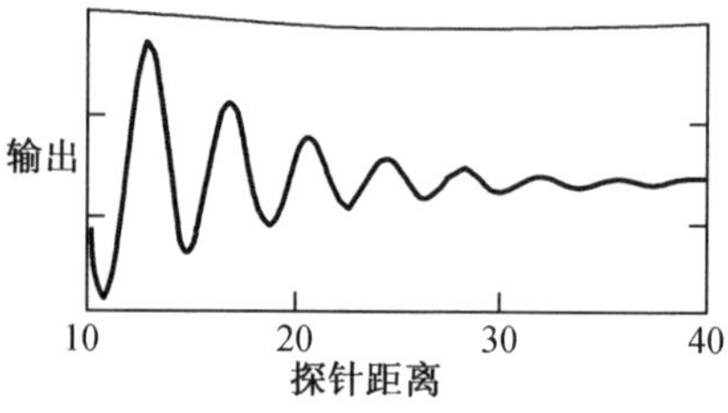

图 6－7　阻尼等离子体波干涉仪测得的扰动密度条纹

与之前理论推导结果不同的是，这里是空间阻尼，即频率 ω 是实数量，而波矢 k 是复数量。这样通过适当的计算可以得到 k 的虚部，这个值依然包含 $\exp\left(-\frac{v_\phi^2}{v_{th}^2}\right)$ 的因子，即正比于 Maxwell 分布中共振粒子的数目。因此可知 $\log\frac{\mathrm{Im}(k)}{\mathrm{Re}(k)}\propto\left(\frac{v_\phi}{v_{th}}\right)$，这一点可从图 6－8 中证明。

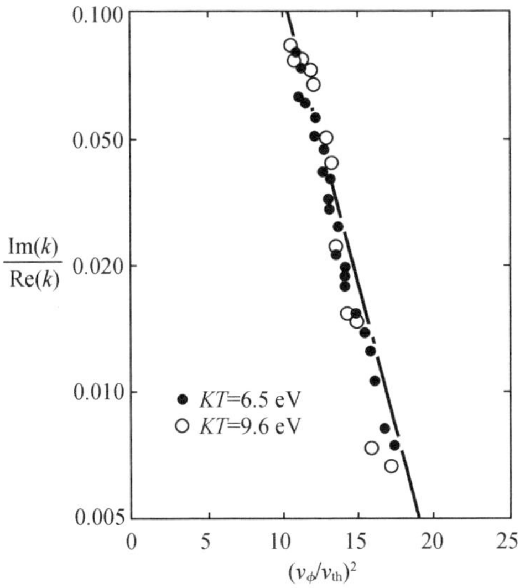

图 6－8　在阻尼等离子体波中，空间阻尼因子的实验验证

习题

6－16　在密度 $n=10^{17}\ \mathrm{m}^{-3}$，温度 $k_BT_e=10$ eV 的等离子体中产生了一个等离子体波，令 $k=10^4\ \mathrm{m}^{-1}$，试计算近似的 Landau 阻尼率 $\left|\mathrm{Im}\left(\frac{\omega}{\omega_p}\right)\right|$。

6－17　试重复 Landau 阻尼的推导过程，证明如果是空间阻尼，即 ω 为实的，而 $k=k_r+ik_i$，$\log\frac{k_i}{k_r}\propto\left(\frac{v_\phi^2}{v_{th}^2}\right)$。

6－18　在一个 10 eV 的密度为 $n=10^{15}\ \mathrm{m}^{-3}$ 的等离子体中，有一个波长为 1 cm 的电子等离子体波，如果撤走激发元，波会被 Landau 阻尼而衰减。那么需要经历多长时间波的振幅降低到原来振幅的 $\frac{1}{e}$？

6－19　一个无限大均匀等离子体，其中离子不动，电子包括两个 Maxwell 分布：密度 n_p，温度 T_p，实验室静止等离子体；具有宏观速度 $\boldsymbol{v}=V\hat{x}$ 的束电子，温度 T_b，密度 n_b。如果 n_b 无限小，沿着 x 方向传播的等离子体会发生 Landau 阻尼。如果 n_b 很大，则会发生双流不稳定性。因此，可以通过令总的分布函数的斜率等于零获得临界的束流密度 n_b。为了计算简便，采取如下近似的办法：

（1）写出 $f_p(v)$、$f_b(v)$ 的表达式，并利用 $v=v_x$，$a^2=\frac{2k_BT_p}{m}$，$b^2=\frac{2k_BT_b}{m}$ 给出简化形式；

(2)假设相速度 v_ϕ 恰好为使得 $f_b(v)$ 获得最大的正斜率的位置,试求出 v_ϕ,$f'_b(v_\phi)$;

(3)计算 $f'_p(v_\phi)$,并令 $f'_b(v_\phi)+f'_p(v_\phi)=0$;

(4)当 $V\gg b$ 时,试证明临界束流密度近似为

$$\frac{n_b}{n_p}=\frac{(2e)^{\frac{1}{2}}T_b}{T_p}\frac{v}{a}\exp\left(-\frac{v^2}{a^2}\right) \tag{6-50}$$

6-20 为了模拟一个热等离子体,假设离子和电子满足如下分布函数:

$$\hat{f}_{e0}(v)=\frac{a_e}{\pi}\frac{1}{v^2+a_e^2},\hat{f}_{i0}(v)=\frac{a_i}{\pi}\frac{1}{v^2+a_i^2} \tag{6-51}$$

(1)试推导静电扰动的准确的色散关系,请从 Vlasov 方程出发。

(2)如果 $\omega\leqslant\Omega_p$,求解色散关系的近似表达式;试找出波被弱阻尼的条件;试证明对于大的 k 有 $\omega\approx\Omega_p$。

[提示:第(1)问的色散关系:$1=\frac{\omega_p^2}{k^2}\int\frac{\frac{\partial\hat{f}_{e0}(v)}{\partial v}}{v-v_\phi}dv+\frac{\Omega_p^2}{k^2}\int\frac{\frac{\partial\hat{f}_{i0}(v)}{\partial v}}{v-v_\phi}dv$;第(2)问中:需要画围道,要注意最终需要保留的是 Cauchy 主值部分和小半圆的积分(阻尼部分),这里的围道可以是闭合围道,不同于 Maxwell 情形,大半圆的积分将趋于零。]

6-20 考虑一个未磁化等离子体,离子是不动的,能够保持等离子体中性。一维的电子密度分布函数满足

$$f_{0e}(v)=g_0(v)+h_0(v) \tag{6-52}$$

式中

$$g_0(v)=n_p\frac{a_e}{\pi}\frac{1}{v^2+a_e^2},\quad h_0(v)=n_b\delta(v-v_0) \tag{6-53}$$

$n_0=n_p+n_b$,$n_b\ll n_p$。

(1)试推导高频静电扰动的色散关系;

(2)在 $\frac{\omega}{k}\ll a_e$ 的极限下,试证明存在波不稳定的解,即 $m(\omega)>0$。

6-21 考虑一维分布函数

$$f(v)=\begin{cases}A, & |v|<v_m\\0, & |v|\geqslant v_m\end{cases} \tag{6-54}$$

(1)计算 $A=A(n_0)$;

(2)利用 Vlasov-Poisson 方程,推导静电电子波的色散关系的积分表达式;

(3)计算积分,得到 $\omega(k)$,试保留 $\frac{kv_m}{\omega}$ 的三阶小量。

6.6 离子 Landau 阻尼

电子仅仅是共振粒子的一种可能情况。如果波的相速度足够慢能够和离子的热速度相匹配,将会发生离子 Landau 阻尼。这时,离子声波将会受到离子 Landau 阻尼的很大影响。回顾第 3 章中离子声波的色散关系:

$$\frac{\omega}{k}=v_s=\left(\frac{k_B T_e+\gamma_i k_B T_i}{M}\right)^{\frac{1}{2}} \tag{6-55}$$

如果电子温度 $T_e \leqslant T_i$，$f'_{0i}(v_\phi)<0$，且这位置附近离子数量较多，离子波会被强烈地 Landau 阻尼而衰减。离子波只能在 $T_e \gg T_i$ 时才是可被观测的。在 $T_e \gg T_i$ 时，$v_\phi \gg v_{thi}$，离子 Landau 阻尼是弱阻尼，在 $v \approx v_\phi$ 附近的离子极少。因此要观测离子 Landau 阻尼也最好是在 $T_e \gg T_i$ 时，且最好是重离子情形。

当波的相速度较小时，需要考虑离子 Landau 阻尼，这时电子依然需要很好地考虑。利用与计算电子 Landau 阻尼时相同的处理手段，我们可以得到通用的相空间分布函数的一阶扰动项：

$$f_{1j}=-\frac{\mathrm{i}q_j E}{m_j}\frac{\frac{\partial f_{0j}}{\partial v_j}}{\omega-kv_j} \tag{6-56}$$

式中　E、v_j——x 方向的量；

j——粒子种类，即 e、i。

进一步密度扰动可表示为

$$n_{1j}=-\frac{\mathrm{i}q_j E}{m_j}\int_{-\infty}^{+\infty}\frac{\frac{\partial f_{0j}}{\partial v_j}}{\omega-kv_j}\mathrm{d}v_j \tag{6-57}$$

对于满足热平衡的等离子体，有

$$f_{0j}=\frac{n_{0j}}{v_{thj}\pi^{\frac{1}{2}}}\mathrm{e}^{-\frac{v_j^2}{v_{thj}^2}},v_{thj}=\sqrt{\frac{2k_B T_j}{m_j}} \tag{6-58}$$

令 $s=\dfrac{v_j}{v_{thj}}$，$\zeta_j=\dfrac{\omega}{kv_{thj}}$，则有

$$n_{1j}=-\frac{\mathrm{i}q_j E n_{0j}}{km_j v_{thj}^2}\frac{1}{\sqrt{\pi}}\int_{-\infty}^{+\infty}\frac{\frac{\mathrm{d}}{\mathrm{d}s(\mathrm{e}^{-s^2})}}{s-\zeta_j}\mathrm{d}s \tag{6-59}$$

为了更好地研究离子 Landau 阻尼，引入等离子体色散函数：

$$Z(\zeta_j)=\frac{1}{\sqrt{\pi}}\int_{-\infty}^{+\infty}\frac{\mathrm{e}^{-s^2}}{s-\zeta_j}\mathrm{d}s \tag{6-60}$$

习题

6-22　试证明：

$$Z'(\zeta_j)=-2\mathrm{e}^{-\zeta_j^2}\int_0^{\zeta_j}\mathrm{e}^{x^2}\mathrm{d}x \tag{6-61}$$

并求解可得 $Z(\zeta_j)=-2\mathrm{e}^{-\zeta_j^2}\int_0^{\zeta_j}\mathrm{e}^{x^2}\mathrm{d}x$ 为该积分的 Cauchy 主值部分。

因此，可以将密度扰动表达为

$$n_{1j}=\frac{\mathrm{i}q_j E n_{0j}}{km_j v_{thj}^2}Z'(\zeta_j) \tag{6-62}$$

进一步代入 Poisson 方程，可得色散关系表达式为

$$\frac{\omega_p^2}{k^2 v_{the}^2} Z'(\zeta_e) + \sum_j \frac{\Omega_p^2}{k^2 v_{thj}^2} Z'(\zeta_j) = 1 \tag{6-63}$$

为了得到离子 Landau 阻尼,需要先求解电子的色散函数。

习题

6-23 如果 $\frac{\omega}{k} = v_\phi \ll v_{the}$,即 $\zeta_e \ll 1$,试证明:

$$Z(\zeta_e) = i\sqrt{\pi} e^{-\zeta_e^2} - 2\zeta_e\left(1 - \frac{2}{3}\zeta_e^2 + \cdots\right) \tag{6-64}$$

{提示:式中第一项为 Landau 阻尼项,即对应的小半圆的积分,亦即 v_ϕ 点留数的一半。后面的项可从习题 6-22 的结论来展开,即 $Z(\zeta_e) = -2e^{-\zeta_e^2}\int_0^{\zeta_e} e^{x^2} dx \approx -2\left(1 - \zeta_e^2 + \frac{\zeta_e^4}{2} + \cdots\right) \cdot \left[\int_0^{\zeta_e}\left(1 + x^2 + \frac{x^4}{2} + \cdots\right)dx\right] = -2\zeta_e\left(1 - \frac{2}{3\zeta_e^2} + \cdots\right)$;另外若直接从 $\frac{1}{\sqrt{\pi}}\int_{-\infty}^{+\infty} \frac{e^{-s^2}}{s - \zeta_e} ds$ 展开会导致积分发散:$\int_{-\infty}^{+\infty} \frac{e^{-s^2}}{s - \zeta_e} ds = \int_{-\infty}^{+\infty} \frac{e^{-s^2}}{s\left(1 - \frac{\zeta_e}{s}\right)} ds \approx \int_{-\infty}^{+\infty} \frac{e^{-s^2}}{s}\left[1 + \frac{\zeta_e}{s} + \left(\frac{\zeta_e}{s}\right)^2 + \cdots\right] ds$,其中 s 的奇数次方积分为零,偶数次方正是所需要的项,但是积分发散。}

由以上的结果可以求得

$$Z'(\zeta_e) = 2i\sqrt{\pi}\zeta_e e^{-\zeta_e^2} - 2\left(1 - \frac{4}{3}\zeta_e + \cdots\right) \approx -2 \tag{6-65}$$

在考虑离子波时,电子 Landau 阻尼通常是被忽略的,这是因为电子分布函数在相速度附近的斜率很小,接近零(相速度很小)。这样由 $Z'(\zeta_e) \approx -2$,可以得出

$$1 + \frac{2\omega_p^2}{k^2 v_{the}^2} = \sum_j \frac{\Omega_p^2}{k^2 v_{thj}^2} Z'(\zeta_j) \tag{6-66}$$

另外,$\lambda_D^{-2} = \frac{2\omega_p^2}{v_{the}^2}$,因此可以得到

$$\lambda_D^2 \sum_j \frac{\Omega_p^2}{v_{thj}^2} Z'(\zeta_j) = 1 + k^2\lambda_D^2 \approx 1 \tag{6-67}$$

式中,$k^2\lambda_D^2$ 为偏离准中性的程度。对于低频波 $\omega_p \gg \omega$,$k^2\lambda_D^2 = \frac{k^2 v_{the}^2}{2\omega_p^2} \ll 1$。

对于单一离子,有 $n_{0e} = Z_i n_{0i}$,则离子色散函数的系数可简化为

$$\lambda_D^2 \frac{\Omega_p^2}{v_{thi}^2} = \frac{1}{2}\frac{Z_i T_e}{T_i} \tag{6-68}$$

这样离子波的色散关系可简化为

$$Z'(\zeta_j) = \frac{2T_i}{Z_i T_e} \tag{6-69}$$

至此,已经非常接近最终的结果了,但是对于时间阻尼和空间阻尼需要不同的处理。

如果要求解时间阻尼，则需要假设波矢 k 为实数而 ω 为复数，并且虚部$\mathrm{Im}(\omega)<0$对应阻尼。如果要求解空间阻尼，则需要假设 ω 为实数而 k 为复数，这时 $\mathrm{Im}(k)>0$ 对应空间阻尼。在某些特殊情况下，可以得出解析表达式。特别地，$\zeta_{\mathrm{i}}\gg 1$，即 $v_\phi \gg v_{\mathrm{thi}}$，这也对应于大的温度比 $\theta=\dfrac{Z_{\mathrm{i}}T_{\mathrm{e}}}{T_{\mathrm{i}}}$。在这之前需要得出 $Z'(\zeta_j)$ 的线性展开式。

习题

6－24　假设 $\zeta_j\gg 1$，试证明：

$$Z'(\zeta_j)=-2\mathrm{i}\sqrt{\pi}\zeta_{\mathrm{i}}\mathrm{e}^{-\zeta_{\mathrm{i}}^2}+\zeta_{\mathrm{i}}^{-2}+\frac{3}{2}\zeta_{\mathrm{i}}^{-4}+\cdots \tag{6-70}$$

［提示：本题中的展开式不再适用习题 6－22 题中的结论，似乎无法得到 ζ_j 的负指数项；但是可以直接从 $\dfrac{1}{\sqrt{\pi}}\displaystyle\int_{-\infty}^{+\infty}\dfrac{\mathrm{e}^{-s^2}}{s-\zeta_j}\mathrm{d}s$ 出发求得 Cauchy 主值部分的积分，$\dfrac{1}{\sqrt{\pi}}\displaystyle\int_{-\infty}^{+\infty}\dfrac{\mathrm{e}^{-s^2}}{s-\zeta_{\mathrm{i}}}\mathrm{d}s-\dfrac{1}{\sqrt{\pi}}\displaystyle\int_{-\infty}^{+\infty}\dfrac{\mathrm{e}^{-s^2}}{\zeta_{\mathrm{i}}(1-s\zeta_{\mathrm{i}}^{-1})}\mathrm{d}s=-\zeta_{\mathrm{i}}^{-1}\left[\dfrac{1}{\sqrt{\pi}}\displaystyle\int_{-\infty}^{+\infty}\mathrm{e}^{-s^2}(1+s\zeta_{\mathrm{i}}^{-1}+s^2\zeta_{\mathrm{i}}^{-2}+s^3\zeta_{\mathrm{i}}^{-3}+\cdots)\mathrm{d}s\right]$，其中 s 的奇数次方积分为零，偶数次方才有值。特别地，令 $f(\alpha)=\dfrac{1}{\sqrt{\pi}}\displaystyle\int_{-\infty}^{+\infty}\mathrm{e}^{-\alpha s^2}\mathrm{d}s=\alpha^{-\frac{1}{2}}$，则有 $\dfrac{1}{\sqrt{\pi}}\displaystyle\int_{-\infty}^{+\infty}\mathrm{e}^{-s^2}s^{2k}\mathrm{d}s=(-1)^k\lim_{\alpha\to 1}f^k(\alpha)=\dfrac{(2k-1)!!}{2^k}$。］

如果阻尼是弱阻尼，为了求实部，先忽略 Landau 阻尼部分。可得

$$\zeta_{\mathrm{i}}^{-2}+\frac{3}{2}\zeta_{\mathrm{i}}^{-4}=\frac{2}{\theta} \tag{6-71}$$

进一步，由于 $\zeta_{\mathrm{i}}\gg 1$，可得 $\zeta_{\mathrm{i}}^{-2}\left(1+\dfrac{3}{\theta}\right)=\dfrac{2}{\theta}$，进而 $\zeta_{\mathrm{i}}^2=\dfrac{3+\theta}{2}$，这等价于 $\dfrac{\omega^2}{k^2}=\dfrac{Z_i k_{\mathrm{B}}T_{\mathrm{e}}+3k_{\mathrm{B}}T_{\mathrm{i}}}{M}$，基本等价于离子声波的色散关系。这时再把 Landau 阻尼项加回来：

$$\zeta_{\mathrm{i}}^{-2}\left(1+\frac{3}{\theta}\right)-2\mathrm{i}\sqrt{\pi}\zeta_{\mathrm{i}}\mathrm{e}^{-\zeta_{\mathrm{i}}^2}=\frac{2}{\theta} \tag{6-72}$$

$$\zeta_{\mathrm{i}}^2=\frac{(3+\theta)}{2}(1+\mathrm{i}\sqrt{\pi}\zeta_{\mathrm{i}}\theta\mathrm{e}^{-\zeta_{\mathrm{i}}^2})^{-1} \tag{6-73}$$

$$\zeta_{\mathrm{i}}=\left(\frac{3+\theta}{2}\right)^{-\frac{1}{2}}\left(1-\frac{1}{2}\mathrm{i}\sqrt{\pi}\zeta_{\mathrm{i}}\theta\mathrm{e}^{-\zeta_{\mathrm{i}}^2}\right) \tag{6-74}$$

因此，可以得到

$$\frac{\mathrm{Im}(\zeta_{\mathrm{i}})}{\mathrm{Re}(\zeta_{\mathrm{i}})}=\frac{\mathrm{Im}(\omega)}{\mathrm{Re}(\omega)}=-\frac{\mathrm{Im}(k)}{\mathrm{Re}(k)}=-\frac{1}{2}\sqrt{\pi}\left(\frac{3+\theta}{2}\right)^{\frac{1}{2}}\theta\mathrm{e}^{-\frac{(3+\theta)}{2}} \tag{6-75}$$

这个解析表达式对于大的 θ，即温度比是准确的，表现出阻尼率随着温度的增长会呈现指数下降。但是当 θ 减小到 10 以下时，这个公式不再准确，阻尼公式必须精确求解公式（6－73），即色散函数。利用实验结果，可以拟合出 $1<\theta<10$ 时的阻尼表达式：

$$\frac{\mathrm{Im}(\omega)}{\mathrm{Re}(\omega)}=-1.1\theta^{\frac{7}{4}}\mathrm{e}^{-\theta^2} \tag{6-76}$$

声波中的离子阻尼如图6-9所示。其中A为精确解;B为公式(6-76)的解;C为$1<\theta<10$时的实验数据拟合曲线。

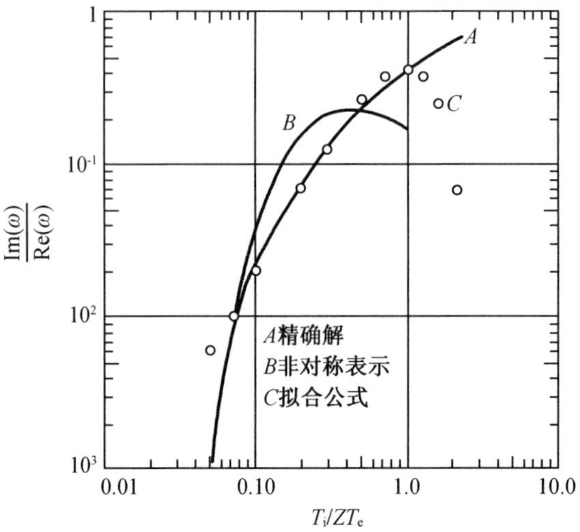

图6-9　声波中的离子Landau阻尼

习题

6-25　在一个单电离Xe等离子体中激发起一个波长为1 cm的离子声波,电子温度为$T_e=1$ eV,离子温度为$T_i=0.1$ eV。撤掉激励源,请估算需要多长时间Landau阻尼使得离子波的振幅降低到原振幅的1/e。

6-26　在Ar等离子体中激发一个波长为5 cm的离子波,密度$n_e=10^{16}\ m^{-3}$,$T_e=2$ eV,实验测量了Landau阻尼率。引入一个H杂质密度$n_H=\alpha n_e$。计算α使得Landau阻尼率翻倍。

6-27　在激光聚变实验中,经常会碰到一个热电子分布,密度为n_h,温度为T_h,正常电子密度温度为n_e、T_e。热电子束会改变离子波的Landau阻尼,进而影响后继过程,如受激布里渊散射。假设$Z=1$,离子密度温度为n_i、T_i,定义$\theta_e=\dfrac{T_e}{T_i}$,$\theta_h=\dfrac{T_h}{T_i}$,$\alpha=\dfrac{n_h}{n_i}$,$1-\alpha=\dfrac{n_e}{n_i}$,$\varepsilon=\dfrac{m}{M}$,以及$k_{Di}^2=\dfrac{n_i e^2}{\varepsilon_0 k_B T_i}$。

(1)请写出离子波的色散关系,其中包含着三种组分,并将电子Z函数展开;

(2)如果$T_h\gg T_e$,证明电子Landau阻尼并不会由于n_h而出现明显的增加;

(3)证明离子Landau阻尼会由于n_h而减小,该效应可以等同表达为$\dfrac{T_e}{T_i}$的增加。

6-28　沿着$B_0\hat{z}$方向传播的电子等离子体波的色散关系可通过介电张量$\boldsymbol{\varepsilon}$和Poisson方程得到,$\nabla\cdot(\boldsymbol{\varepsilon}\cdot\boldsymbol{E})=0$,其中$\boldsymbol{E}=-\nabla\phi$。因此,对于一个均匀等离子体,可得到:$-\dfrac{\partial}{\partial z}\left(\varepsilon_{zz}\dfrac{\partial\phi}{\partial z}\right)=\varepsilon_{zz}k_z^2\phi=0$,或者$\varepsilon_{zz}=0$。对于一个冷等离子体,很容易得到$\varepsilon_{zz}=1-\dfrac{\omega_p^2}{\omega^2}$或者

$\omega^2=\omega_p^2$。对于一个热的等离子体，可得 $\varepsilon_{zz}=1-\frac{\omega_p^2}{k^2v_{th}^2}Z'\left(\frac{\omega}{kv_{th}}\right)=0$。

通过在合适的极限条件下展开 Z 函数，证明 $\omega^2=\omega_p^2+\frac{3}{2}k^2v_{th}^2$ 和电子 Landau 阻尼公式。

[提示：$\nabla\times\boldsymbol{B}=\mu_0(\boldsymbol{J}+\varepsilon_0\dot{\boldsymbol{E}}=\mu_0\dot{\boldsymbol{D}})$，进而可得 $\boldsymbol{D}=\varepsilon_0\boldsymbol{E}+\frac{\mathrm{i}}{\omega}\boldsymbol{J}=\varepsilon_0\left(1+\frac{\mathrm{i}}{\varepsilon_0\omega}\boldsymbol{\sigma}\right)\cdot\boldsymbol{E}$，其中应用了微观欧姆定律 $\boldsymbol{J}=\boldsymbol{\sigma}\cdot\boldsymbol{E}$，所以 $\boldsymbol{\varepsilon}=\varepsilon_0\left(1+\frac{i}{\varepsilon_0\omega}\boldsymbol{\sigma}\right)$，$\boldsymbol{\sigma}$ 可通过求解动量方程 $\frac{m_e\partial\boldsymbol{v}_e}{\partial t}=-e(\boldsymbol{E}+\boldsymbol{v}_e\times\boldsymbol{B}_0)$ 及 $\boldsymbol{J}=-3n_0\boldsymbol{v}_e$，转化为 $\boldsymbol{J}$ 和 $\boldsymbol{E}$ 的方程求出。]

关于磁场中的动理学效应，如 Bernstein 波和回旋阻尼（$\frac{\omega\pm n\omega_c}{k_z}\approx v_z$ 时发生的一种非碰撞阻尼，而不受分布函数在某一点的导数正负影响）可参考相关书籍。

第7章 等离子体中的非线性效应

之前的几章中,我们主要集中于探讨等离子体物理中可以用线性化处理的物理问题。但是在现实中,大量存在的却是各种各样的非线性现象,例如:低温等离子体中的壳层问题;等离子体静电激波;等离子体 KdV 方程;等离子体孤立子;非线性 Landau 阻尼;非线性包络方程——非线性 Schrodinger 方程;等离子体回声;双流不稳定性;等离子体中的参量不稳定性;激光等离子体相互作用中的等离子体尾场;等离子体通道;等离子体空泡等等。

总体来讲,非线性效应主要包括三大类。

①基本的非线性问题。例如等离子体壳层。

②波-粒子相互作用。逆 Landau 阻尼,即$f_0'(v_\phi)>0$,波是不稳定的;等离子体回声等。

③波波相互作用。在流体的描述中,波与波之间会发生相互作用,其中忽略个别的粒子效应。一个单一频率的波会由于产生高次谐波而衰减。这些谐波之间会发生相互作用而形成拍频波,拍频波又会与谐波或者拍频波相互作用产生更多频率,直到频谱变成连续谱。

在流体动力学中,大的涡旋携带更多能量,因此它会分裂为若干个小的涡旋。这样长波模式会衰变为短波模式。小的涡旋又被耗散阻尼将能量转变为热能。但是在等离子体中,情况恰恰相反。短波模式会接合成为长波模式,长波模式反而携带少的能量。这是因为电场能量密度 $\frac{E^2}{8\pi}=\frac{k^2\phi^2}{8\pi}$。因此如果 $e\phi$ 固定(取决于电子温度 $k_B T_e$),小的 k 对应长波长、小能量。因此,能量会通过不稳定性从大 k 短波模式传递到小 k 长波模式。对于很大的 k,反而不会发生这种问题,这是因为存在 Landau 阻尼。对于沿着外磁场运动的等离子体,非线性调制不稳定性会将小 k 长波的能量耦合到离子并将离子加热。对于垂直于外磁场运动的等离子体,大尺度的涡旋的波长具有等离子体半径的量级进而把能量通过对流的方式耗散到墙壁上。

特别地,在激光聚变中,NIF 目前的能量损耗无法用理论解释。在实验中,入射激光只有不到 1% 的能量达到靶丸的内部用于聚变,这与理论模拟严重不符。其中大量的能量是如何损耗的并没有合理的解释,这一现象就像一个黑盒子一样等待求解。对于磁约束聚变,同样有大量的非线性问题等待解决,如如何长时间约束高密度高温的等离子体,且其中各种不稳定性,以及复杂的磁场位型以及磁岛、磁重联等现象大量存在。这些对于研究人员都构成挑战。

7.1 等离子体壳层、Bohm 临界条件和孩儿定律

在所有的等离子体装置中,等离子体都被置于有限尺寸的真空室中。那么在墙壁的附近等离子体密度和分布如何? 为了简单起见,我们考虑没有磁场的一维情况。

图 7-1 为等离子体壳层中电势分布示意图。在等离子体壳层中,电子会被反射回来。

壳层区分为预壳层区、过渡区和自由电子区三部分。墙上的库伦势满足使到达墙壁的电子和离子的通量相同。

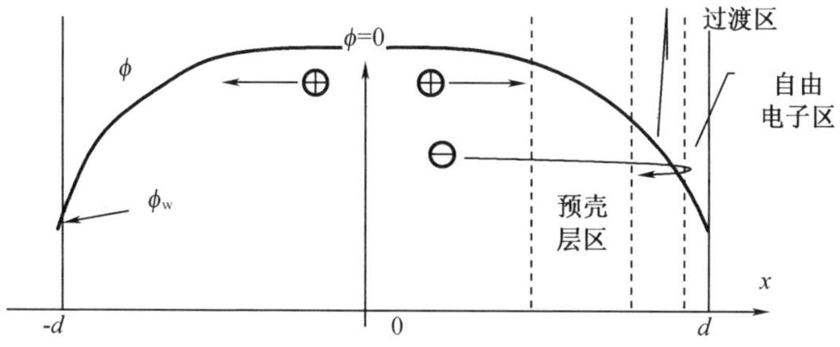

图 7－1　等离子体壳层中电势分布示意图

假设：

①在等离子体中部，当 $x=0$ 时，电势为零，即 $\phi=0$。

②电子和离子到达墙壁，发生了结合，然后损失了。

③电子的热速度远大于离子的热速度，这样电子比离子先到达墙壁，墙壁的电势为负，即 $\phi_w<0$。

④这个电势会被几个 Debye 长度的等离子体壳层所屏蔽。壳层电势会自我调节，达到一个动态平衡，使得离子和电子的通量相等。

⑤在 $x=0$ 时，离子具有初始速度 u_0，离子温度为零，即 $T_i=0$。

⑥系统处于准稳态，即 $\frac{\partial}{\partial t}=0$。

⑦忽略碰撞。

因此，可以得到在 x 位置，离子的速度 $u(x)$ 满足能量守恒定律：

$$\frac{1}{2}Mu^2=\frac{1}{2}Mu_0^2-e\phi(x) \tag{7-1}$$

即

$$u=\left(u_0^2-\frac{2e\phi}{M}\right)^{\frac{1}{2}} \tag{7-2}$$

习题

7－1　试从离子的动量方程，利用准稳态假设和电场和电势的关系式，重新获得上式。

7－2　试从离子的连续性方程推导

$$n_i(x)=n_0\left(1-\frac{2e\phi}{Mu_0^2}\right)^{-\frac{1}{2}} \tag{7-3}$$

［提示：可先得到 $n_0u_0=n_i(x)u(x)$。］

在准稳态下，电子分布最接近 Boltzmann 关系：$n_e(x)=n_0\exp\left(\frac{e\phi}{k_BT_e}\right)$。将得到的离子密度分布和电子密度分布代入 Poisson 方程可得到关于电势的微分方程：

$$\varepsilon_0\frac{d^2\phi}{dx^2}=en_0\left[\exp\left(\frac{e\phi}{k_BT_e}\right)-\left(1-\frac{2e\phi}{Mu_0^2}\right)^{-\frac{1}{2}}\right] \tag{7-4}$$

进一步,选定归一化参数:$\chi\equiv-\frac{e\phi}{k_BT_e}$,$\xi\equiv\frac{x}{\lambda_D}=x\left(\frac{n_0e^2}{\varepsilon_0k_BT_e}\right)^{\frac{1}{2}}$,$M\equiv\frac{u_0}{c_s}$,$c_s=\sqrt{\frac{k_BT_e}{M}}$。则上述方程可简化为

$$\frac{d^2\chi}{d\xi^2}=\left(1+\frac{2\chi}{M^2}\right)^{-\frac{1}{2}}-e^{-\chi} \tag{7-5}$$

式中,M 为马赫(Mach)数。

习题

7-3 试对以上微分方程求一次积分,利用 $\chi=0$ 当 $\xi=0$,并同时假设 $\chi'(0)=0$,即电场也为零,得到

$$\frac{1}{2}\chi'^2=M^2\left[\left(1+\frac{2\chi}{M^2}\right)^{\frac{1}{2}}-1\right]+e^{-\chi}-1 \tag{7-6}$$

上述方程实际上求出了电场随电势的关系式。但是却无法进一步解析求解了。进一步的积分需要借助数值积分的办法。但是可以证明当 $\chi\ll1$ 时,要使得以上方程有意义,必须满足玻姆壳层条件(Bohm sheath criterion):

$$M>1,u_0>c_s \tag{7-7}$$

习题

7-4 试假设 $\chi\ll1$,将习题 7-3 的结果的右边 Taylor 展开,证明玻姆壳层条件。

该条件要求离子在进入壳层区时具有大于离子声速的初始速度,即马赫数大于 1。为了获得这个初始速度,在中心区的等离子体中,必须要有有限的电场。而我们的假设在零位置处电场为零只是一个近似,实际上这可由壳层区的尺度远远小于整个等离子体的尺度看出来。这样离子可在宽大的中心区获得加速。因此,我们可以通过重新选取零位置面,即中心区和壳层区的交界面,使得离子的初始速度满足要求。由于离子的通量是不变的,在改变离子速度的同时,离子的密度会成反比的下降。

如图 7-2 所示为等离子体壳层中电子和离子密度随电势分布示意图,其中离子密度包含两种情况,Mach 数大于 1 和 Mach 数小于 1。从图中可以看出,如果马赫数大于 1,离子密度始终位于电子密度上方,并且缓慢下降,这与我们假设壳层区电势下降,排斥电子相一致。但是对于第二条线,我们发现,离子在一开始有很大的斜率,快速下降,离子密度小于电子密度,这使得电势的二阶导数大于零,这将导致电势的上升。这与壳层场的预期不符。而且在这一区域,电子不是被排斥。为了避免这样的情况发生,我们要求在初始位置附近,离子密度斜率要小于电子密度斜率,这正好等价于玻姆壳层条件。

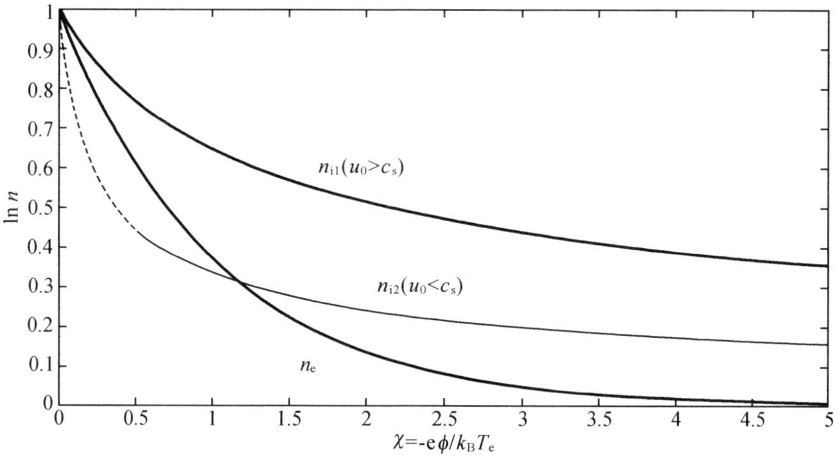

图 7－2　等离子体壳层中电子和离子密度随电势分布示意图

习题

7－5　试证明 $-n_i'(\chi=0)<-n_e'(\chi=0)$ 等价于玻姆壳层临界条件。

由于电子密度呈指数下降，当 χ 很大时，接近墙壁附近时，电子密度可以忽略不计。这一区域称为电子－自由区（electron-free region）。这时势方程可简化为

$$\chi''\approx\left(1+\frac{2\chi}{M^2}\right)^{-\frac{1}{2}}\approx\frac{M}{\sqrt{2\chi}} \tag{7-8}$$

对以上方程积分一次（积分区域：$[\xi_s,\xi]$，$\xi<\xi_w$），可得

$$\frac{1}{2}(\chi'^2-\chi_s'^2)=\sqrt{2}M(\sqrt{\chi}-\sqrt{\chi_s}) \tag{7-9}$$

为了使结果更加简洁，重新定义电势零点：$\chi_s=0$，$\xi=\xi_s$，并且易知 $\chi'^2\gg\chi_s'^2$ 在电子自由区。所以进一步求解可得

$$\frac{d\chi}{\chi^{\frac{1}{4}}}=2^{\frac{3}{4}}M^{\frac{1}{2}}d\xi \tag{7-10}$$

将上式从 ξ_s 积分到 $\left(\xi_w+\dfrac{d}{\lambda_D}\right)$，可得

$$\chi_w^{\frac{3}{4}}=\frac{3}{4}2^{\frac{3}{4}}M^{\frac{1}{2}}\frac{d}{\lambda_D} \tag{7-11}$$

或者

$$M=\frac{4\sqrt{2}}{9}\frac{\chi_w^{\frac{3}{2}}}{d^2}\lambda_D^2 \tag{7-12}$$

反归一化，回到物理量纲，并令 $J=en_0u_0$，可得

$$J=\frac{4}{9}\left(\frac{2e}{M}\right)^{\frac{1}{2}}\frac{\varepsilon_0|\phi_w|^{\frac{3}{2}}}{d^2} \tag{7-13}$$

这就是很著名的关于平面二极管的空间电荷限制电流的孩儿定律。

综合以上，如图 7－1 所示，电势在壳层及附近区域被分成了三个区域。

①预壳层区。离子在这个区域获得了满足玻姆壳层临界条件的初始速度 u_0，这就要求一个势能降低 $|\delta\phi| \geqslant \frac{1}{2}\frac{k_B T_e}{e}$。根据实验数据，预壳层区的厚度决定于等离子体半径，碰撞平均自由程或者离化机制。

②过渡区。这个区域 $0<\xi<\xi_s$，电势变化需要数值求解，不过总体来讲，电势在缓慢下降，电子密度却在迅速下降，离子密度在缓慢下降。

③电子－自由区。这个区域最靠近墙壁，$\xi_s<\xi<\xi_w$。电子密度几乎为零。根据孩儿定律：离子电流通量与墙壁的电势的3/2次方成正比。

玻姆壳层临界条件可用来估计等离子体中放置的带负偏压的探针的离子通量。如果探针的面积为 A，离子进入壳层时具有满足玻姆壳层条件的初始速度，则探针收集到的离子电流约为

$$I = n_s eA\left(\frac{k_B T_e}{M}\right)^{\frac{1}{2}} \tag{7-14}$$

重新定义壳层边界为 $\phi_s \approx -\frac{1}{2}\frac{k_B T_e}{e}$，则电子密度为 $n_s = n_0\exp\left(\frac{e\phi_s}{k_B T_e}\right) = 0.61n_0$。因此上式可改写为

$$I_B = 0.61n_0 eA\left(\frac{k_B T_e}{M}\right)^{\frac{1}{2}} \tag{7-15}$$

式(7－15)又称为Bohm电流。如果已知等离子体的温度，则可以很简单地测出等离子体的密度。

如果Debye长度相比探针的尺度足够小，壳层边界的面积可直接等同于探针的面积，而不用考虑探针的形状。然而，低密度情况下，Debye长度会很大，这就导致部分进入壳层的离子会绕过探针而丢失。这就需要我们针对不同形状的探针，计算离子的轨道。这个工作最早是由Langmuir和Tonks完成的，因此这种探测方法又被称之为Langmuir探针。虽然烦琐，但是这些计算能够给出等离子体密度的准确结果。通过改变探针的电压，可以对电子密度的Maxwell分布进行取样。通过电流－电压曲线，可以导出电子温度。静电Langmuir探针过去是等离子体诊断的首选方法，现在仍然是最简单的局部探测装置。不过，由于材料电极的局限，它只能适用于低密度冷等离子体诊断。

习题

7－6　在一个单电离的Ar等离子体中，$Z=40$，表面收集面积为2 mm×2 mm的Tantalum膜的探针可收集到饱和离子电流为100 μA。如果电子温度 $k_B T_e = 2$ eV，请计算等离子体密度。（提示：探针两侧都可以收集离子。）

7－7　地球同步卫星轨道上有一个太阳能卫星包含有10 km^2 的光电平板，其被浸入到密度为 10^{-6} m^{-3}，温度为1 eV的H原子等离子体中。当发生太阳风暴时，卫星会被高能电子轰击，这样其被充电到－2 kV。请计算平板上每平方米离子的通量。

7－8　假设离子分布有热分布，平均速度为 u_0。不通过数学运算，请指出要满足壳层条件，u_0 是要大于Bohm值还是小于Bohm值？

7－9　一个离子速度分析器包含一个直径5 mm的不锈钢圆柱，一端包有一个精细的钨网格。在圆柱内部，是一系列孤立的、平行的栅格。第一个栅格（栅格1）是浮动电压，电路不导通。第二个栅格（栅格2）有负偏压，用来排斥来自栅格1的所有电子，但可以透过离

子。第三个栅格(栅格3)是一个解析栅格,加偏压用来减速离子(之前被栅格2所加速)。这些离子都能够通过栅格3然后被一个收集平板所收集。第四个栅格(栅格4)是一个压缩栅格,能够把由收集平板发射的二次电子偏折回去。如果等离子体密度太高,会在栅格3前面因电荷堆积而产生一个势山峰,会排斥后面将到达栅格3的离子。假设栅格2和栅格3之间距离为1 mm,电势为100 V,收集平板直径为4 mm。利用孩儿定律,估计能够被收集平板测量的最大的有意义的 He^+ 电流。(提示:在栅格2和栅格3之间应用孩儿定律,$d=1$ mm,$\phi_w=100$ V 可求出 He^+ 电流最大为0.34 mA。)

7.2　离子声冲击波与 Sagdeev 势

当一个束流传播速度超过声速时,它会产生一个冲击波。这是一种基本的非线性现象,并且由于束流在空气中传播的速度比波快,因此未扰动媒介在大尺度冲击波到达之前无法收到预警信号。在流体冲击波中,碰撞起主导作用。即便没有碰撞,等离子体中同样存在冲击波。一个磁冲击波——弓形激波,就是当地球在星际等离子体中运动,沿着一个双极磁场拖拽形成的。我们将讨论一种简单的情况:一个非碰撞的、一维静电冲击波,它是由大幅度的离子声波发展而来的。

假设有一个波以速度 u_0 向左传播,如果站在波上,与波同时前进,你会看到一个不随时间变化的电势 $\phi(x)$,并且等离子体会从左侧以速度 u_0 进入波中。假设离子温度为零,则所有离子将以相同的速度 u_0 入射到波的势峰上,假设电子是满足 Maxwell 热平衡的。由于冲击波的速度远远小于电子的热速度,因此我们忽略电子的中心速度的漂移。那么,利用准稳态假设,从离子动量方程可得

$$u=\sqrt{u_0^2-\frac{2e\phi}{M}} \tag{7-16}$$

进一步从准稳态的连续性方程可得(等价于离子束通量守恒)

$$n_i=n_0\left(1-\frac{2e\phi}{Mu_0^2}\right)^{-\frac{1}{2}} \tag{7-17}$$

(注意:这其中必须满足 $\frac{1}{2}Mu_0^2>e\phi$ 等式才有意义,即离子能够冲上该波的势山峰。)

电子满足 Maxwell 分布,即等价于 Boltzmann 关系式,因此,Poisson 方程变为

$$\varepsilon_0\frac{d^2\phi}{dx^2}=n_0e\left[e^{\frac{e\phi}{k_BT_e}}-\left(1-\frac{2e\phi}{Mu_0^2}\right)^{-\frac{1}{2}}\right] \tag{7-18}$$

习题

7-10　引入 $\chi=\frac{e\phi}{k_BT_e}$,$\xi=\frac{x}{\lambda_D}$,$M=\frac{u_0}{\sqrt{\frac{k_BT_e}{M}}}$,将上式归一化为无量纲的数学方程:

$$\frac{d^2\chi}{d\xi^2}=\left[e^{\chi}-\left(1-\frac{2\chi}{M^2}\right)^{-\frac{1}{2}}\right] \tag{7-19}$$

7-11　将上式类比于简谐振子的方程,可令 $\left[e^{\chi}-\left(1-\frac{2\chi}{M^2}\right)^{-\frac{1}{2}}\right]=-\frac{dV(\chi)}{d\chi}$,其中 $V(\chi)$

称为 Sagdeev 势,最早由 Sagdeev 引入。这样χ类比于空间坐标x,ξ类比于时间t,则以上公式的类比方程为$\frac{\mathrm{d}x^2}{\mathrm{d}t^2}=\frac{\mathrm{d}V}{\mathrm{d}x}$。这正好是势场$V$中的简谐振荡的标准位移方程。请将该式做一次积分,求出 Sagdeev 势的表达式。

如上题,可以求出 Sagdeev 势的表达式如下:

$$V(\chi)=1-\mathrm{e}^{\chi}+M^2\left[1-\left(1-\frac{2\chi}{M^2}\right)^{-\frac{1}{2}}\right] \tag{7-20}$$

其中,要求$V(\chi=0)=0$。

如图 7-3 所示为 Sagdeev 势,曲线 1 对应马赫数小于 1.6,曲线 2 对应马赫数大于 1.6。从图中可以看出,Sagdeev 势是一个势阱,如果有粒子从左侧 0 处滚落,如果势阱没有回到零势能位置,粒子将冲出去。如果势阱能够重新达到零势能面,并且大于零,粒子将无法冲过零势能面,那么它将落回势阱,如果考虑能量耗散,粒子将在势阱中来回滚动,直至能量耗散,最终将落在势能最低处。要使得 Sagdeev 势能够回到零点,需要满足:

$$V\left(\chi=\frac{M^2}{2}\right)=1-\mathrm{e}^{M^2}+M^2\geqslant 0 \tag{7-21}$$

这恰好对应$M\leqslant 1.6$。当然,要保证 Sagdeev 势能够成为一个势阱,则需要保证在$0<\chi\ll 1$时,满足$V(\chi)<0$,所以有另一个限制条件:

$$V(\chi\ll 1)\approx-\frac{\chi^2}{2}+\frac{\chi^2}{2M^2}<0 \tag{7-22}$$

这等价于$M>1$。综合以上可以得到马赫数须满足:

$$1<M\leqslant 1.6 \tag{7-23}$$

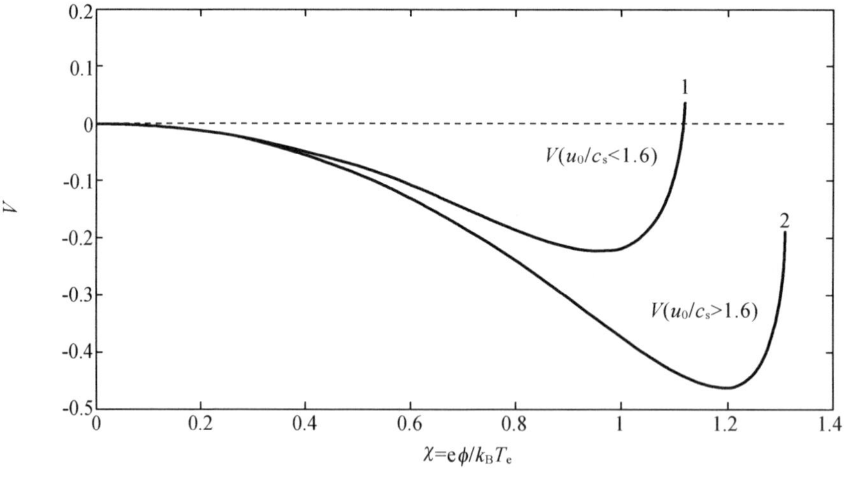

图 7-3 Sagdeev 势

习题

7-12 试讨论如果一个类离子在 Sagdeev 势中运动,它将如何运动?并进一步给出类位置χ的变化规律。分别就有能量耗散和没有能量耗散进行讨论。

如图 7 -4 所示为能够回到零点的 Sagdeev 势中,类位置χ 随类时间ξ 的变化示意图,其中有能量耗散。当存在耗散时,等效位置即实际电势将先增长然后振荡停止在某一值,即 Sagdeev 势阱底部的位置。而如果不存在能量耗散,离子将会在势阱中做完整的振荡,这时等效位置将能够回到零点,这时的实际电势将是一个完整的势孤立波包,即所谓的孤立子。离子在势阱中不停地振荡并不会获得能量。

当一座山峰以速度 u 运动时,碰到一个静止的圆球,如果山峰的高度是 h,且满足 $h<\frac{u^2}{2g}$,则该圆球将能够冲过山峰顶部,然后又从山峰上滚下,停在原地,其中假设山峰和圆球都是光滑的。这样的山峰和圆球之间没有发生能量交换。山峰称为孤立子。但是如果山峰的高度 $h>\frac{u^2}{2g}$,这意味着圆球无法到达山峰,然后又原路返回,从一侧滚回山脚下,从而获得了 $2u$ 的速度。这就是冲击波的情况。这类似于一个被打向墙壁的乒乓球,乒乓球以 $-u$ 的速度入射,以 u 的速度反射,总体来看,获得了 $2mu$ 的动量。

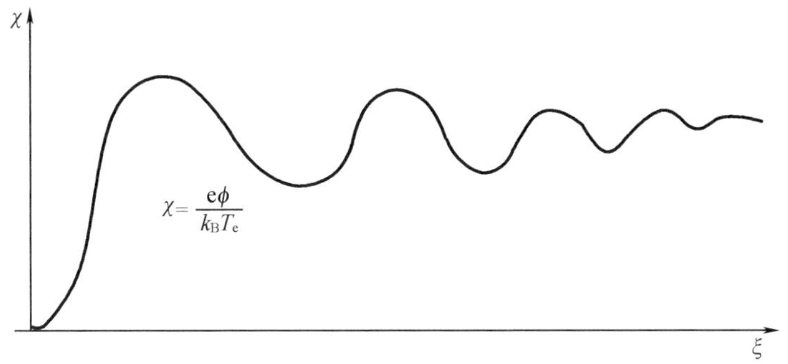

图 7 -4　类位置χ 随类时间ξ 的变化示意图

另外,我们也可以从离子电子的密度分布来理解为什么要求马赫数满足小于 1.6。如图 7 -5 所示,如果马赫数小于 1.6,则离子密度和电子密度积分可能达到为零的条件。但是对于大于 1.6 的情形,可以看出,离子密度的积分将小于电子密度积分,那就无法满足为零的条件。而实际上在接近临界马赫数时,离子密度将趋近无穷大。电子密度曲线和离子密度曲线的面积相等可保证在孤立子内部的电荷综合为零,这样在孤立子外部将不会有电场。而对于大于 1.6 的情况,则无法满足。

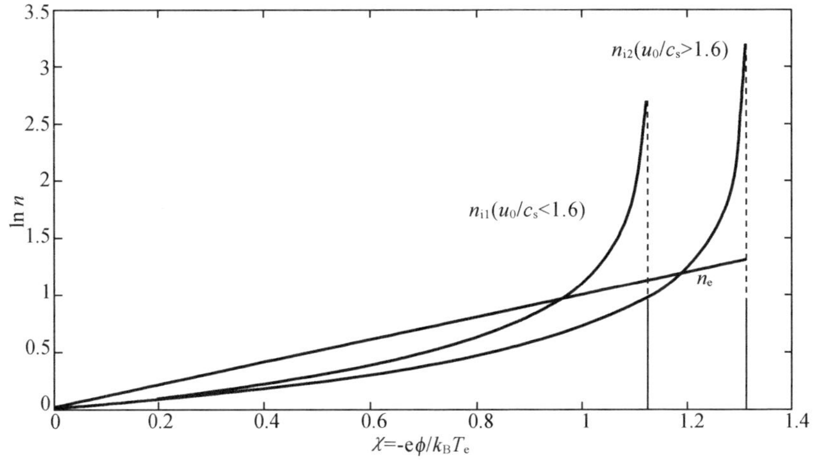

图 7 -5　离子和电子密度随归一化电势的变化关系

习题

7 - 13　计算离子声波可能的最大速度,假设电子温度为 1.5 eV,离子温度为 0.2 eV,电离气体为 Ar 气。试求解最大的冲击波的振幅,单位为 V。(提示:$\chi \leqslant \frac{M^2}{2}$。)

不同于线性离子波的传播,当波的振幅增加时,波峰的场强会很大,这时这一位置的离子会加速向右移动。而波谷处的离子则会减速向左,这样就会导致波形变陡峭,波峰会向右侧挤压陡峭。这部分离子的速度将大于离子声速,就出现马赫数大于 1 的情况,如图 7 - 6 所示。

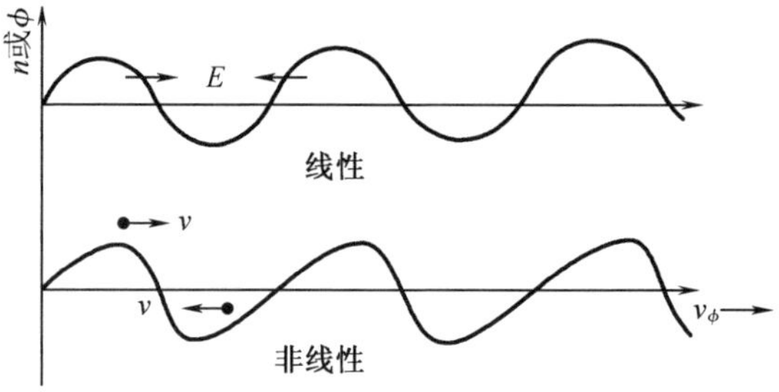

图 7 - 6　大幅度离子波前沿陡峭示意图

7.3　有质动力势

有质动力是空间非均匀波与物质相互作用过程中的一种周期平均的等效效果力,并非具体的某一种力。在激光与等离子体相互作用的过程中,形成等离子体空腔和空泡的关键就是有质动力。对于高功率激光在空气中传播,由于电离气体受到有质动力作用会形成很长的中间密度低、两边密度高的等离子体通道。在等离子体通道中,激光会由于自身的相对论效应和等离子体的透镜效应发生自聚焦,从而导致局部功率密度不断升高,最终导致成丝不稳定性,使得激光横向分裂成一丝一丝的,最终能量耗尽。因此,有质动力的研究对于研究波与物质相互作用具有重要的意义。

对于一束空间非均匀波而言,它的不均匀性不仅仅在纵向,横向同样是不均匀的。这就导致有质动力不仅仅是纵向的,而且同时还有横向的,这也是等离子体通道形成的主要作用力。有质动力势是波包络振幅平方的周期平均值,有质动力恰好是其负梯度。因此,有质动力是沿着波振幅减弱的方向,即梯度的反方向。

我们考虑一个电子在振荡电场和磁场中的受力,来简单导出有质动力的形式。假设没有恒定电场和磁场。电子的运动方程为

$$m\frac{\mathrm{d}\boldsymbol{v}}{\mathrm{d}t} = -\mathrm{e}[\boldsymbol{E}(\boldsymbol{r}) + \boldsymbol{v} \times \boldsymbol{B}(\boldsymbol{r})] \tag{7-24}$$

这里的电场和磁场都是电子空间位置 $\boldsymbol{r}$ 的函数，因此对于不均匀场，需要从零阶到一阶，从一阶到二阶，迭代考虑。假设

$$\boldsymbol{E}=\boldsymbol{E}_s(\boldsymbol{r})\cos\omega t \tag{7-25}$$

式中，$\boldsymbol{E}_s(\boldsymbol{r})$ 为与空间坐标相关的电场。

先求一阶近似的解，这时 $\boldsymbol{v}\times\boldsymbol{B}(\boldsymbol{r})$ 属于二阶项，可以暂时忽略。假设 $\boldsymbol{r}=\boldsymbol{r}_0$，得到

$$\boldsymbol{v}_1=-\frac{\mathrm{e}}{m\omega}E_s(\boldsymbol{r}_0)\cos\omega t,\delta\boldsymbol{r}_1=\frac{\mathrm{e}}{m\omega^2}E_s(\boldsymbol{r}_0)\cos\omega t \tag{7-26}$$

有了一阶量，需要进一步求解二阶量。先对电场做 Taylor 级数展开

$$\boldsymbol{E}(\boldsymbol{r})=\boldsymbol{E}(\boldsymbol{r}_0)+(\delta\boldsymbol{r}_1\cdot\nabla)\boldsymbol{E}(\boldsymbol{r}_0)+ \tag{7-27}$$

为了计算速度的二阶量，必须考虑 $\boldsymbol{v}_1\times\boldsymbol{B}_1$，因而需要利用 Maxwell 方程计算 $\boldsymbol{B}_1$：

$$\boldsymbol{B}_1(\boldsymbol{r})=-\frac{1}{\omega}\nabla\times E_s(\boldsymbol{r}_0)\sin\omega t \tag{7-28}$$

将 $\boldsymbol{v}_1$、$\delta\boldsymbol{r}_1$、$\boldsymbol{B}_1$ 代回动量方程，只保留二阶项，可得

$$m\frac{\mathrm{d}\boldsymbol{v}_2(\boldsymbol{r})}{\mathrm{d}t}=-\frac{\mathrm{e}^2}{m\omega^2}\{(\boldsymbol{E}_s\cdot\nabla)[\boldsymbol{E}_s\cos^2\omega t+\boldsymbol{E}_s\times(\nabla\times\boldsymbol{E}_s)\sin^2\omega t]\} \tag{7-29}$$

对上式做周期平均，可知 $<\cos^2\omega>=<\sin^2\omega t>=\frac{1}{2}$，另外 $\boldsymbol{E}_s\times(\nabla\times E_s)=\frac{1}{2}\nabla E_s^2-(\boldsymbol{E}_s\cdot\nabla)E_s$，可得有质动力为

$$f_{\mathrm{NL}}=<m\frac{\mathrm{d}\boldsymbol{v}_2(\boldsymbol{r})}{\mathrm{d}t}>=-\frac{1}{4}\frac{\mathrm{e}^2}{m\omega^2}\nabla E_s^2 \tag{7-30}$$

这是单个电子受到的平均效果力，如果考虑电子等离子体，可得等离子体受到的有质动力和有质动力势满足

$$F_{\mathrm{NL}}=-\frac{1}{2}\frac{\omega_{\mathrm{p}}^2}{\omega^2}\nabla<\varepsilon_0\boldsymbol{E}^2> \tag{7-31}$$

$$\phi_{\mathrm{NL}}=\frac{1}{2}\frac{\omega_{\mathrm{p}}^2}{\omega^2}<\varepsilon_0\boldsymbol{E}^2> \tag{7-32}$$

因此可以清楚地看到，有质动力势是电场包络振幅的平方的周期平均，是等效势。在这样的势场中，电子会被从中心排向四周，从而在等离子体内部形成空腔或者等离子体通道。而这样的等离子体密度分布又会形成聚焦透镜效应，折射率满足

$$\eta_p=1-\frac{\omega_{p0}^2}{\omega^2}\left(1+\frac{n}{n_0}\right) \tag{7-33}$$

习题

7－14　试从电磁波在等离子体中传播的色散关系出发，推导出式（7－33）折射率的表达式。$\left[\text{提示}:\omega^2=\omega_{\mathrm{p}}^2+c^2k^2,\omega_{\mathrm{p}}^2=\omega_{\mathrm{p0}}^2\left(1+\frac{n}{n_0}\right)。\right]$

这其中 $n=n(\boldsymbol{r})$，如果 $n(\boldsymbol{r}=0)$ 为负值，$n(\boldsymbol{r}=\sigma_1)$ 为正值，则折射率会是中间大、周围小，为聚焦效应。反之，如果 $n(\boldsymbol{r}=0)$ 为正值，$n(\boldsymbol{r}=\sigma_1)$ 为负值，则折射率中间小、周围大，为

散焦效应。当然如果是相对论激光,则激光会由于相对论效应而发生自聚焦。这时折射率表达式变为

$$\eta_{\mathrm{p}}=1-\frac{\omega_{\mathrm{p0}}^{2}}{\omega^{2}}\left(1+\frac{n}{n_{0}}-\frac{a_{0}^{2}}{4}\right) \tag{7-34}$$

式中,$a_0=\frac{\mathrm{e}E_0}{m\omega c}$ 为激光电场归一化参数。

习题

7-14 试从电磁波在等离子体中传播的色散关系出发,推导出式(7-34)折射率表达式。(提示:$\omega^2=\omega_{\mathrm{p}}^2+c^2k^2,\omega_{\mathrm{p}}^2=\frac{\omega_{\mathrm{p0}}^2\left(1+\frac{n}{n_0}\right)}{\gamma},\gamma=\sqrt{1+\frac{a_0^2}{4}}$。)

7-15 一束强激光其功率密度 I 即为 Poynting 矢量 $\boldsymbol{S}$ 的绝对值,试证明

$$I=|<\boldsymbol{S}>|=\varepsilon_0 c<E^2>=\frac{c\varepsilon_0E_s^2}{2} \tag{7-35}$$

(提示:利用 $\boldsymbol{S}=\boldsymbol{E}\times\boldsymbol{H},\nabla\times\boldsymbol{E}=-\frac{\partial\boldsymbol{B}}{\partial t},\boldsymbol{B}=\mu_0\boldsymbol{H},\varepsilon_0\mu_0c^2=1$,波假设$\nabla\to\mathrm{i}\boldsymbol{k},\frac{\partial}{\partial t}\to-\mathrm{i}\omega$,以及真空中波的色散关系 $\omega=ck$。)

7-16 一个1 TW的激光束聚焦到一个固体靶上,焦斑直径50 μm。由于激光的作用,在固体表面形成了一个等离子体,并且随时间向外膨胀。但是束团的有质动力作用在临界密度以下的等离子体区域,使得等离子体被重新推回,形成密度截面修正。这将使临界密度面附近密度变得陡峭。

(1)计算有质动力产生了多高的压强 $p_{\mathrm{eff}}(\mathrm{N/m^2})$。(提示:在临界面处,有质动力 $F_{\mathrm{NL}}=-\frac{1}{2}\frac{<\varepsilon_0E^2>}{L}=-\nabla p_{\mathrm{eff}}=-\frac{p_{\mathrm{eff}}}{L}$;激光功率密度 $I=c\varepsilon_0<E^2>=\frac{P}{A}$,$P$ 为 1 TW,A 为焦斑面积。)

(2)计算激光束有质动力对等离子体产生的总的作用力,单位为 t。

(3)如果 $k_{\mathrm{B}}T_{\mathrm{i}}=k_{\mathrm{B}}T_{\mathrm{e}}=1$ keV,光的有质动力势将导致多大的密度跳动?(提示:平衡后 $p_{\mathrm{eff}}=2nk_{\mathrm{B}}T$。)

7-17 当一个旋转对称的激光束在欠密等离子体中传播时会发生自聚焦。在准稳态时,束团的强度截面和由束团导致的等离子体密度截面对应的力处于平衡状态。忽略等离子体加热,证明如下关系式:

$$n=n_0\mathrm{e}^{-\frac{\varepsilon_0<E2>}{2n_ck_{\mathrm{B}}T}}\equiv n_0\mathrm{e}^{-\alpha(r)} \tag{7-36}$$

量 $\alpha(0)$ 是有质动力和等离子体压强相对关系的重要的衡量,求出其具体表达式。[提示:求解微分方程 $F_{\mathrm{NL}}=\nabla p,\frac{\partial_n k_{\mathrm{B}}T}{\partial r}=-\frac{n}{n_c}\frac{\partial\left(\frac{\varepsilon_0}{2}<E^2>\right)}{\partial r}$,假设 $k_{\mathrm{B}}T$ 为常数,解出 n 的表达式即可。]

7.4　参量不稳定性

波波相互作用中研究最深入的是参量不稳定性，以区别于电子工程中的参量放大。我们先看一个例子。

如图 7－7 所示，P 为泵浦源，提供频率为 ω_0 的振荡，M_1、M_2 为两个振荡，频率为 ω_1、ω_2。如果 P 的泵浦源加上 ω_0 的振荡，也加上 M_2 的振荡，则由于二者的耦合，会出现 $(\omega_2+\omega_0)$ 和 $(\omega_2-\omega_0)$ 两个新的频率；如果两个新的频率中有一个等于 ω_1，则会与 M_1 发生共振。M_1 的振荡会被激发，振幅不断增大。同时 M_1 和 P 的耦合也会出现 ω_2 的振荡，从而进一步激发 M_2 振幅的增加。只要 P 能够提供足够的能量，M_1、M_2 将不断增长，这就是不稳定性。

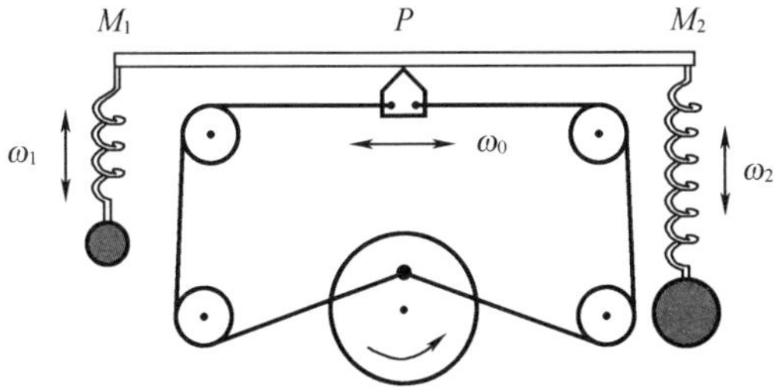

图 7－7　参量不稳定性的机理示意图

具体来说，假设 M_1、M_2 和 P 的耦合效率系数分别为 c_2、c_1，则有 M_1、M_2 满足的振荡方程分别为

$$\frac{d^2x_1}{dt^2}+\omega_1^2x_1=c_1x_2E_0 \tag{7-37}$$

$$\frac{d^2x_2}{dt^2}+\omega_2^2x_2=c_2x_1E_0 \tag{7-38}$$

式中　E_0——泵浦源项；

$x_1=\bar{x}_1\cos\omega t$；

$x_2=\bar{x}_2\cos\omega' t$；

$E_0=\bar{E}_0\cos\omega_0 t$。

从公式(7－38)，可得 $\omega'=\omega_0\pm\omega$。而这样的频率成分与泵浦源耦合，可得频率为 $(2\omega_0\pm\omega)$ 和 ω。而如果 $\omega_0\gg\omega$，则 $(2\omega_0\pm\omega)$ 已经与 ω 相差很大，很快就会衰减耗尽。因此，考虑三个频率成分：$x_1(\omega)$，$x_2(\omega_0-\omega)$，$x_2(\omega_0+\omega)$。将这三个频率成分代入上两式，可得其系数矩阵满足

$$(\omega_1^2-\omega^2)x_1(\omega)-c_1E_0(\omega_0)[x_2(\omega_0-\omega)+x_2(\omega_0+\omega)]=0 \tag{7-39}$$

$$[\omega_2^2-(\omega_0-\omega)^2]x_2(\omega_0-\omega)-c_2x_1(\omega)E_0=0 \tag{7-40}$$

$$[\omega_2^2-(\omega_0+\omega)^2]x_2(\omega_0+\omega)-c_2x_1(\omega)E_0=0 \tag{7-41}$$

要存在非零解，需要满足系数矩阵行列式为零：

$$\begin{vmatrix} \omega^2-\omega_1^2 & c_1E_0 & c_1E_0 \\ c_2E_0 & (\omega_0-\omega)^2-\omega_2^2 & 0 \\ c_2E_0 & 0 & (\omega_0+\omega)^2-\omega_2^2 \end{vmatrix}=0 \tag{7-42}$$

其中,解满足 $\mathrm{Im}(\omega)>0$,预示存在不稳定性。

对于小的频率移动和小的阻尼或增长率,可以近似认为 $\omega\approx\omega_1$,且

$$\omega_0\approx\omega_2\pm\omega_1 \tag{7-43}$$

同时还有波矢匹配条件:

$$\boldsymbol{k}_0\approx\boldsymbol{k}_2\pm\boldsymbol{k}_1 \tag{7-44}$$

频率匹配条件对应宏观的能量守恒($\hbar\omega$),波矢匹配条件对应动量守恒($\hbar\boldsymbol{k}$)。

图7-8给出了四种典型的参量不稳定性。其中,ω_0 代表入射波(泵浦束),ω_1、ω_2 代表衰变波;直线代表离子波的色散关系,窄的双曲线代表光波的色散关系,宽的双曲线代表电子波的色散关系。图7-8(a)表示电子衰变不稳定性:频率为 ω_0,波矢为 $\boldsymbol{k}$ 的电子等离子体波衰变为一个反向传播的频率为 ω_2,波矢为 $\boldsymbol{k}_2$ 的电子等离子体波和一个同向传播的频率为 ω_1,波矢为 $\boldsymbol{k}_1$ 的离子声波。特别地,一个电子等离子体波无法衰变为两个电子等离子体波,平行四边形法则无法满足。图7-8(b)表示参量衰变不稳定性:一个频率为 ω_0,波矢为 $\boldsymbol{k}_0$ 电磁波衰变为一个同向的频率为 ω_2,波矢为 $\boldsymbol{k}_2$ 的电子等离子体波和一个反向传播的频率为 ω_1,波矢为 $\boldsymbol{k}_1$ 的离子声波。由于 k_0 很小,所以 $\boldsymbol{k}_1\approx-\boldsymbol{k}_2$,且 $\omega_0=\omega_1+\omega_2$。图7-8(c)表示受激 Brillouin 背散射不稳定性:一个频率为 ω_0,波矢为 $\boldsymbol{k}_0$ 的电磁波衰变为一个反向传播的波矢频率为 ω_2,波矢为 $\boldsymbol{k}_2$ 的电磁波和一个同向传播的频率为 ω_1,波矢为 $\boldsymbol{k}_1$ 的离子声波。当然,如果离子声波换成电子等离子体波,这种不稳定性也可能发生。图7-8(d)表示双等离子体衰变不稳定性:一个频率为 ω_0,波矢为 $\boldsymbol{k}_0$ 的电磁波衰变为一个同向传播的电子等离子体波和一个反向传播的电子等离子体波,并且 $\omega_0\approx2\omega_p$ 及 $\boldsymbol{k}_1\approx-\boldsymbol{k}_2$。因此双等离子体衰变主要发生在 $n\approx\dfrac{n_c}{4}$ 的位置处,n_c 为临界密度。

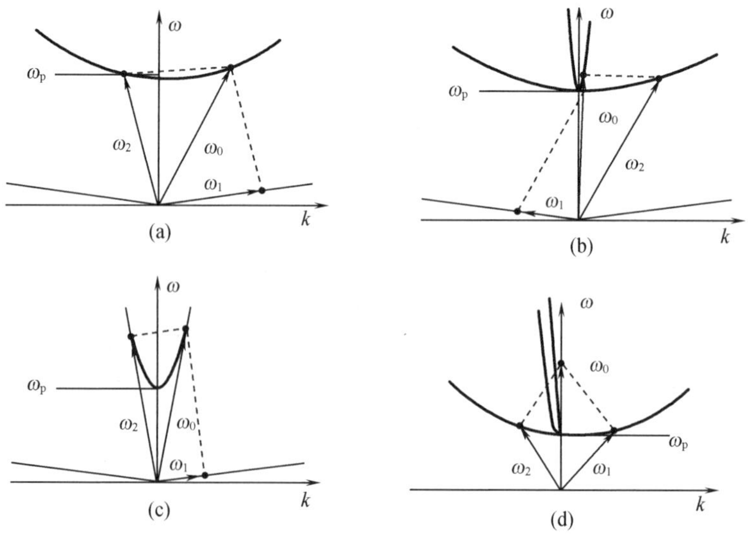

图7-8 参量不稳定性的频率匹配和波矢匹配的平行四边形法则

习题

7－18　试证明双等离子体衰变发生在等离子体密度为 1/4 临界密度附近。

为了更好地理解不稳定性，在振荡方程中引入阻尼项 $2\Gamma_1 \dfrac{\mathrm{d}x_1}{\mathrm{d}t}, 2\Gamma_2 \dfrac{\mathrm{d}x_2}{\mathrm{d}t}$。再引入波假设可知，$\dfrac{\mathrm{d}}{\mathrm{d}t} \to -\mathrm{i}\omega$，得到

$$(\omega_1^2-\omega^2-2\mathrm{i}\omega\Gamma_1)x_1(\omega)-c_1E_0(\omega_0)x_2(\omega-\omega_0)=0 \tag{7-45}$$

$$[\omega_2^2-(\omega_0-\omega)^2-2\mathrm{i}(\omega-\omega_0)\Gamma_2]x_2(\omega-\omega_0)-c_2x_1(\omega)E_0=0 \tag{7-46}$$

引入之前的振幅 $E_0=\bar{E}_0\cos\omega_0 t, x_1=\bar{x}_1\cos\omega t, x_2=\bar{x}_2\cos\omega' t$，可得如下色散关系：

$$(\omega_1^2-\omega^2-2\mathrm{i}\omega\Gamma_1)[\omega_2^2-(\omega_0-\omega)^2-2\mathrm{i}(\omega-\omega_0)\Gamma_2]=\frac{1}{4}c_1c_2\boldsymbol{E}_0^2 \tag{7-47}$$

为了求解不稳定性的泵浦光强的阈值，要求 $\mathrm{Im}(\omega)=0$，此时频率完全匹配，则有

$$c_1c_2(\bar{E}_0^2)_{\mathrm{thresh}}=16\omega_1\omega_2\Gamma_1\Gamma_2 \tag{7-48}$$

习题

7－19　试证明：受激 Brillouin 背散射不可能在 1/4 临界密度以上的区域发生。

7－20　当一束 Nd 玻璃激光束入射到 D_2 的固体靶时，观察到受激 Brillouin 背散射发生。背散射光波长红移了 21.9 Å。由 X 射线谱，可以推算出电子温度为 $k_BT_e=1$ keV。假设背散射发生的区域 $\omega_p^2 \ll \omega^2$，试利用离子波的色散关系 $\dfrac{\omega^2}{k^2}=\dfrac{k_BT_e+\gamma_i k_BT_i}{M}$ 及 $\gamma_i=3$ 估计离子温度。

7－21　对于受激 Brillouin 背散射，假设 x_1 表示离子波密度涨落 n_1，x_2 表示反射波的电场 E_2。耦合系数满足 $c_1=\dfrac{\varepsilon_0 k_1^2\omega_p^2}{\omega_0\omega_2 M}, c_2=\dfrac{\omega_p^2\omega_2}{n_0\omega_0}$。均匀等离子体中的阈值泵浦强度由式(7－48)给出，且 $v_{\mathrm{osc}}\equiv\dfrac{\mathrm{e}E_0}{m\omega_0}$，阻尼率 $\Gamma_2\approx\dfrac{\omega_p^2}{\omega^2}\dfrac{v}{2}$（考虑阻尼的色散关系）。

(1) 证明：当 $T_i \ll T_e$，令 $v_e^2\equiv\dfrac{k_BT_e}{m}$，则 SBS 场的阈值可由 $<v_{\mathrm{osc}}^2>$ 表示为

$$\frac{<v_{\mathrm{osc}}^2>}{v_e^2}=\frac{4\Gamma_1 v}{\omega_1\omega_2} \tag{7-49}$$

其中 $\omega_1=k_1c_s$，Γ_1 为离子 Landau 阻尼率。[提示：利用式(7－48)，$<v_{\mathrm{osc}}^2>=\dfrac{\mathrm{e}^2}{m^2\omega_0^2}<E_0^2>_{\mathrm{thresh}}=\dfrac{\mathrm{e}^2}{m^2\omega_0^2}\dfrac{8\omega_1\omega_2\Gamma_1\Gamma_2}{\dfrac{\varepsilon_0k_1^2\omega_p^2\omega_p^2\omega_2}{\omega_0\omega_2Mn_0\omega_0}}=\dfrac{M}{m}c_s^2\dfrac{4\Gamma_1 v}{\omega_1\omega_2}$，再将 $v_e^2\equiv\dfrac{k_BT_e}{m}$ 代入即可。]

(2) 计算 CO_2 激光（波长 10.6 μm）在一个均匀 H 等离子体（$T_e=100$ eV，$T_i=10$ eV，且

$n_0=10^{23}\ \mathrm{m}^{-3}$)中发生 SBS 不稳定性的功率密度 I_0 的阈值。[提示:利用 Spitzer 阻抗 $\eta=\frac{\pi e^2 m^{\frac{1}{2}}}{(4\pi\varepsilon_0)(k_B T_e)^{\frac{3}{2}}}\ln\Lambda$ 计算 $v_{ei}=\frac{n_0 e^2}{m}\eta$。]

7-22 可以通过下式求解 SBS 不稳定性的增长率:$(\omega_1^2-\omega^2)[\omega_2^2-(\omega_0-\omega)^2]=\frac{1}{4}c_1c_2\overline{E}_0^2$。令 $\omega=\omega_r+\mathrm{i}\gamma$,且 $\gamma^2\ll\omega_r^2$,$n\ll n_c$。试证明:

$$\gamma=\frac{\overline{v_{osc}}}{2c}\left(\frac{\omega_0}{\omega_r}\right)^{\frac{1}{2}}\Omega_p \tag{7-50}$$

[提示:$\omega_r\approx\omega_1$,$\omega_0-\omega_r\approx\omega_2$,可得 $4\omega_r(\omega_0-\omega_r)\gamma^2=\frac{1}{4}\frac{\omega_p^2}{\omega_0^2}\frac{k_1^2e^2}{Mm}\overline{E}_0^2=\frac{1}{4}\overline{v_{osc}}^2k_1^2\Omega_p^2$,进一步对于 SBS,有 $k_1\approx2k_0=\frac{2\omega_0}{c}$,$\omega_0-\omega_r\approx\omega_0$。]

7.5 振荡双流不稳定性和参量衰变不稳定性

当一束频率为 ω_0,波矢为 k_0 的电磁波入射到一个均匀等离子体中,会激发起一个频率为 ω_2,波矢为 k_2 的电子等离子体波和一个频率为 ω_1,波矢为 k_1 的离子声波。由于 $\omega_1\ll\omega_0$,$\omega_0=\omega_2\pm\omega_1$,且 $\omega_2=\omega_p$。如果 $\omega_0=\omega_p-\omega_1\leqslant\omega_p$,这时出现振荡双流不稳定性。如果 $\omega_0=\omega_p+\omega_1\geqslant\omega_p$,这时出现参量衰变不稳定性。

假设等离子体中有一个密度扰动 $n_1\cos k_1x$,这个扰动同时也会成为热噪声的一部分。假设泵浦波电场满足 $E_0\cos\omega_0t$ 在 x 方向,忽略外加磁场,其色散关系满足 $\omega_0^2=c^2k_0^2+\omega_p^2$。由于 $|k_0|$ 很小,可近似认为电场 E_0 空间均匀分布。当 $\omega_0\leqslant\omega_p$ 时,泵浦场的变化没有冷电子等离子体振荡快,电子会受到 E_0 的作用而向其反方向运动,从而和离子形成电荷分离场 E_1,其频率也是 ω_0。因此总的电场的有质动力满足

$$F_{NL}=-\frac{\omega_p^2}{\omega_0^2}\nabla\frac{<(\boldsymbol{E}_0+\boldsymbol{E}_1)^2>}{2}\varepsilon_0 \tag{7-51}$$

由于 $\boldsymbol{E}_0$ 为均匀场,并且远远大于 $\boldsymbol{E}_1$,因此只有交叉项是重要的:

$$F_{NL}=-\frac{\omega_p^2}{\omega_0^2}\frac{\partial}{\partial x}<E_0E_1>\varepsilon_0 \tag{7-52}$$

如图 7-9 所示,有质动力 F_{NL} 在 n_1 的峰值和低谷处为零,当 ∇n_0 大时其取值也大。这样的有质动力的空间分布,将低密度处的电子进一步推到高密度处。这将导致电荷分离场和密度扰动进一步增长。F_{NL} 的阈值是要足够大到可以克服等离子体的压力梯度 $\nabla n_{i1}(k_BT_i+k_BT_e)$(使得密度梯度趋于平缓的力)。密度波动不会传播,因此 $\mathrm{Re}(\omega_1)=0$。这被称为振荡双流不稳定性,主要是被晃动的电子等离子体的时间平均分布函数也是双峰的,这类似于双流不稳定性。

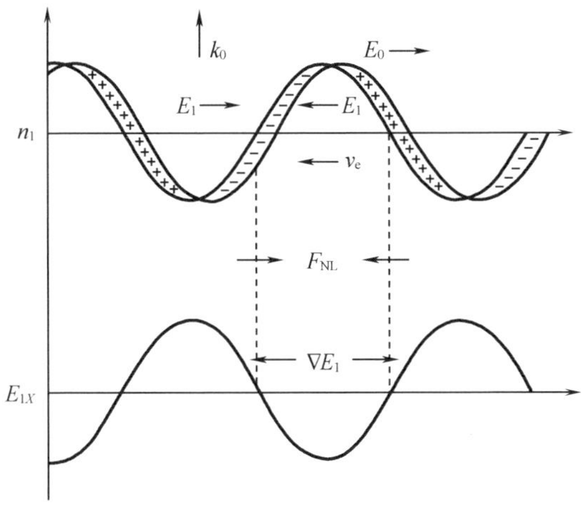

图 7-9　振荡双流不稳定性的物理机制

如果 $\omega_0 \geqslant \omega_p$，上述的物理机制将不再适用。因为驱动力变化快于共振频率，将使得振荡项与驱动力方向反向。$\boldsymbol{v}_e$、$\boldsymbol{E}_1$、$\boldsymbol{F}_{NL}$都反向。有质动力将使得离子从高密度运动到低密度区域。这样，如果密度扰动不能传播，将衰减。然而，如果它是一个能够传播的离子声波，有质动力和离子位移之间的惯性延迟导致离子密度在该达到最大值的区域达到最大值。当然这只是在离子波的相速度满足一定条件时才可以实现。这要求有质动力的相位正好与离子波的静电回复力的相位相同，并且电势在密度最大位置达到最大。进一步，有质动力叠加回复力将增强离子波。同时，电子波也会以与泵浦波接近的频率大幅度振荡，有 $\omega_2^2 = \omega_p^2 + \frac{3}{2}k^2 v_{th}^2$，$\omega_0 = \omega_2 + \omega_1$，$\omega_1 = kv_s$。这样在不断耗散泵浦波的同时，电子波和离子声波会被激发起来。这就是参量衰变不稳定性。

为简单起见，假设 $T_e = T_i = 0$，$v_e = v_i = 0$。为了求解参量不稳定性的色散关系，需要考虑电子、离子和光波的耦合。因此对于电子密度、电子速度调制以及电荷分离场，都分为高频部分和低频部分进行考虑。电子速度 $v_e = v_{e0} + v_{e1} = v_{eh} + v_{el}$。则

$$\frac{\partial v_{e0}}{\partial t} = -\frac{e}{m}E_0 = -\frac{e}{m}\hat{E}_0 \cos \omega_0 t \tag{7-53}$$

进一步，电子速度的一阶项满足

$$\frac{\partial v_{e1}}{\partial t} + ikv_{e0}v_{e1} = -\frac{e}{m}(E_{1h} + E_{1l}) \tag{7-54}$$

式中，高频项满足

$$\frac{\partial v_{eh}}{\partial t} = -\frac{e}{m}E_{1h} \tag{7-55}$$

而电子密度满足 $n_e = n_{e0} + n_{eh} + n_{el}$，$n_{e0} = n_{i0}$，$n_{el} = n_{i1}$。因此 Poisson 方程中可得电荷分离场的高频项满足

$$ik\varepsilon_0 E_{1h} = -en_{eh} \tag{7-56}$$

进而可得 $E_{1h}=\frac{\mathrm{i}en_{eh}}{k\varepsilon_0}$。考察电子的连续性方程:

$$\frac{\partial n_{e1}}{\partial t}+\mathrm{i}kv_{e0}n_{e1}+\mathrm{i}kn_0v_{e1}=0 \tag{7-57}$$

其中,高频部分满足

$$\frac{\partial n_{eh}}{\partial t}+\mathrm{i}kv_{e0}n_{i1}+\mathrm{i}kn_0v_{eh}=0 \tag{7-58}$$

进一步求时间微分

$$\frac{\partial^2 n_{eh}}{\partial t^2}+\mathrm{i}k\frac{\partial v_{e0}}{\partial t}n_{i1}+\mathrm{i}kn_0\frac{\partial v_{eh}}{\partial t}=0 \tag{7-59}$$

其中 $\frac{\partial n_{i4}}{\partial t}$ 被忽略了。所以,结合电子运动方程:

$$\frac{\partial^2 n_{eh}}{\partial t^2}-\frac{\mathrm{i}ke}{m}E_0n_{i1}+\omega_p^2n_{eh}=0 \tag{7-60}$$

令 $n_{eh}\propto\exp-\mathrm{i}\omega t$,可得

$$n_{eh}=\frac{\mathrm{i}ke}{m}\frac{E_0n_{i1}}{\omega_p^2-\omega^2}\approx\frac{\mathrm{i}ke}{m}\frac{E_0n_{i1}}{\omega_p^2-\omega_0^2} \tag{7-61}$$

所以可得电荷分离场的高频分量满足

$$E_{1h}\approx-\frac{e^2}{\varepsilon_0m}\frac{E_0n_{i1}}{\omega_p^2-\omega_0^2} \tag{7-62}$$

到此,将电荷分离场的高频分量与离子的密度调制结合在一起,因此需要从离子的连续性方程和动量方程出发:

$$\frac{\partial^2 n_{i1}}{\partial t}+n_0\frac{\partial v_{i1}}{\partial t}=0 \tag{7-63}$$

$$Mn_0\frac{\partial v_{i1}}{\partial t}=en_0E_{i1}=F_{NL} \tag{7-64}$$

这里认为电子、离子的电荷分离场的低频分量对电子所产生的力与有质动力势相平衡。离子就等同于间接受到了有质动力的作用。结合以上两个式子,可得

$$\frac{\partial^2 n_{i1}}{\partial t^2}=-\frac{\mathrm{i}k}{M}F_{NL}=\frac{k^2e\omega_0}{M}\frac{\omega_p^2}{\omega^2}<E_0E_{1h}> \tag{7-65}$$

结合式(7-62),可得

$$\frac{\partial^2 n_{i1}}{\partial t^2}\approx\frac{e^2k^2}{2Mm}\frac{\hat{E}_0^2n_{i1}}{\omega_p^2-\omega_0^2} \tag{7-66}$$

对于振荡双流不稳定性,$\omega_0<\omega_p$,低频的扰动无法传播,$n_{i1}=\overline{n_{11}}\exp\gamma t$,则有

$$\gamma^2\approx\frac{e^2k^2}{2Mm}\frac{\hat{E}_0^2n_{i1}}{\omega_p^2-\omega_0^2} \tag{7-67}$$

假设电子振荡的阻尼因子为 Γ_2,则 $\omega_p^2-\omega_0^2\approx-2\mathrm{i}\Gamma_2\omega_p$,进而有

$$\gamma \propto \frac{\hat{E}_0}{\sqrt{\Gamma_2}} \tag{7-68}$$

在有质动力远大于不稳定性阈值时，ω 的虚部将由 γ 决定，而不是阻尼因子 Γ_2。因此可得

$$\gamma \propto \hat{E}_0^{\frac{2}{3}} \tag{7-69}$$

这一定标率是所有参量不稳定性都满足的。严格计算时要求对 $\omega_p - \omega_0$ 的频率移动严格处理。这里不再赘述。

习题

7-23　在激光聚变中，中心靶丸中的热核聚变材料将被强激光束所加热。参量衰变不稳定将通过将激光能量转变为等离子体波的能量来增加能量转换效率。等离子体波的能量又可以通过 Landau 阻尼将能量转移给电子束。如果使用二极管激光，波长为 1.3 μm，那么参量衰变不稳定性将在多大的等离子体密度处发生?

7-24　(1)推导有外加有质动力 F_{NL} 时，离子声波的色散关系满足

$$(\omega^2 + 2\mathrm{i}\Gamma\omega - k^2 v_s^2) n_1 = \frac{\mathrm{i}kF_{NL}}{M} \tag{7-70}$$

其中 Γ 是没有有质动力驱动的波的阻尼因子。(提示：在离子运动方程中引入碰撞频率 v，用 v 来计算 Γ，最终再用 Γ 来代替 v。)

(2)对于 SBS 情况，E_0、E_2 分别代表泵浦波和背散射波，估计 F_{NL}。(得到 c_1，见习题 7-22 中的表达式)。

7.6　等离子体回波

由于 Landau 阻尼并不包含碰撞和耗散，因此它是一个可逆的物理过程。等离子体回波恰好是 Landau 阻尼逆过程的一个生动例子。

图 7-10 为等离子体回波的实验装置示意图。在位置 $x=0$ 处产生一个频率为 ω_1，波长为 λ_1 的等离子体波，该波向右传播。该波很快被 Landau 阻尼，振幅下降到可探测下限以下。在 $x=1$ 处，输入第二个波，频率为 ω_2，波长为 λ_2，同样向右传播，之后被 Landau 阻尼。如果在 $x = l' = \frac{l\omega_2}{(\omega_2-\omega_1)}$ 处，放置一个接收器，可以探测到一个频率为 $\omega_2 - \omega_1$ 的等离子体回波。这说明，由第一个导致共振的粒子的相空间分布函数保留了波的信息。第二个波如果能够反转共振粒子的分布函数，将会导致再次出现一个波。当然，这只能在近乎无碰撞的等离子体中发生。实际上，回波的幅度是由对碰撞频率敏感的探测器测量得到的。

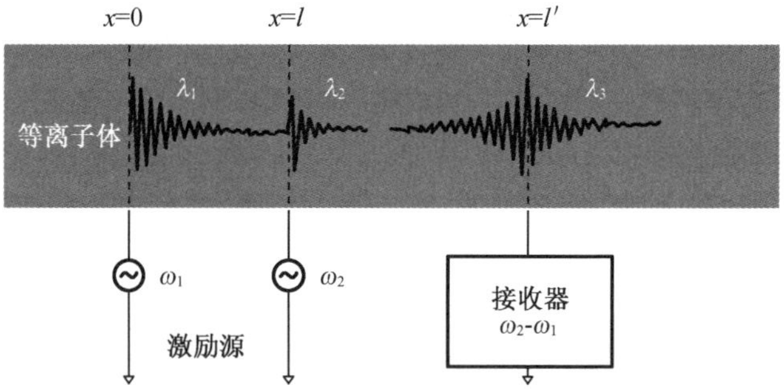

图 7－10　等离子体回波的实验示意图

图 7－11 粒子栅格的时空轨迹展示了在 $x=l'$ 处粒子束再次产生群聚，形成频率 $\omega_2-\omega_1$ 的振荡，即为等离子体回波，图中右侧给出了不同位置处的粒子密度分布。如果忽略波的电场对粒子轨迹的影响，我们可以从一个简单的模型来理解 l' 和 l 的关系。假定 $f_1(v)$ 是第一个波注入位置粒子的分布函数，然后被 $\cos\omega_1 t$ 调制，在 $x>0$ 的空间位置，其分布函数变为

$$f(x,v,t)=f_1(v)\cos\left(\omega_1 t-\frac{\omega_1}{v}x\right) \tag{7-71}$$

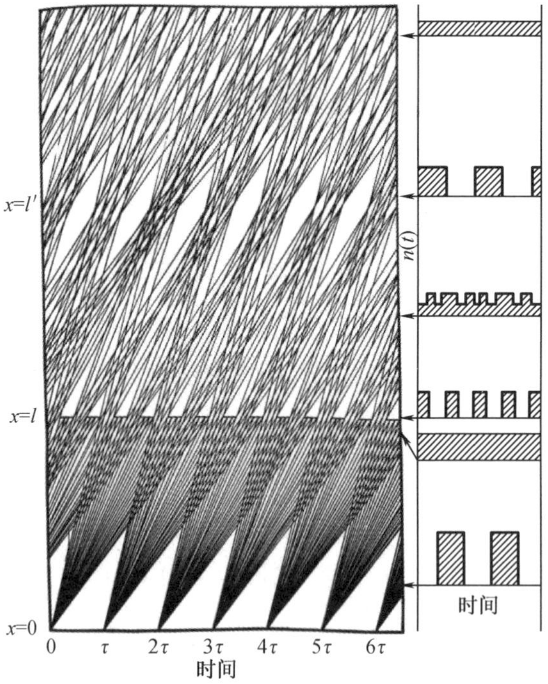

图 7－11　粒子栅格的时空轨迹

在第二个波注入位置，粒子分布函数再次被包含频率 ω_2 和空间位置 $x-l$ 的因子调制，分布函数变为

$$f(x,v,t)=f_{12}(v)\cos\left(\omega_1 t-\frac{\omega_1}{v}x\right)\cos\left(\omega_2 t-\frac{\omega_2}{v}(x-l)\right) \tag{7-72}$$

该式化简包含两个振荡因子：$\cos\left[(\omega_2+\omega_1)t-\frac{\omega_2(x-l)+\omega_1 x}{v}\right]$，$\cos\left[(\omega_2-\omega_1)t-\frac{\omega_2(x-l)-\omega_1 x}{v}\right]$。等离子体回波正来自第二个因子，与粒子的速度无关：

$$x=\frac{\omega_2 l}{\omega_2-\omega_1}=l' \tag{7-73}$$

这表明在 $x=l'$ 处，速度的发散并不会影响第二项，因此相位混合也被消解。当对速度空间积分后，得到密度的涨落满足频率 $\omega=\omega_2-\omega_1$。第一项无法探测，主要因为密度扰动被相位混合抹平了。很容易看出，只有当 $\omega_2>\omega_1$ 时，l' 为正数。物理上讲，第二个栅格处（ω_2）有更少的距离，在这个距离内要解开由第一个栅格（ω_1）引起的扰动，需要更高的频率。

图 7-12 展示了 Baker、Ahern 和 Wong 关于离子波回波的实验测量结果。回波位置 l' 按照前面的公式随着 l 变化。其中黑色圆点对应 $\omega_2<\omega_1$ 的情况，并没有回波出现。回波的幅度会随着距离衰减，这是因为碰撞破坏了速度调制的相干性。

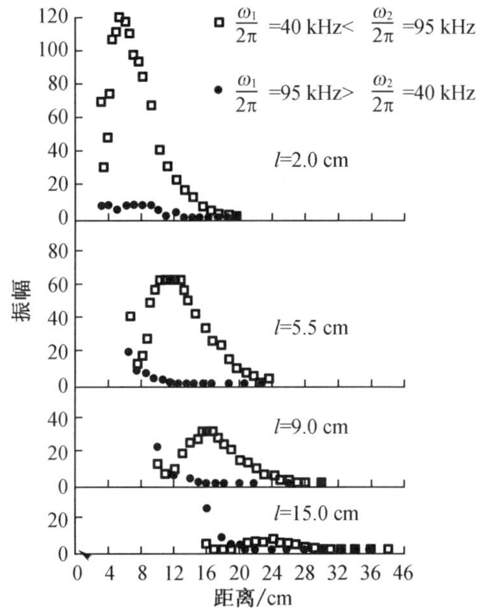

图 7-12　等离子体回波振幅的实验测量数据

7.7　非线性 Landau 阻尼

我们知道对于小幅度的电子或离子波，在 Landau 阻尼的作用下，幅度会呈指数下降。但是对于大幅度的电子波或者离子波，其幅度将不再呈指数下降，反而会有反弹的情况。如图 7-13 所示。

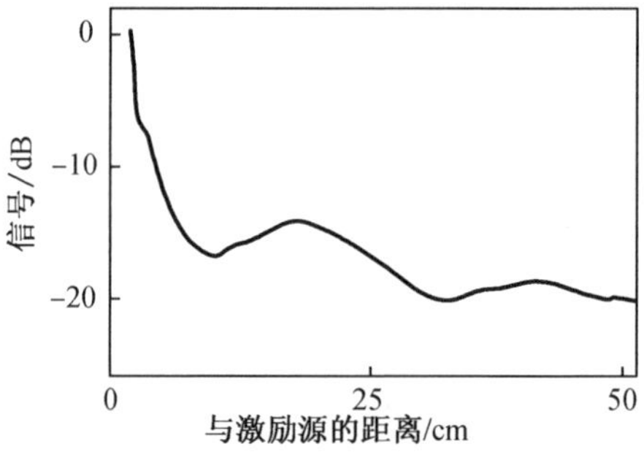

图 7-13　非线性电子波的振幅截面测量

实际上，由于波的幅度的增大，将能够捕获大量粒子，使得粒子在势阱中运动，粒子与波的相互作用变得复杂。不仅仅是粒子从波获得能量，粒子同样会将能量再次还给波，从而使得波的振幅增加。但是由于等离子体中存在碰撞，波的总能量会不断消耗。因此虽然波的振幅会出现局部上升，但是总体趋势是下降的。波的能量重新上升的过程，称为回弹，而回弹的频率基本是由波的振幅决定的。

习题

7-25　在波的坐标系（相速度 v_ϕ）中，试利用粒子被捕获的条件，估计回弹频率。

(1)请写出粒子被波捕获的条件，并求出几乎所有粒子被捕获的临界条件；

(2)利用 $|\phi| = \left|\dfrac{E}{k}\right|$，导出回弹频率满足 $\omega_B^2 = \left|\dfrac{akE}{m}\right|$。

[提示：要使粒子被捕获，只需要满足在波的坐标系中粒子动能小于波的电势能，即 $|e\phi| > \dfrac{1}{2}m(v - v_\phi)^2$。]

7-26　在波的坐标系中，假设波的势满足 $\phi = \phi_0(1 - \cos kx)$，利用运动方程，再次证明回弹频率公式。（提示：动量方程为 $m\dfrac{d^2x}{dt^2} = -m\omega^2 x = qE - q\dfrac{d\phi}{dx}$。）

在实验室条件下，波振幅振荡频率满足 $\omega' = \omega_B + kv_\phi$，对应波长为 $k' = \dfrac{\omega'}{v_\phi} = k\left(1 + \dfrac{\omega_B}{\omega}\right)$。实际上要求 $\omega_B > \omega$，这是线性 Landau 阻尼理论失效的临界条件。如果 $\omega_B < \omega$，则波的振幅振荡将失去意义，仍然是线性 Landau 阻尼的范围。

另外一种非线性 Landau 阻尼是与两波拍频相关。假设有两个高频波 (ω_2, k_2)，(ω_1, k_1)。p 拍频后，振幅包络波将以群速度 $v_g \approx \dfrac{\omega_2 - \omega_1}{k_2 - k_1}$ 运动。这个速度将足够低，位于离子波的速度空间，并与共振离子发生能量交换。这时离子将受到有质动力势，产生 Landau 阻尼或者不稳定。阻尼效应将提供一种有效的途径来加速离子。如果离子的分布函数是双峰的，还将激发一个电子波。这种不稳定性又被称为调制不稳定性。

习题

7-27　等离子体波电势峰值为 10 V，波长为 1 cm，试计算被深度捕获的电子的回弹频率 ω_B。

7.8　非线性等离子体物理中的方程

在描述非线性等离子体波时，有两个著名的方程：KdV 方程和非线性 Schrodinger 方程。

当离子波具有很大的振幅时，其主要的非线性是波的陡峭化。这个现象来自离子动量方程中的 $\boldsymbol{v}\cdot\nabla\boldsymbol{v}$ 项，可由 KdV 方程来描述其波列和孤立子解。

当一个电子等离子体波变为非线性的，等离子体波的有质动力将背景等离子体排开，形成密度空腔。等离子体波被捕获在空腔结构中，形成孤立结构，称之为包络孤立子或者包络孤立波。这样的解将由非线性 Schrodinger 方程来描述。孤立子和包络孤立子虽然描述的物理情形非常不同，但是却具有几乎相同的形状。

KdV 方程为

$$\frac{\partial U}{\partial\tau}+U\frac{\partial U}{\partial\xi}+\frac{1}{2}\frac{\partial^3 U}{\partial\xi^3}=0 \tag{7-74}$$

习题

7-28　试利用微扰展开离子的连续性方程、动量方程以及 Poisson 方程，导出密度、速度和电势的一阶量满足 KdV 方程。

(1) 利用 $x'=\frac{x}{\lambda_D}, t'=\Omega_p t, \chi=\frac{e\phi}{k_B T_e}, n'=\frac{n_i}{n_0}, v'=\frac{v}{v_s}$，离子的连续性方程、动量方程和 Poisson 方程归一化后分别为

$$\frac{\partial n'}{\partial t'}+\frac{\partial}{\partial x'}(n'v')=0 \tag{7-75}$$

$$\frac{\partial v'}{\partial t'}+v'\frac{\partial v'}{\partial x'}+\frac{\partial\chi}{\partial x'}=0 \tag{7-76}$$

$$\frac{\partial^2\chi}{\partial x'^2}=e^{\chi}-n' \tag{7-77}$$

其中假设电子满足 Maxwell 热平衡，即电子密度分布满足 Boltzmann 关系式。

(2) 令 $\delta=M-1, n'=1+\delta n_1+\delta^2 n_2+\cdots, \chi=\delta\chi_1+\delta^2\chi_2, v'=\delta v_1+\delta^2 v_2$ 及 $\xi=\delta^{\frac{1}{2}}(x'-t')$，$\tau=\delta^{\frac{3}{2}}t'$，证明：

$$\frac{\partial}{\partial t'}=\delta^{\frac{3}{2}}\frac{\partial}{\partial t}-\delta^{\frac{1}{2}}\frac{\partial}{\partial\xi} \tag{7-78}$$

$$\frac{\partial}{\partial x'}=\delta^{\frac{1}{2}}\frac{\partial}{\partial\xi} \tag{7-79}$$

进而化简(1)中的方程为 ξ、τ 的函数，证明 $n_1=\chi_1=v_1\equiv U$。

(3) 推导 KdV 方程式(7-74)。

KdV 方程至少能反映出两个物理特征：

①方程的第二项正是来自对流项 $\boldsymbol{v}\cdot\nabla\boldsymbol{v}$，其将导致波的陡峭化。

②第三项来自波的色散。第 3 章得到的离子波的色散关系为 $\omega^2=k^2c_s^2(1+k^2\lambda_D^2)^{-1}$，做 Taylor 级数展开，可得

$$\omega = kc_s - \frac{1}{2}k^3 c_s \lambda_D^2 \tag{7-80}$$

这表明色散项正比于 k^3。这恰好对应于 KdV 方程中第三项的三阶空间导数。色散阻止由非线性行为导致的波进一步陡峭化。

作为 KdV 方程描述的孤立子是准中性的,也是自相似的。因此我们可用自相似变换,将其变为常微分方程,进而得到孤立子解。令 $\zeta = \xi - c\tau$,其中 c 为孤立波的传播速度。

习题

7-29　试求解满足 KdV 方程的孤立子解。

(1)证明:$\frac{\partial}{\partial\tau} = -c\frac{\mathrm{d}}{\mathrm{d}\zeta}, \frac{\partial}{\partial\xi} = \frac{\mathrm{d}}{\mathrm{d}\zeta}$,并得到常微分方程形式的 KdV 方程:

$$(U-c)\frac{\mathrm{d}U}{\mathrm{d}\zeta} + \frac{1}{2}\frac{\mathrm{d}^3 U}{\mathrm{d}\zeta^3} = 0 \tag{7-81}$$

(2)从 ζ 到无穷远积分,证明:

$$\frac{1}{2}U^2 - cU + \frac{1}{2}\frac{\mathrm{d}^2 U}{\mathrm{d}\zeta^2} = 0 \tag{7-82}$$

(3)令 $\frac{\mathrm{d}^2 U}{\mathrm{d}\zeta^2} = \frac{\mathrm{d}}{\mathrm{d}U}\left(\frac{\mathrm{d}U}{\mathrm{d}\zeta}\right)\frac{\mathrm{d}U}{\mathrm{d}\zeta}$,进一步积分可得

$$\frac{\mathrm{d}U}{\mathrm{d}\zeta} = \sqrt{\frac{2}{3}}U\sqrt{3c-U} \tag{7-83}$$

(4)令 $U = 3c\,\mathrm{sech}^2(z)$,代入式(7-83)可得 $z = \sqrt{\frac{c}{2}}\zeta$,即可得孤立子解:

$$U = 3c\,\mathrm{sech}^2\left(\sqrt{\frac{c}{2}}\zeta\right) \tag{7-84}$$

该解描述的孤立子在 $\xi = 0$ 处达到峰值 $3c$,传播速度为 c,半宽度为 $\sqrt{\frac{2}{c}}$。因此孤立子速度是一个非常关键的量,当然它也决定孤立子的能量。这意味着,孤立子的能量越大,其速度和幅度就越大,而孤立子却越窄。孤立子的出现是依赖于初始条件的。如果初始扰动有很大的振幅和合适的相位,将会产生孤立子;否则会出现大幅度的等离子体波。

习题

7-30　利用习题 7-29(1)中得到的归一化的方程组,导出离子声冲击波中的势方程:$\frac{\mathrm{d}^2\chi}{\mathrm{d}\xi^2} = \mathrm{e}^\chi - \left(1 - \frac{2\chi}{M^2}\right)^{-\frac{1}{2}}$,其中 $\xi = x' - Mt'$。积分一次得到

$$\frac{1}{2}\left(\frac{\mathrm{d}\chi}{\mathrm{d}\xi}\right)^2 = \mathrm{e}^\chi - 1 + M[(M^2 - 2\chi)^{\frac{1}{2}} - M] \tag{7-85}$$

证明只在 $1 < M < 1.6$ 及 $0 < \chi_{\max} < 1.3$ 时存在孤立子。{提示:直接对连续性方程、动量方程从 ξ 到 $+\infty$ 积分,即可得到 $(v' - M) = \sqrt{M^2 - 2\chi}$ 和 $n' = \left(1 - \frac{2\chi}{M^2}\right)^{-\frac{1}{2}}$。令 $V(M,\chi) = \mathrm{e}^\chi -$

$1+M[(M^2-2\chi)^{\frac{1}{2}}-M]$，则 $N(M,\chi\ll 1)>0$ 对应于 $M>1$。$\chi_{\max}=\frac{M^2}{2}$ 时，$V(M,\chi_{\max})<0$ 对应于 $M<1.6$。}

非线性 Schrodinger 方程具有如下的无量纲化的形式：

$$\mathrm{i}\frac{\partial\psi}{\partial t}+p\frac{\partial^2\psi}{\partial x^2}+q|\psi|^2\psi=0 \tag{7-86}$$

式中　ψ——波的振幅；

$p=\frac{1}{2}\frac{\mathrm{d}v_{\mathrm{g}}}{\mathrm{d}k}$——群速度色散；

$q=-\frac{\partial\omega}{\partial|\psi|^2}\propto-\delta\omega$——非线性频移。

通常的 Schrodinger 方程为

$$\mathrm{i}\hbar\frac{\partial\psi}{\partial t}+\frac{h^2}{2m}\frac{\partial^2\psi}{\partial x^2}-V(x,t)\psi=0 \tag{7-87}$$

这里势场 $V(x,t)$ 依赖于 ψ，使得最后一项变为非线性的。实际上，V 只依赖于 $|\psi|^2$ 而与 ψ 的相位无关。这正是预料之中的，正如电子等离子体波关心的，由于非线性来源于有质动力，而有质动力依赖于波强度的梯度。

描述波包络的非线性 Schrodinger 方程的解是调制不稳定的，如果 $pq<0$，这意味着波包络的波纹会趋向增长。波的有质动力将驱动电子和离子向低功率密度区域聚焦，从而形成等离子体密度调制。等离子体波的色散关系满足 $\omega^2=\omega_{\mathrm{p}}^2+\frac{3}{2}k^2v_{\mathrm{th}}^2$，预示着低密度区域容许波矢大、波长短，因此等离子体波将被捕获在低密度区域。被捕获的波将进一步增强波的功率密度，这将导致波的包络进一步增长。

图 7-14 给出了当 $pq>0$ 时，调制不稳定性的发生过程。假设 $\delta\omega<0$，这意味着 $|\psi|^2$ 高的地方 ω 低，对应的波的相速度也低，反之亦然。这就导致包络的左侧和右侧的波的相速度高于中心，进而使得波在左侧堆积，而右侧变稀疏。这意味着左侧波长变短，波矢变大，右侧波长边长，波矢变小。如果 $p>0$，则群速度色散为正，即 k 大处群速度也大，k 小处群速度也小。这就导致波向中部集中，使得波在中间进一步堆积，包络强度进一步增大。如果群速度色散为负，则正好相反，波不会堆积，也就不会形成调制不稳定性。

虽然平面波解是调制不稳定的，但是，当 $pq>0$ 时，还可以有稳定的孤立子解。其形式为

$$\omega(x,t)=\left(\frac{2A}{q}\right)^{\frac{1}{2}}\mathrm{sech}\left[\left(\frac{A}{q}\right)^{\frac{1}{2}}x\right]\mathrm{e}^{\mathrm{i}At} \tag{7-88}$$

式中，A 为任意常数，它与波幅度、宽度以及波包的频率都相关。在任意时刻，扰动都类似于一个简单的孤立波。

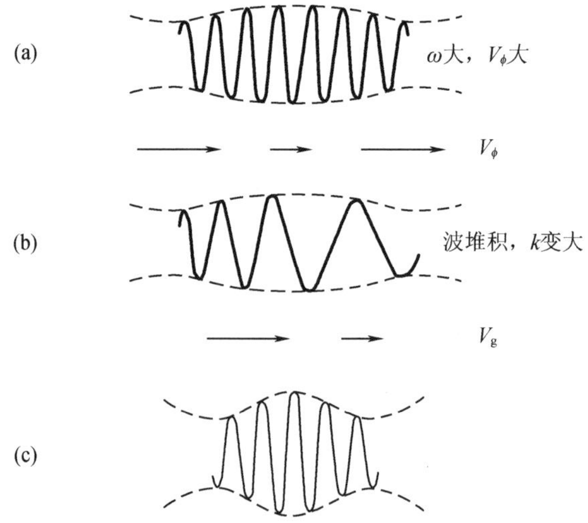

图 7－14　调制不稳定性的发展过程($p>0,q>0$)

习题

7－31　验证式(7－88)满足非线性 Schrodinger 方程。

当包络孤立子以速度 V 传播时，一个更普遍的形式解为

$$\psi(x,t)=\left(\frac{2A}{q}\right)^{\frac{1}{2}}\operatorname{sech}\left[\left(\frac{A}{q}\right)^{\frac{1}{2}}(x-x_0-Vt)\right]e^{i\left(At+\frac{V}{2p}x-\frac{V2}{4p}t+\theta_0\right)} \tag{7-89}$$

式中，x_0、θ_0 为初始位置和相位。可以看出，V 的大小也控制了包络中波长的数量。

习题

7－32　验证式(7－89)同样满足非线性 Schrodinger 方程。

第 8 章　真空等离子体膨胀理论及其应用

激光等离子体作为等离子体物理的一个新兴分支，是在 20 世纪中末期随着激光技术的快速发展，激光惯性约束聚变以及激光加速带电粒子等研究领域的兴起和蓬勃发展而成长起来的。

不同于光电效应，当激光功率密度到达 $10^{12}\ \mathrm{W/cm^2}$ 及以上时，在激光聚焦面上的原子核外电子将有可能发生多光子电离、隧穿电离或者阈上电离而产生等离子体。一般称这样的等离子体为激光等离子体。为了更好地展开内容，需要先给出几个激光相关的重要物理参数：激光功率密度 $I=\dfrac{E}{\tau S}$，激光电场 E，归一化场强 a。其中 τ 为激光脉冲的半高全宽，S 为激光的焦斑面积。

习题

8－1　证明激光场强与激光功率密度 I 满足如下关系式：

$$E\left(\frac{\mathrm{V}}{\mathrm{m}}\right)=275\left[I\left(\frac{\mathrm{W}}{\mathrm{cm}^2}\right)\right]^{\frac{1}{2}} \tag{8-1}$$

（提示：$I=|<\boldsymbol{S}_{\mathrm{poynting}}>|=|<\boldsymbol{E}\times\boldsymbol{H}>|$，再利用真空中的 Maxwell 方程导出 $\boldsymbol{E}$ 与 $\boldsymbol{B}=\mu_0\boldsymbol{H}$ 的关系，得到 $I=\dfrac{1}{2}\varepsilon_0 cE^2$，进而将单位代入可得结果。）

8－2　证明激光归一化场强 a 与电场和矢量势 A、激光功率密度满足如下关系式：

$$a=\frac{v_{\mathrm{osc}}}{c}=\frac{\mathrm{e}E}{m\omega c}=\frac{\mathrm{e}A}{mc}=C_0\sqrt{I\lambda^2} \tag{8-2}$$

式中　$C_0=\dfrac{\sqrt{2}\mathrm{e}}{2\pi m_{\mathrm{e}}c^{\frac{5}{2}}\varepsilon_0^{\frac{1}{2}}}$；

v_{osc}——电子在激光场中的抖动速度。

进一步可得

$$a=0.84\sqrt{\frac{I}{10^{18}\ \mathrm{W/cm^2}\left(\dfrac{\lambda}{\mu\mathrm{m}}\right)^2}} \tag{8-3}$$

8－3　要使电子运动速度接近光速，即到达相对论量级，激光功率密度约为多少？假设激光波长为 1 μm。

8－4　设 $a_{\mathrm{B}}=\dfrac{\hbar^2}{me^2}=5.3\times10^{-9}$ cm 为波尔半径，则氢原子核束缚电子的场 $E_{\mathrm{a}}=\dfrac{e}{4\pi\varepsilon_0 a_{\mathrm{B}}^2}\approx 5.1\times10^9$ V/cm。激光功率密度为多大时，激光场刚好等于 E_{a}？（提示：激光功率密度约为 $4\times10^{16}\ \mathrm{W/cm^2}$。）

激光等离子体相互作用的理论主要包括激光电离理论，激光与单电子相互作用，激光与欠密等离子体相互作用（主要是激光尾场与激光电子加速），激光与致密等离子体相互作用（主要是激光物质耦合效率、高密度等离子体中电子能量输运、电子加热机制、激光加速离子以及高次谐波和硬 X 射线和 γ 射线辐射等）。本章重点在等离子体真空膨胀理论和激光加速离子的机制研究。其他相关内容可查阅相关文献。

习题

8－5　激光与物质相互作用时，会发生多光子电离，这是指原子核外电子同时吸收了两个以上的光子，并克服原子束缚势，成为自由电子的过程。假设激光光子频率 ω，电子吸收了 n 个光子，原子核对电子的束缚能为 E_{ion}。请写出要发生多光子电离，该电子至少要吸收多少个光子？并写出电离后电子的动能表达式。

8－6　多光子吸收过程也可以从场的角度来理解。假设在原子核场中叠加一个均匀电场 E_w，则原子核外的库伦势变为 $V(x)=-\dfrac{Ze^2}{4\pi\varepsilon_0 x}-eE_w x$。

（1）这时原子核外场的势垒会被压制。请计算存在 $x_{\max}$，使得库伦势存在一个极值 $V(x_{\max})$。

（2）计算要使 $V(x_{\max})=E_{\mathrm{ion}}$，$E_w$ 的值 E_{wc}。（如果激光场小于 E_{wc}，则电离机制被称为隧穿电离，反之称之为阈上电离或过阈电离。）

（3）求出对应的激光功率密度 $I_{\mathrm{app}}=\dfrac{1}{2}\varepsilon_0 c E_{wc}^2$。

（4）对于氢原子，$E_{\mathrm{ion}}=\dfrac{1}{2}\dfrac{\mathrm{e}^2}{4\pi\varepsilon_0 a_{\mathrm{B}}}=13.61\ \mathrm{eV}$，证明 $I_{\mathrm{app}}(H)=1.4\times10^{14}\ \mathrm{W/cm^2}$。

实际上，超短超强激光与物质相互作用的过程中，物质的电离过程非常复杂，到目前为止，并不清楚电离截面。对于多电子系统，电离过程更为复杂。如果隧穿电离模型是正确的，根据量子力学的理论，可以计算出电子电离的截面。根据 Keldysh（1965）的结果，对于类氢离子，电离率由下式给出：

$$\alpha_{\mathrm{i}}=4\omega_a\left(\frac{E_{\mathrm{i}}}{E_{\mathrm{H}}}\right)^{\frac{5}{2}}\frac{E_{\mathrm{a}}}{E_{\mathrm{L}}(t)}\exp\left[-\frac{2}{3}\left(\frac{E_{\mathrm{i}}}{E_{\mathrm{H}}}\right)^{\frac{2}{3}}\frac{E_a}{E_L(t)}\right] \tag{8-4}$$

式中　E_{i}、E_{H}——原子和氢原子的电离势；

E_{a}——习题 8－4 中的原子电场；

$E_{\mathrm{L}}(t)$——实时的激光电场；

$\omega_{\mathrm{a}}=\dfrac{m\mathrm{e}^4}{\hbar^3}=4.16\times10^{16}\ \mathrm{s}^{-1}$。

目前，很多计算程序中都无法正确地考虑激光电离过程。如果考虑激光电离过程，则需要知道大量的电离截面数据。而这些数据本身会随着等离子体环境而变化。即等离子体温度和密度都将对原子核的核外能级产生影响。

随着超短超强激光技术的发展，利用激光轰击固体靶得到准单能的高能离子束在超高梯度加速器的小型化、质子束驱动核聚变、质子治癌以及作为传统加速器的注入器等方面有着重要的应用价值和科学意义。

当一束超短超强激光与固体物质表面相互作用时，将在飞秒（fs）数量级的时间尺度内

迅速电离物质表面,形成温度为 $k_B T_e$ 的高温电子云,电子温度可参考定标率:

$$k_B T_e \propto (I\lambda^2)^{\frac{1}{3}} \tag{8-5}$$

然而此时离子仍然是静止的。因此在电子和离子之间会形成很强的电荷分离场 E。假设等离子体的空间定标率为 L_p,则超强电荷分离场满足

$$E \propto \frac{k_B T_e}{L_p} F(\delta n) \tag{8-6}$$

$F(\delta n)$为依赖于电荷分离密度的因子,$\delta n = Zn_i - n_e$。

对于密度为 $10^{20}\ cm^{-3}$,温度大于 keV 的等离子体,电子 - 电子或者电子 - 离子碰撞频率为 $10^{11} \sim 10^{12}\ s^{-1}$。在几个皮秒(ps)的时间尺度内,等离子体准中性假设基本是成立的。另外,由于在激光脉冲时间内,激光不停的能量供给,等离子体温度可以保持常数,即等温膨胀。在几个皮秒的时间尺度内,等离子体虽不能达到准中性,但可以达到局部热平衡。因此流体假定是成立的。

激光离子加速机制,实际上是激光先与电子相互作用,加速加热电子后,再通过等离子体电荷分离场来加速离子的过程。因此电子加速加热机制和形成怎样的电荷分离场来加速离子成为激光加速的主要研究内容。靶法线壳层电场加速机制(TNSA)是一个目前被普遍认可的描述激光轰击固体靶产生高能离子的加速机制,其理论基础是等离子体真空自由膨胀模型。

我们将系统介绍一维等温等离子体真空膨胀的一般理论。在准中性假设下,将针对单一离子的等温等离子体真空自由膨胀的特解拓展到多离子混合的特解及一般解,并且很好地解释了相关的实验结果。另外,如果激光等离子体中电子分布满足高能电子尾状分布,也存在一个描述由高能电子尾巴加速离子的半自相似解析模型,并给出了离子最大速度的解析表达式。结果显示高能电子尾巴导致的离子加速比中性条件下的离子加速更为有效。

在激光离子加速研究中,超热电子回流效应的影响非常重要。我们将介绍一个离散模型,在原有自相似解的基础上考虑超热电子回流效应对离子加速的影响。

8.1　等离子体膨胀的一般理论

事实上,不论是靶前的冲击波加速还是靶后的壳层电场加速,都是由于电子离子分离而产生的巨大的电荷分离场所导致的加速,即等离子体加速。不同的等离子体定标长度将决定不同的加速机制。本节的一般解可以用来描述不同的等离子体定标长度以及不同的电荷分离场情形的离子加速机制,为下一步提出冲击波加速理论模型以及空泡加速离子的理论模型提供了理论基础。

系统满足的基本方程组为归一化的流体力学方程组以及 Poisson 方程:

$$\frac{\partial n_i}{\partial t} + \frac{\partial (n_i v_i)}{\partial x} = 0 \tag{8-7}$$

$$\frac{\partial n_i}{\partial t} + v_i \frac{\partial v_i}{\partial x} = -\frac{\partial \phi}{\partial x} \tag{8-8}$$

$$\frac{\partial^2 \phi}{\partial x^2} = n_e - Zn_i \tag{8-9}$$

其中,等离子体密度 $n_e(n_i)$,时间 t,离子速度 v_i,长度 x 分别用 n_0,离子等离子体频率的倒数 $\Omega_i^{-1}\sqrt{\dfrac{\varepsilon_0 m_i}{n_0 e^2}}$,离子声速 $c_s=\sqrt{\dfrac{Zk_B T_e}{m_i}}$,Debye 长度 $\lambda_{Di}=\dfrac{c_s}{\Omega_i}$归一化。电势用 $\dfrac{k_B T_e}{e}$ 归一化。

习题

8-7 试从一维的离子的连续性方程和动量方程以及 Poisson 方程出发,按照上述归一化参数,导出上述归一化方程组。

在相对激光周期足够长的时间尺度上,等离子体向真空的膨胀过程可认为是自相似的,这样我们可以通过自相似变换,将上述偏微分方程组转换为常微分方程组进行求解。引入自相似变换 $\xi=\dfrac{x}{t}$,$\tau=t$。假设离子密度在新坐标下满足变量分离,即

$$n_i(\tau,\xi)=N_1(\tau)N_2(\xi) \tag{8-10}$$

习题

8-8 试利用变换 $\xi=\dfrac{x}{t}$,$\tau=t$,导出新坐标系下的离子的连续性方程、动量方程和 Poisson 方程满足

$$\tau\frac{\partial \log N_1}{\partial\tau}=-\left[(v_i-\xi)\frac{\partial \log N_2}{\partial\xi}+\frac{\partial v_i}{\partial\xi}\right] \tag{8-11}$$

$$\tau\frac{\partial v_i}{\partial\tau}=-\left[(v_i-\xi)\frac{\partial v_i}{\partial\xi}+\frac{\partial\phi}{\partial\xi}\right] \tag{8-12}$$

$$\frac{1}{\tau^2}\frac{\partial^2\phi}{\partial\xi^2}=n_e-Zn_i \tag{8-13}$$

在离子区域($n_i>0$),可得出如下含时解:

$$v_i=\alpha_2(\xi)-\delta_1(\tau)\alpha_1(\xi) \tag{8-14}$$

$$\phi=-\frac{\alpha_3^2}{2}+\int[\alpha_3+(\delta_1+\delta_2)\alpha_1]\mathrm{d}\xi' \tag{8-15}$$

式中

$$\delta_1=\frac{\tau}{L_\tau},L_\tau=\left(\frac{\partial \ln N_1}{\partial\tau}\right)^{-1}$$

$$\delta_2=\frac{\tau^2}{L_{\tau,2}},L_{\tau,2}=\left(\frac{\partial^2 \ln N_1}{\partial\tau^2}\right)^{-1}$$

$$\alpha_1=F\int F^{-1}\mathrm{d}\xi'$$

$$\alpha_2=F\int F^{-1}\frac{\xi'}{L_p}\mathrm{d}\xi'$$

$$\alpha_3=\delta_1\alpha_1+\xi-\alpha_2$$

$$F=\exp\left(-\int\frac{\mathrm{d}\xi'}{L_p}\right)$$

$$L_p=\left(\frac{\partial \ln N_2}{\partial\xi}\right)^{-1}$$

可见，L_τ、L_p 作为时间和空间的定标长度，是两个关键参数。

进一步可得电场的表达式为

$$E=-\frac{(\delta_1+\delta_2)\alpha_1}{\tau}-\frac{\alpha_3^2}{L_p\tau}+\frac{\delta_1\alpha_3}{\tau} \tag{8-16}$$

另外，可以发现等离子体并非中性的，其密度差为

$$\delta n=\frac{(2+L_p')\alpha_3^2}{L_p^2\tau^2}-\frac{(2+3\delta_1)\alpha_3-(\delta_1+\delta_2)\alpha_1-(\delta_1^2-\delta_2)L_p}{L_p\tau^2} \tag{8-17}$$

式中，$L_p'=\dfrac{\mathrm{d}L_p}{\mathrm{d}\xi}$。可以很清楚地看出，$\lim\limits_{\tau\to\infty}\delta n=0$，即等离子体长时间演化后会趋近准中性。

将通过 Poisson 方程及在离子前沿的电场和电势的连续性条件来确定离子前沿的表达式，进而可得出离子的最大能量。由于电子的质量远小于离子质量，因此电子更容易得到加速。一般来讲，电子的前沿会在离子前沿的前面。在离子前沿和电子前沿之间，离子密度为零，而电子密度分布可认为是离子前沿之前的电子密度分布的连续延拓。

习题

8-9　试通过电子密度分布满足的表达式 $n_{\mathrm{e}}=n_{\mathrm{i}}-\delta n$，写出电子密度分布。进而通过求解电子的连续性方程，得出电子的速度分布满足

$$v_{\mathrm{e}}=v_{\mathrm{i}}+\delta v \tag{8-18}$$

$$\delta v=\frac{-\delta n\alpha_3-\dfrac{\frac{\partial\alpha_4}{\partial\tau}}{\tau}+\dfrac{\alpha_4}{\tau^2}}{n_{\mathrm{e}}} \tag{8-19}$$

$$\alpha_4=(\delta_1+\delta_2)\alpha_1+\frac{\alpha_3^2}{L_p}-\delta_1\alpha_3 \tag{8-20}$$

并且

$$\tau\frac{\partial\alpha_4}{\partial\tau}=(\delta_1-\delta_2-\delta_3+\delta_1^2+\delta_1\delta_2)\alpha_1+2\alpha_3\frac{\xi-\alpha_2-\delta_2\alpha_1}{L_p}+(\delta_2-\delta_1)\alpha_3 \tag{8-21}$$

$$\delta_3=\tau^2\frac{\partial^3N_1}{\partial\tau^3} \tag{8-22}$$

8-10　请验证 $\delta n=-\dfrac{1}{\tau^2}\dfrac{\partial\alpha_4}{\partial\xi}$，$\lim\limits_{\tau\to\infty}v_{\mathrm{e}}\to v_{\mathrm{i}}$。

利用延拓后电子密度的表达式，可得出电子前沿满足

$$n_{\mathrm{e}}(\tau,\xi_{\mathrm{e,f}})=0 \tag{8-23}$$

同时电子的速度必须满足约束条件 $v_{\mathrm{e}}(\tau,\xi_{\mathrm{e,f}})\leqslant\hat{c}$（$\hat{c}$ 为对应光速的归一化数）。

习题

8-11　试利用电子的密度分布和 Poisson 方程，证明在离子前沿和电子前沿之间的电场分布满足

$$E(\tau,\xi)=-\tau N_1\int_{\xi_{\mathrm{i,f}}}^{\xi}N_2\mathrm{d}\xi'-\frac{\alpha_4(\xi)}{\tau} \tag{8-24}$$

式中，$\xi_{i,f}$表示离子前沿的归一化参数。

在离子区域，即 $\xi \leqslant \xi_{i,f}$，电场满足

$$E(\tau,\xi) = -\frac{\alpha_4(\xi)}{\tau} \tag{8-25}$$

习题

8-12　试利用在电子前沿处 $E(\tau,\xi_{e,f}) = 0$ 的事实，求出离子前沿和电子前沿满足表达式

$$N_1\int_{\xi_{i,f}}^{\xi_{e,f}} N_2 \mathrm{d}\xi' = -\frac{\alpha_4(\xi_{e,f})}{\tau^2} \tag{8-26}$$

通过求解上述表达式，即可得出离子前沿的表达式。有了它，自然可以得出离子前沿的速度满足

$$v_{i,m} = \alpha_2(\xi_{i,f}) - \delta_1(\tau)\alpha_1(\xi_{i,f}) \tag{8-27}$$

特别地，如果已知加速时间 τ_{acc}，即可得出最大离子速度 $v_{i,m}(\tau_{acc})$。

习题

8-13　验证一个特解

$$n_e = n_i = \frac{N_2}{\tau}, v_i = v_e = \xi, \phi = \phi_0, E = 0 \tag{8-28}$$

描述一个没有电荷分离的中性等离子体以常速度向真空膨胀，该解与 L_p 的选择无关。

进一步，为了更好地理解以上的一般性理论如何描述等离子体膨胀过程。我们选取适当的 L_p，给出几组特解，加深理解。

习题

8-14　令 $L_p = -\beta_1$，即离子密度定标长度为 ξ 的零阶多项式，引入初始条件 $u_0 = u(\xi = \xi_0)$，$\xi_0 = -\beta_1$，导出离子速度满足

$$v_i = \xi + \beta_1 + c_2 F + \beta_1\delta_1(1 - c_1 F) \tag{8-29}$$

(1) $c_1 = c_2 = 0$，可得出 $\alpha_1 = -\beta_1$，$\alpha_2 = \xi + \beta_1 = v_i$，$\alpha_3 = -\beta_1(1+\delta_1)$，$\delta n = 0$，$\alpha_4 = -\beta_1(1 + 2\delta_1 + \delta_2)$，并且离子前沿满足

$$\xi_{i,f} = \beta_1 \ln\left(\frac{N_1\tau^2}{1 + 2\delta_1 + \delta_2}\right) - \beta_1 \tag{8-30}$$

如果 $\xi_{e,f} = \infty$，及离子前沿速度

$$v_{i,f} = c_s\beta_1\left[\ln\left(\frac{N_1\tau^2}{1 + 2\delta_1 + \delta_2}\right) - \delta_1\right] \tag{8-31}$$

进一步，如果 $N_1 \equiv 1$，$\delta_1 = \delta_2 = 0$，写出上两式的简化表达式。

(2) 自相似情形，$N_1 \equiv 1$，$\delta_1 = \delta_2 = \delta_3 = 0$，试证明 $\alpha_1 = -\beta_1(1 - c_1 F)$，$\alpha_2 = \xi + \beta_1 + c_2 F$，

$\alpha_3=-\beta_1-c_2F,\alpha_4=-\dfrac{(\beta_1+c_2F)^2}{\beta_1}$。进一步可以得出离子前沿速度 $v_{i,f}$ 和离子前沿位置 ϕ 分别为

$$v_{i,f}=\xi+\beta_1+c_2F \tag{8-32}$$

$$\phi=-\frac{(\beta_1+c_2F)^2}{2}-\beta_1(\xi+c_2F)+\phi_0 \tag{8-33}$$

特别地，当 $c_2=0$ 时，离子速度和电势的解退化为最一般的中性等离子体真空膨胀的解。

实际上，本题的解还有大量情况值得讨论，我们这里就不再赘述。

习题

8-15　令 $L_p=-\dfrac{\alpha\xi}{2},\alpha\in(0,2)$，即空间定标长度是 ξ 的一次多项式。

(1) 试证明

$$F=\left|\frac{\xi}{\xi_0}\right|^{\frac{2}{\alpha}} \tag{8-34}$$

$$\alpha_1=-\beta\xi_0(\bar{\xi}+c_1F) \tag{8-35}$$

$$\alpha_2=(1+\beta)\xi_0(\bar{\xi}+c_2F) \tag{8-36}$$

$$\frac{\alpha_3}{\xi_0}=-\beta\bar{\xi}(1+\delta_1)-[\delta_1\beta c_1+(1+\beta)c_2]F,\beta=\frac{\alpha}{2-\alpha} \tag{8-37}$$

$$\frac{v_i}{\xi_0}=\bar{\xi}[1+\beta(1+\delta_1)]+[\delta_1\beta c_1+(1+\beta)c_2]F \tag{8-38}$$

(2) 特别地，对于 $c_1=c_2=0$ 时，离子速度可简化为

$$v_i=\xi+\beta\xi(1+\delta_1) \tag{8-39}$$

$$\phi=-\frac{1}{2}\beta(1+\beta)\xi^2(1+\delta_1)^2-\frac{1}{2}(\delta_2-2\delta_1)\beta\xi^2 \tag{8-40}$$

$$\alpha_4=-[\delta_2+\beta(1+\delta_1)^2+1+2\delta_1]\beta\xi \tag{8-41}$$

以及离子前沿和电子前沿的关系表达式

$$\xi_{i,f}=\left(\frac{\alpha}{2}\right)^{\beta}\xi_{e,f} \tag{8-42}$$

并证明离子前沿速度满足

$$v_{i,f}=c_s(1+\beta+\beta\delta_1)\left(\frac{\alpha}{2}\right)^{\beta}\xi_{e,f}\,\xi_0\propto c_s\xi_0N_1^{\frac{\alpha}{2}}\tau^{\alpha} \tag{8-43}$$

(3) 进一步当 $N_1\equiv1$ 时，可以得到与高能电子尾状分布决定的离子加速一样的结果。

8-16　一个特殊的含时解，假设 $N_1=\kappa\tau\propto\tau,\tau\in[0,\tau_u]$，有 $\delta_1=1,\delta_2=0$。分两种情况讨论解的结果。

(1) 当 $L_p=-\beta_1$，且 $c_1=c_2=0$，证明

$$v_{i,f}=c_s\beta_1\ln\frac{\kappa(t\Omega_{p0})^3e}{3},e=2.718 \tag{8-44}$$

（提示：先证明 $v_i=\xi+2\beta_1$。）

（2）当 $L_p=-\frac{\alpha\xi}{2}$，且 $c_1=c_2=0$ 时，证明：

$$v_i=(1+2\beta)\xi \tag{8-45}$$

$$\phi=-\frac{1}{2}(3+4\beta)\beta\xi^2 \tag{8-46}$$

$$\overline{\xi_{e,f}}=\left[\frac{\kappa\hat{n}_0}{(4\beta+3)\beta}\right]^{\frac{\alpha}{2}}\tau^{\frac{3\alpha}{2}} \tag{8-47}$$

进而得出离子前沿的速度：

$$v_{i,f}=c_s\rho_\alpha(\kappa\hat{n}_0)^{\frac{\alpha}{2}}\tau^{\frac{3\alpha}{2}} \tag{8-48}$$

$$\rho_\alpha=\frac{(2\beta+1)\left(\frac{\alpha}{2}\right)^\beta}{(4\beta^2+3\beta)^{\frac{\alpha}{2}}} \tag{8-49}$$

积分常数不为零的其他情况将对应于新的加速模式，这其中也会出现压缩波模式，也有可能最终导致冲击波的形成。

这些问题将在下一步的工作中考虑。当等离子体定标长度 L_p 为的更高次阶的多项式时，解的形式会更加复杂，这里面可能存在更加非线性的对应更加陡峭的等离子体密度分布的加速模式，这些加速模式可能更为有效。这些都还需要进一步的研究。

8.2 高能电子尾状分布决定的离子加速

考虑到实际的离子加速物理过程是一个很快的物理过程，大约 100 fs 的量级，在这么短的时间内由激光所产生的超热电子还没有来得及达到热平衡，所以以前的理论基础——Maxwell 热平衡和 Boltzmann 分布并不合理。而且等离子体的准中性条件在激光与固体靶相互作用的过程中根本无法满足。所以本节发展了在超热电子满足增强的高能尾状的分布的基础上的等温膨胀模型。在这个模型中，不再需要准中性条件。这个模型不再是自相似模型，由于电子的运动不再满足自相似的条件，所以称之为半自相似解。本模型为更合理地解释实验结果提供了更有力的理论工具。利用电子密度分布以及电子的连续性方程，可以得到电子前沿和电子的速度分布。同样通过求解 Poisson 方程和利用电场在离子前沿的连续性条件，也可以求出离子前沿的表达式。这个模型的结果表明，由高能电子尾状分布所导致的离子加速远远强于 Maxwell 分布的电子。

当激光脉冲与固体靶相互作用时，激光能量的吸收机制有很多，例如真空加热，碰撞加热，共振吸收，加热等，这样产生的超热电子是很多能谱的叠加，高能部分会有类似翘起的尾状分布，并非指数衰减。其中能量高的电子穿过靶到达靶后，形成壳层电场，电离靶后，加速电子。为方便计算，仍然假设高能电子群具有一个温度，并且在激光作用过程中，超热电子的温度不会改变。事实上，最高能量的离子是由这部分高能电子尾状分布决定的。

同上一小节，我们从同一组方程出发，采用相同的坐标变换，同样不需要等离子体的准中性假设，也不要求等离子体满足热平衡即 Maxwell 分布。根据 Sentoku 的文献中的公式

(12),引入以下假设:

$$S^2 = -\alpha\phi, \alpha \in (0,2) \tag{8-50}$$

其中,负号是考虑到靶后表面的电势是负值,并且在 $x \to +\infty$ 时,电势会趋于负无穷。

习题

8-17　根据以上假设,求解已经自相似变换的离子的连续性和动量方程,证明离子的速度分布满足

$$v_{\mathrm{i}} = \frac{2}{2-\alpha}\xi \tag{8-51}$$

以及离子区域的电势分布满足:

$$\phi = -\frac{2}{(2-\alpha)^2}\xi^2 \tag{8-52}$$

进一步求解可得最大速度随时间的变化关系:

$$v \propto t^{\beta}, \beta \in (0, +\infty) \tag{8-53}$$

所以增强的高能电子尾状分布诱导的加速比 Maxwell 分布诱导的更为有效。(注:Maxwell 分布决定的离子加速满足 $v \propto \ln t$。)

这个结果不依赖于求解的数学方法。因此对于超短脉冲激光轰击固体薄膜靶的情况,增强的高能电子尾状分布诱导的离子加速比基于 Maxwell 分布假设的靶法线壳层电场加速(TNSA)更为有效。事实上,在超短超强激光与固体靶相互作用的加速离子过程中,时间尺度约为 2 ps,高能电子束的分布更接近于尾状分布而不是热平衡的 Maxwell 分布。因此本章的结果比 TNSA 模型更能准确地描述激光加速离子的机制。

但是指数 α 是这里的关键物理参数,需要根据 PIC 模拟和物理实验来确定其与关键物理参量,激光功率、激光脉冲和靶材料和靶参数的物理关系。因此,这里有大量的未解之谜等待有兴趣的研究工作者参与其中。

8.3　超热电子回流现象对离子加速的影响

如果改变靶的厚度,离子能量也会随着改变,那么其变化规律如何呢? 这个问题最早由一个重要的实验阐述。Kaluza 等于 2004 年的实验中详细地测量了离子能量随着靶厚度的变化,并且他们更多地讨论了预脉冲的宽度对最佳靶厚度的影响。

本节提出一个离散的物理模型(Step Model)对超热电子回流现象进行了详细地描述以及推导得出其对超短超强激光与等离子体相互作用中所产生的高能离子的加速造成的影响解析公式表达。利用这个模型,对于某些靶厚度设定一个固定的初始的电子密度,本章的理论结果与大量实验结果进行了对比。结合实验的相关数据,利用此离散模型,可以间接地反推出不同靶厚度的激光吸收效率,所以此模型为计算激光的吸收效率提供了一个间接的半解析的方法。

质子加速的机制是非线性的,是非常复杂的。影响靶法线壳层离子加速的主要因素有:激光的吸收效率 η,电子的半张角 θ_{e},超热电子回流,激光脉宽 t_1,靶厚度 L,激光的预脉

冲等。对于靶的厚度大于临界值 L_c 的靶,激光的吸收效率达到饱和,约为 40% ~50%(这对于激光功率密度小于 10^{20} W/cm^2 时适用,实验表明对于更高的激光功率密度,激光能量吸收效率可达到 90% 左右),此时超热电子的密度变化不会很大,因此可以不考虑电子回流效应。因此,准中性的自相似解给出的结论只适用于厚靶,电子回流效应可以被忽略的情况。定义电子的半张角对离子加速的影响为角度效应。当靶厚度增加时,超热电子的发散角将增大,角度效应对离子加速的影响将成为主要因素。不论是半张角的增加还是靶厚度的影响,都会导致电子密度的减小。因而最大的离子能量会随着靶厚度的增加有所减小,这个也被实验所观察到。

对于靶的厚度小于某一临界值,激光的吸收效率会随着靶厚度的减小出现明显的降低。然而由于超热电子回流效应,随着靶厚度的减小电子的密度会迅速增加。角度效应,激光吸收效率的影响以及超热电子回流效应,这三者合在一起,就导致离子的最大能量随着靶厚度的减小先增加到一个最高值,此时靶厚度约为 0.5 ~1 μm,然后离子的最大能量随着靶厚度减小到零而迅速减小到零。对于靶厚度在 1 μm 左右的情形,角度效应可以忽略,此时,激光吸收效率的影响和超热电子回流效应成为主要影响因素。因此激光吸收效率对靶厚度的关系以及超热电子密度随着时间的变化关系变得十分重要。

激光吸收效率又受到主脉冲的功率密度、预脉冲的宽度 t_{ASE}、主脉冲和预脉冲的对比度、靶的厚度等的影响。对于不同的对比度和预脉冲的宽度,预等离子体的定标长度是不同的,这就导致了激光的吸收机制是不同的。激光吸收效率和靶厚度 L 的关系已经由相关的 PIC 模拟得到,如 d' Humières 的文献中的图 6 所示。超热电子回流效应也最初由 Mackinnon 等人和 Sentoku 等人的实验所观察到。同时 Sentoku 等人提出一个简单的公式来引入电子回流对离子最大能量的影响。但是在他们的文章中,缺乏对电子回流的清楚的细节地描述。另外他们的物理模型过于简单,事实上,N 次电子回流不是一下就发生的,而电子的密度也不能一下就变为初始密度的 N 倍。所以建立一个能够详细地描述电子回流的物理过程的物理模型非常必要。

利用描述电子回流效应的离散的物理模型,本小节可以得到电子密度随着时间的变化关系,进而得到不同靶厚度的离子最大能量的表达式。本节利用得到的离子最大能量的表达式,设定电子的初始密度为对应临界靶厚度时的初始密度,这样对于小于临界靶厚度的一系列情况,得到了最大的离子能量,并且和 Kaluza,Mackinnon 的实验做了比较,二者较吻合。由于在模型中,角度效应和激光吸收效率的影响被忽略了,所以这里的理论结果和实验结果存在一定的差异,而且这个差值随着靶厚度的降低而增加。这个差异的存在表明初始电子密度应该随着靶的厚度有所变化的,这个变化和电子的发散角度以及激光的吸收效率有关。

由于电子的发散角随着靶厚度的减小而减小,所以角度效应的影响直接导致电子密度随着靶厚度的减小而增加。靶厚度的变化也直接导致电子的存在空间减小,即导致电子密度的增加。当靶厚度小于一定值时,大约为 1 μm,激光的吸收效率会随着靶厚度的减小而迅速地减小。这将导致电子的产额直接减小,即电子密度迅速减小。通过以上的讨论可以得到如下结论:

当靶厚度远远小于激光的焦斑半径时,角度效应以及靶厚效应都可以被忽略。这时,初始的电子密度和激光的吸收效率成正比。

仅仅有数值的结果并不理想,还没有得到激光的吸收效率随着靶厚度的变化关系解析的表达式。实际上,激光的吸收效率和很多因素相关:激光的预脉冲的宽度,激光的功率密度,脉冲宽度,对比度以及靶厚度等。利用本模型和最大离子能量的实验结果,能够半解析地反推出激光的吸收效率随着靶厚度的变化关系,而不用做数值计算。

当超短超强激光脉冲与固体靶相互作用时,很迅速电离靶表面,产生温度为 $k_B T_e$ 的超热电子,这部分电子几乎无碰撞地穿过靶体,到达靶的背面,在靶后表面形成超强的电荷分离场,靶后表面同时被迅速电离,便形成了等离子体。

求解模型前,提出以下基本假设。

①电子回流发生在靶前激光作用处及靶后离子自由面处。在电子运动过程中,当电子在靶后表面时,由于在离子前沿处电场最强,所以假设在到达离子前沿处发生反射;当电子反射后,又回到靶体,当它穿过靶并到达激光与固体靶相互作用的位置处时,再次被反射。

②由于超热电子的速度接近光速,所以电子在回流过程中计算时间以光速代替,这样便于计算时间。

③离子加速总时间以 1.3 倍的激光脉宽计算,即 $t_{acc}=1.3t_1$。

④当电子穿过靶到达靶后表面时,可以被看成达到了热平衡。

根据以上假设,将时间零点定义为热电子束团第一次达到靶的背表面时的时间,即 $\tau_0=0$。假设电子的速度为光速 c,则激光达到靶的前表面的时间为 $-\dfrac{L}{c}$。为简单起见,假设电子温度为 $k_B T_e=m_e c^2(\gamma-1)$,其中 γ 为电子抖动速度对应的相对论因子,也可以认为是 $\gamma=\sqrt{1+|a|^2}$,a 为激光归一化场强。本节中物理量归一化条件为

$$\tau=\frac{\Omega_{p0}t}{\sqrt{2\mathrm{e}}},\hat{l}=\frac{l}{\lambda_{D0}},u=\frac{v}{c_s},\hat{E}=\frac{E}{2E_0},\hat{n}=\frac{n}{n_{e0}},\hat{c}=\frac{c}{c_s} \tag{8-54}$$

假设电子密度满足

$$n_e(\tau)\propto N(\tau)n_{e0}(L) \tag{8-55}$$

及 $N(\tau)=1$,当 $0\leqslant\tau\leqslant\tau_1$。$\tau_1$ 表示电子束第二次达到靶的背表面的时间。而 $n_{e0}(L)$ 表示对于靶后 L 的电子初始密度。$N(\tau)$ 正是描述在激光与靶相互作用过程中,由于电子回流效应导致电子密度堆积增加的因子。令 $l(\tau)$、$u(\tau)$ 表示离子的位置和速度。如果 $\tau_1<\tau_{acc}$,则在激光与靶相互作用的过程中,电子密度会发生堆积,使得电荷分离场不断增强,离子能够获得的最大能量会不断增加。如果 $\tau_1\geqslant\tau_{acc}$,则不会发生超热电子回流效应。实际上,等不及电子第二次达到靶的背表面,激光与靶的相互作用过程就已经结束了。因此得到了超热电子回流效应起作用的临界条件:

$$\tau_1=\tau_{acc} \tag{8-56}$$

进而可得到临界靶厚度满足

$$L_c\approx\frac{ct_{acc}}{2}=0.65ct_1 \tag{8-57}$$

如果 $L\leqslant L_c$,第一次电子回流发生在 $\tau_1=\dfrac{(2\hat{L}+\hat{l}_0)}{\sqrt{2\mathrm{e}}\hat{c}}$, $\hat{l}_0=\int_0^{\tau_1}2\sqrt{2\mathrm{e}}\alpha(\tau)\mathrm{d}\tau$,$\alpha(\tau)=\ln(\tau+\sqrt{1+\tau^2})$(可参考黄永盛的离子前沿求解法,也可由 8.1 节中方法得出)。对于 $t_{acc}>t_1+\dfrac{2L}{c}+\dfrac{l_0}{c}$,所有电子能够完成一次完整的电子回流。令 τ_n 表示第 n 次电子回流开始

时刻，$\hat{l}_{n-1}$为离子位置($\tau=\tau_n$)，$u_n(\tau)$表示离子速度($\tau_n<\tau<\tau_{n+1}$)。因此有

$$\tau_n = \frac{2n\hat{L} + 2\sum_{k=0}^{n-2}\hat{l}_k + \hat{l}_{n-1}}{\sqrt{2\mathrm{e}\hat{c}}} \tag{8-58}$$

当 $t_{\mathrm{acc}} \geqslant \tau_{n+1}$，$n$ 次电子回流可以完整发生。$\hat{l}_k(\tau) = \hat{l}_{k-1} + \int_{\tau_k}^{\tau}\sqrt{2\mathrm{e}}u(\tau)\mathrm{d}\tau$。如果忽略电子束在输运过程中的角度发散效应，则可知电子密度的增长正比于回流次数。对于 $n>1$，当 $\tau_{n-1}<\tau<\tau_n$，电子密度将是初始密度的 $n-1+\frac{t_{\mathrm{acc}}-t_{n-1}}{t_n-t_{n-1}}$ 倍，这也被称为部分 $n-1$ 次电子回流效应。因此：

$$N(\tau)=k+1,\tau\in(\tau_k,\tau_{k+1});N(\tau)=n-1+f_{n-1},\tau\in(\tau_{n-1},\tau_{\mathrm{acc}}) \tag{8-59}$$

式中，$f_{n-1}=\frac{t_{\mathrm{acc}}-t_{n-1}}{t_n-t_{n-1}}$。进一步由 Poisson 方程可得到

$$E_{\mathrm{f},k-\mathrm{re}} = E_{\mathrm{f,re}}(\tau_{k+1}) = \sqrt{k+1}E_{\mathrm{f},0-\mathrm{re}}, k\leqslant n-2 \tag{8-60}$$

$$E_{\mathrm{f},n-1-p-\mathrm{re}} = E_{\mathrm{f,re}}(t_{\mathrm{acc}}) = \sqrt{n-1+f_{n-1}}E_{\mathrm{f},0-\mathrm{re}} \tag{8-61}$$

通过相应计算，可以得到，$n-1$ 次部分电子回流时，对应离子的最大速度满足

$$v_{\mathrm{m}} = 2\left[\sqrt{n-1+f_{n-1}}\alpha(\tau_{\mathrm{acc}}) - \sum_{j=1}^{n-1}(\sqrt{j}-\sqrt{j-1})\alpha(\tau_j)\right] \tag{8-62}$$

图 8-1 给出了一个阶梯状密度变化例子，对应四次部分电子回流效应。当靶厚度减小时，角度效应和激光吸收效率的减小会减小参考的电子密度，但是不影响上式的形式。对于任意靶厚度，如果能够得到激光的吸收效率，电子的发散角也已知，就可以求出参考的电子密度，可以由式(8-62)计算离子的最大能量。

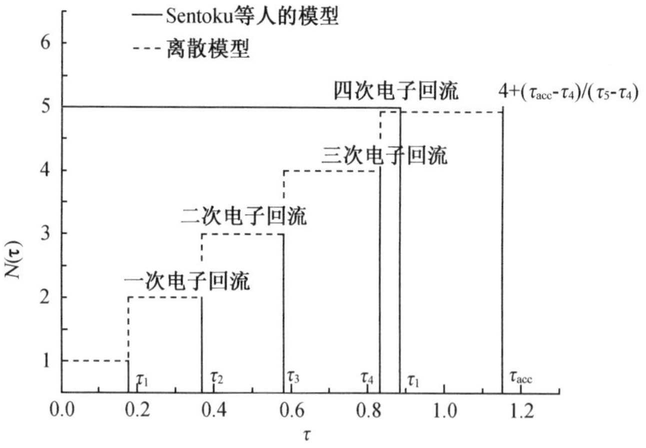

图 8-1　部分四次超热电子回流效应中时间相关密度因子

当然在应用式(8-62)计算离子的最大能量之前，必须先知道电子的参考密度：

$$n_{\mathrm{e}0}(L) = 1.86\times\frac{10^{20}}{t_{l,100\ \mathrm{fs}}^2}\sinh^2\left(\sqrt{\frac{E_{\max,\mathrm{i}}(L)}{2Zk_{\mathrm{B}}T_{\mathrm{e}}}}\right) \tag{8-63}$$

有了这个参考密度，就可以代入上述模型计算离子的最大能量了。图 8-2 展示了本节的理

论模型计算结果和相关实验的对比分析。可见超热电子回流效应确实是随着靶厚的降低离子能量增加的主要物理因素。由于激光吸收效率的变化关系未知,无法确定参考电子密度随着靶厚度的变化关系,因此其中各个靶厚度的参考密度被固定为其在临界靶厚度时的值。从图 8－2 中可以看出,超热电子回流效应对离子加速的影响,尤其是对于薄膜靶的影响。越薄的靶,超热电子回流效应的影响越大。理论结果和实验的差别随着靶厚度的减小而增加,这是因为角度效应和靶厚效应被忽略了。而角度效应和靶厚效应主要体现在对参考密度的影响上。

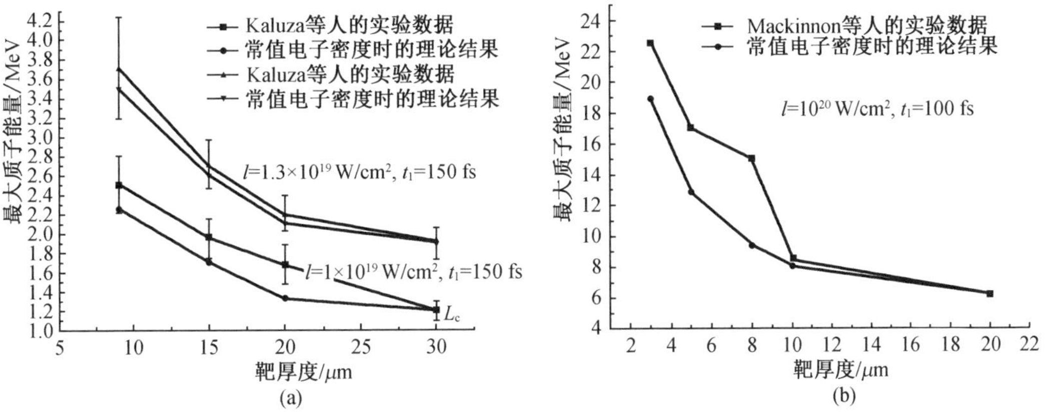

图 8－2　本节理论模型与 Kaluza、Mackinnon 等人的实验结果对比

8.4　双相对论电子壳层诱导的质子加速新机制

对于靶法线壳层加速机制(TNSA)加速机制,尽管在激光等离子体加速中场强会比经典的加速器中的场强高出 3～4 个量级,但是却会在 1～2 个激光脉冲时间内迅速降为零。TNSA 机制的参数范围为 $a_0 \ll \sigma_0 = (\hat{n}_e)(\hat{l}_e)$,其中 $a_0 = \frac{eE_1}{m\omega c}$,$E_1$ 为激光脉冲场强,ω 为激光频率,e 为基本电荷,m 为电子质量,c 为真空光速,n_0 为等离子体初始密度。归一化电子密度为$(\hat{n}_e) = \frac{n_e}{n_c}$,$(\hat{l}_e) = \frac{l_e}{\lambda}$,$n_c$ 为临界密度,λ 为波长,n_e 为电子密度,l_e 为电子层厚度。

对于 $a_0 \gg 80\sigma_0$,在相对论情形,存在一种新的加速区域——双相对论电子壳层加速机制。为了在没有横向扩散效应的条件下清楚地展示新的加速机制,我们进行了相应地一维 PIC 模拟。图 8－3 给出了由双相对论电子壳层诱导的新加速机制的结构图。在两个电子壳层之间的离子会得到最为有效的加速,而且能量分布满足均匀分布。第一个电子壳层是超相对论的,并且和离子是完全分离的。第二个电子壳层由于电子回流在一个势阱中形成,并且也是相对论的。它在离子区域,并且紧跟着离子前沿。在第二个相对论电子壳层的局部位置周围,会形成一个势阱,它将捕获高能离子并且将其加速成为准单能的离子束。紧跟着第二个电子壳层,会形成一个超热电子束团,它会诱导出另外一个势阱,这个势阱同样也会捕获部分离子并将其加速成为相对论单能离子束团。整体来说,离子的最大能量将达到几个吉电子伏(GeV),并且会得到一个能散小于5%的相对论性单能离子束。同时,也会产生一个几百兆电子伏(MeV),几百皮库仑(pC)的单能电子束团。这将有可能成为相对论激光离子加速的新的解决途径。

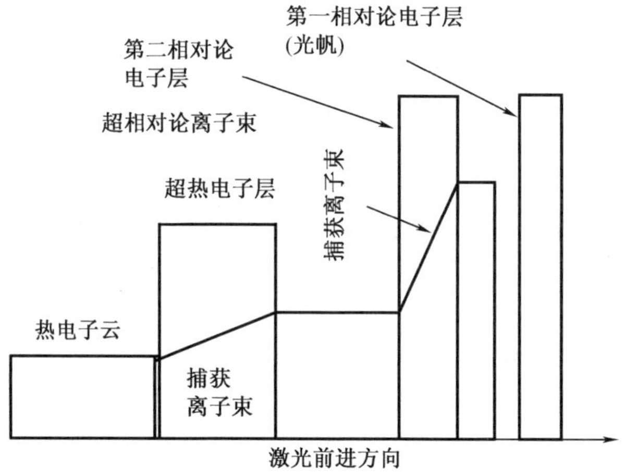

图8-3　双相对论电子壳层决定的离子加速机制示意图

为了更好地理解这个新的加速机制,忽略横向扩散的影响,我们进行了一维的数值模拟研究。

不同于TNSA和辐射压力加速(RPA)机制,在激光轰击到薄膜靶上几百飞秒之后,双相对论电子壳层开始形成。TNSA和RPA机制在这个时间尺度基本已经结束了。在一维模拟中,双相对论电子壳层的加速结构能够保持几个皮秒(ps)的时间尺度。与TNSA和RPA类似的是,纵向膨胀、横向色散以及不稳定性都将影响双相对论电子壳层的形成和稳定。然而,对于二维或三维的模拟,要观察双相对论电子壳层结构的形成以及稳定性,必须要足够场的模拟时间,要几个皮秒,要足够大的空间盒子,来包含所有的离子和电子。在二维三维模拟中,如果模拟时间足够长,模拟空间盒子足够长,在几百飞秒的时间尺度,将产生一些激光脉冲的非物理的高频成分。第一电子层的横向扩散将弱化电子回流效应,进而影响第二个电子壳层的形成。

对于双相对论电子壳层加速机制,我们校验了靶厚、等离子体密度、激光功率密度、焦斑尺寸等参数的选择范围。对于超强激光,更高的电子密度是允许的。靶厚度必须足够小,大约10 nm,$a_0 \gg \sigma$。假定$C_0 = \dfrac{a_0}{\sigma}$,则对于$a_0 = 40$,要求$C_0 \geq 80$或者对于$a_0 = 316$,$C_0 \geq 25$。

也就是说,激光脉冲越强,C_0越小。对于固定的σ,电子密度越小,薄膜的厚度越厚。电子层的横向扩散越强,电子回流效应越弱。这样,将不会形成第二电子层。当电子密度低于临界密度情形,就变成了激光与气体喷流的相互作用,其中的物理与激光与固体物质相互作用大不相同。聚焦焦斑是另外一个影响电子层的横向扩散的关键因素。焦斑尺寸越小,越容易形成第二电子壳层。激光脉冲应该是圆偏振激光,并且陡峭上升到最大幅度。另外,不论双相对论电子壳层产生与否,第一层电子层都不能完整地保持相对论速度而被整体推动,总会不可避免地发生横向扩散和不稳定性。

当一束具有完美对比度，上升前沿陡峭的超强的圆偏振激光脉冲作用到一个超薄等离子体薄膜上时，如果 $a_0 \geqslant C_0\sigma_0$，电子壳层将被压缩到极高密度，并且被向前推动整体从离子层上推出，获得相对论级的能量并对激光脉冲保持不透明性。在激光照射的时间内，第一层电子层始终保持不透明性，并且被激光持续推动。依据 Bulanov 的文献中的公式(22)，在加速过程中，电子壳层保持不透明性的条件为

$$a_0 \leqslant \pi(\gamma_e + p_e)(\hat{n}_e)(\hat{l}_e) \tag{8-64}$$

由于 $\frac{\mathrm{d}\ln(p\hat{n}_e\hat{l}_e)}{\mathrm{d}t} > 0$，正如 Bulanov 等指出，$p \propto t^{\frac{1}{3}}$ 是归一化的电子动量，并且在没有横向扩散的条件下，有 $n_e l_e = n_0 l_0$。在强相对论情形下，上式右边约等于 $2p\pi\hat{n}_e\hat{l}_e$。

对于激光脉冲，第一电子壳层保持不透明性，意味着它将被持续地加速并且整体上与离子是分离的。这也使得电荷分离场在离子前沿处始终保持最大值。另外，回流电子无法在离子区域堆积来形成第二个相对论电子壳层。大量的电子回流将建立一个深的势阱来捕获电子并将其加速追赶离子前沿。因此，电子回流效应是形成第二电子壳层的关键。为了获得双相对论电子壳层，激光强度必须足够强。经过大量的数值模拟，发现 $a_0 \geqslant 80\sigma_0$ 是需要满足的。为了更加细节地描述这个全新的加速机制，我们选取 $a_0 = 39.5$。模拟盒子的大小为 2 420 μm，被切分为 2 420 000 个元胞，每个元胞包含有 5 000 个宏粒子。等离子体的初始位置设定为 $x = 1\ 215$ μm。激光的入射位置为 $x = 1\ 200$ μm。当激光到达等离子体薄膜时，记为时间零点。这样模拟的盒子足够大，可以保证在 4 ps 的时间尺度内，粒子不会离开盒子。

新的加速机制可被分为四个加速阶段：①第一个电子壳层形成，同时产生巨大的电荷分离场；②由于电子回流效应形成电子势阱，并形成第二个电子壳层；③从第二个电子壳层泄露电子并回流形成超热电子束团；④形成一团大的热电子云。

令 $\hat{n}_e, \hat{l}_e = 49 \times 0.01 = 0.49$，$a_0 \approx 81\hat{n}_e\hat{l}_e$。正如图 8-4 所示，当时间为 25 fs 时，归一化的电子动量达到 20～100。因此形成的高密度电子壳层对于激光脉冲而言是不透明的。这可以从图 8-4(f) 中看出。

第一电子壳层将在激光脉冲的作用下被持续有效地加速，并保持不透明性。在第一电子壳层和离子束之间，形成了一个强的电荷分离场，来加速离子前沿并拖拽电子后沿，如图 8-4(e) 所示。由电子层面密度决定的“电容”场为

$$E_{\mathrm{cap}} = \frac{en_e l_e}{\varepsilon_0} \tag{8-65}$$

对于 $n_e = 5.5 \times 10^{22}\ \mathrm{cm^{-3}}$，$l_e = 10$ nm，稳定的电荷分离场为 9.95×10^{12} V/m。离子层背面的离子将被该场持续地加速。因此最大离子能量将正比于加速距离 d_{acc}：

$$E_i = q_i E_{\mathrm{cap}} d_{\mathrm{acc}} \tag{8-66}$$

在电子壳层分裂和电子回流发生之前上式都成立。几百飞秒后，部分电子将从电子壳层中“泄露”出来，被电荷分离场拉回离子区域，并再次追赶离子前沿，但是它无法达到离子前沿。这样回流的部分电子将堆积在离子前沿后面，并逐步形成一个电子势阱。第一电子壳层将被最为有效的持续加速。由于电子回流效应，纵向加速场将有所降低。不论如何，在离子前沿和第一电子壳层之间，电荷分离场仍然是均匀的。由于电子回流效应，对于离子而言将形成势峰，对于电子而言，将形成势阱。第一电子壳层仍然保持不透明。

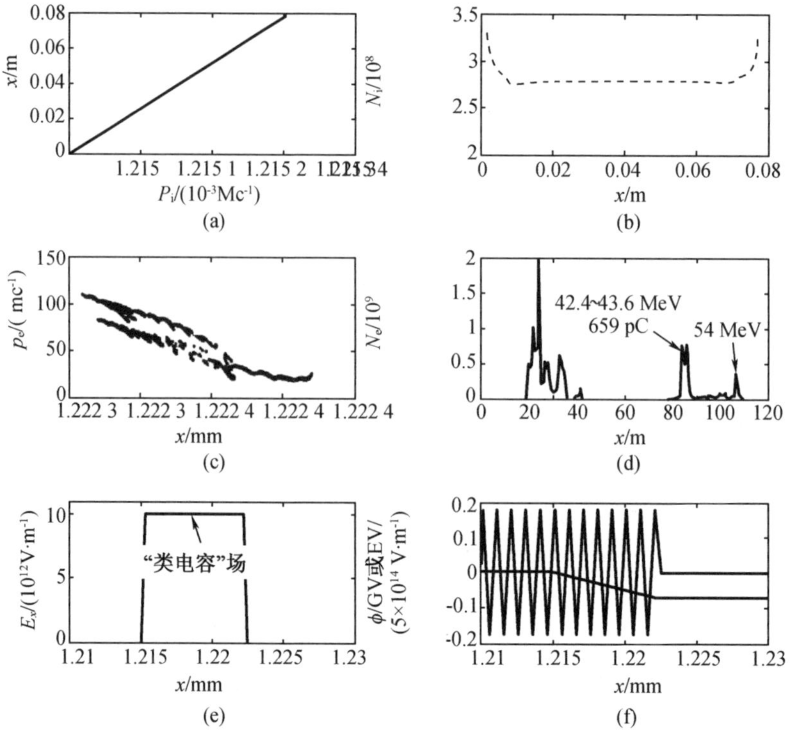

图 8 -4　一维 VORPAL 模拟结果(t =25 fs,形成第一电子壳层)

如图 8 -5 所示,t =450 fs 时的模拟结果显示电子回流效应减弱了电荷分离场并形成了电子势阱。如图 8 -5(d)所示,归一化的电子动量已经达到了 500。图 8 -5(f)显示电子势阱的深度达到了 0.3 GeV。从图 8 -5(a)和图 8 -5(b)可以看出,最大离子能量约为 500 MeV,加速长度约为 65 μm。图 8 -5(d)显示,获得了一个电量为 165 pC,能量为 186 MeV 的准单能电子束团。很明显可以看出,第一电子壳层仍然是不透明的。

随后,电子回流效应形成了两个电子势阱,并产生了第二个电子壳层。如图 8 -6(d)所示,回流电子堆积并抬高了电子势阱。在堆积的电子前后均形成了一个电子势阱。电子势阱 Ⅰ 仍然捕获和加速回流的电子来形成第二个相对论高密度电子壳层。在势阱 Ⅱ 中,在第二个电子壳层尾部的部分电子掉入其中,并被捕获和加速来形成超热电子层。同时,在第二个电子壳层的位置,势阱 Ⅲ 捕获离子并将其加速得到相对论的和准单能的离子束。

进一步,热电子云和超热电子层逐步形成。如图 8 -7(f)所示,慢的回流电子将被势阱 Ⅴ 所捕获,并且超热电子层将在势阱 Ⅱ 处形成,如图 8 -8 所示。

在超热电子层的位置处,势阱 Ⅳ 捕获离子并将其加速得到准单能离子束 171 ±10 MeV。在该层之后,电子势阱形成并捕获电子形成热电子云。到目前为止,电子包含三个部分:双相对论壳层,超热电子层,热电子云。

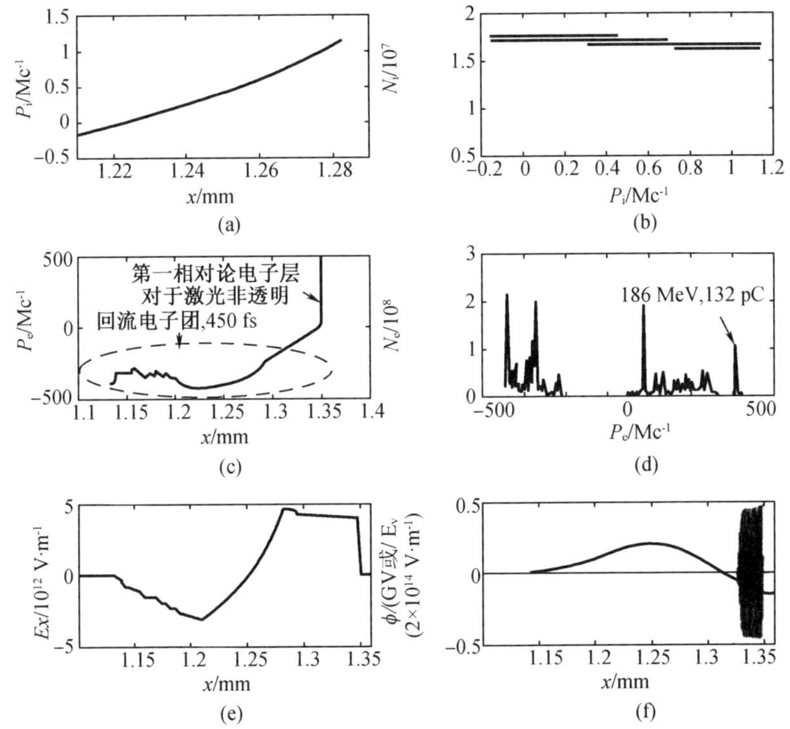

图 8 - 5　450 fs 时的模拟结果(强的电子回流形成大的电势势阱)

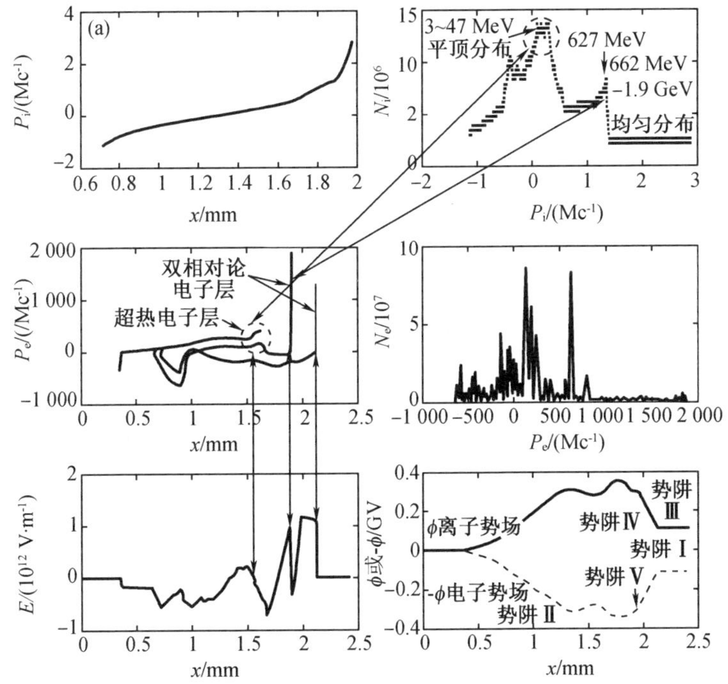

图 8 - 6　1.25 ps 时模拟结果(形成第二电子壳层)

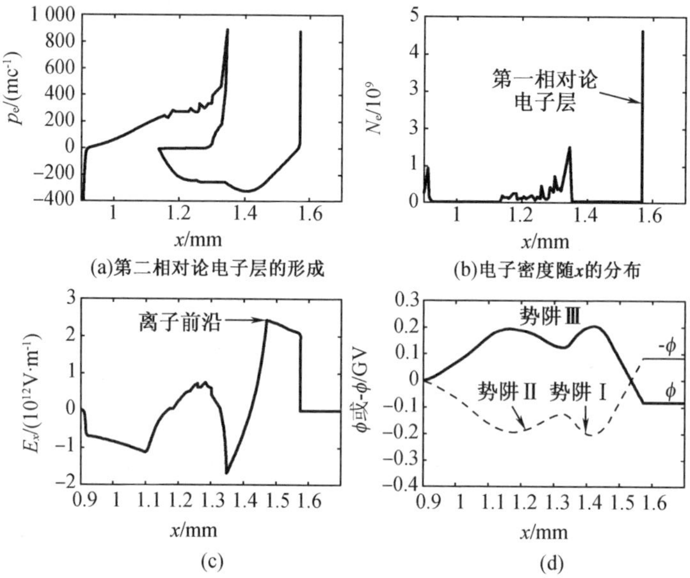

图 8-7　3.075 ps 时的模拟结果(形成超热电子层)

在两个相对论电子壳层之间的离子能谱是均匀分布的,从 1 ~2.18 GeV。被第二个相对论电子壳层捕获的离子能量达到了 981 MeV。如图 8-7(f)所示,势阱Ⅲ基本被填平了,因此能散变得很差。具有更高能量的离子将沿着势峰的缓坡滑下,进入两个相对论电子壳层之间的区域。981 MeV 以上的离子数目迅速下降,981 MeV 以下的离子数目缓慢下降。电子能谱中,有一个准单能 163 pC,385 ± 10 MeV 的峰,一个 1 GeV 的超相对论束团和一个 Maxwell 热平衡的包含热电子云和超热电子层的束团。

正如图 8-8(c)和图 8-8(f)所示,离子前沿位于两个相对论电子壳层之间。两个相对论电子壳层之间的离子沿着势坡滑下,获得了相对论性的能量,如图 8-8(b)和图 8-8(h)。

双相对论电子壳层、超热电子层和热电子云构成了全新的离子加速的区域。然而,等离子体的横向膨胀和瑞丽 *Taylor* 不稳定性都有可能使电子壳层很早就发生破裂,电荷分离场被减弱。为了抑制等离子体的横向扩散和增加超热电子回流效应,可在沿着激光传播的方向外加一个强磁场。只要强磁场足够强,等离子体的横向扩散将被很好地抑制。

这种情况下:

①第一个电子壳层将保持很高的密度和不透明性。

②电荷分离场将保持足够的强度,进而产生强的电子回流效应。

③强的电子回流效应将有助于形成第二个相对论电子壳层。这样由双相对论电子壳层诱导的离子加速机制就会成为现实。

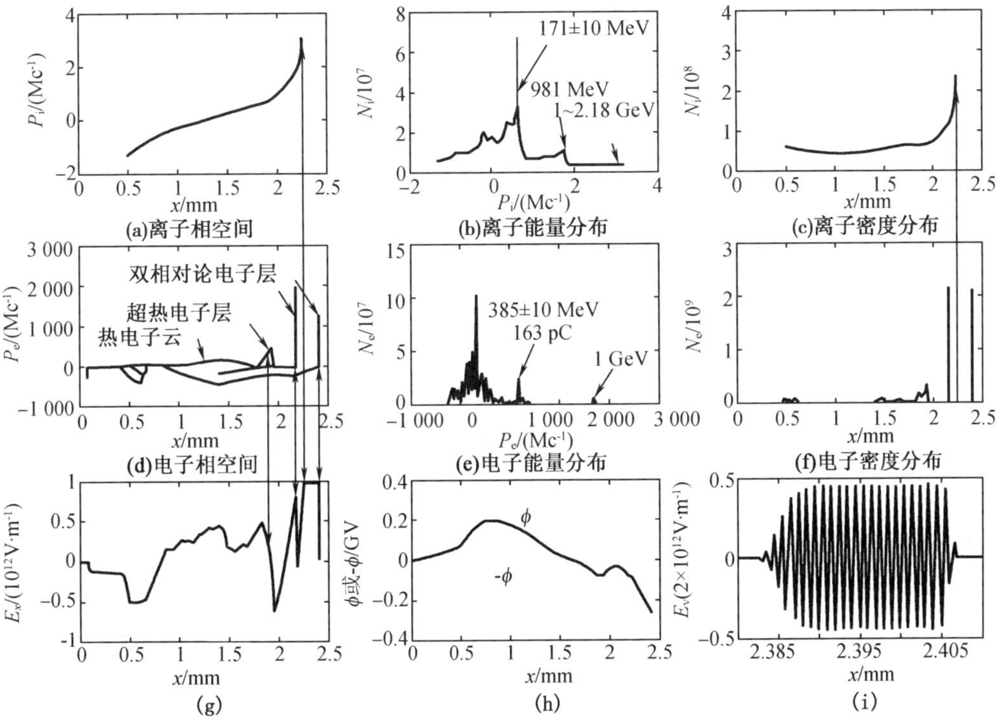

图 8-8　4.025 ps 时的模拟结果(形成热电子云和超热电子层)

8.5　相对论 Maxwell-Juttner 等离子体膨胀

为了能够更好地理解在相对论情况下,激光驱动等离子体加速离子的物理机制,建立一个相对论的动力学模型是非常必要的。

从流体力学方程组和 Maxwell 方程组出发,通过解析求解,一个相对论的动力学解析模型成功地描述了相对论等离子体膨胀所决定的激光离子加速的物理过程。具体地,从相对论流体力学方程组出发:

$$\frac{\partial n}{\partial t}+\frac{\partial nv}{\partial x}=0 \tag{8-67}$$

$$\frac{\partial \gamma v}{\partial t}+v\frac{\partial \gamma n}{\partial x}=-\frac{\mu\partial\psi}{\partial x} \tag{8-68}$$

以及 Possion 方程出发,在自相似态 $\xi=\dfrac{x}{t}$ 以及合理的电子满足相对论 Maxwell-Juttner 分布:

$$F_{\mathrm{e},\infty}(x,p_{\mathrm{e}})=\frac{1}{2m_{\mathrm{e}}cK_1(T^{-1})}\exp\left(-\frac{\gamma_{\mathrm{e}}-\psi}{T}\right) \tag{8-69}$$

式中,$T=\dfrac{k_{\mathrm{B}}T_{\mathrm{e}}}{m_{\mathrm{e}}c^2}$,$\psi=\dfrac{\mathrm{e}\phi}{k_{\mathrm{B}}T_{\mathrm{e}}}$,$-L_{\mathrm{p}}<x<L_{\mathrm{p}}$,$L_{\mathrm{p}}$ 足够大,使得在所研究的空间范围都包括在内。

由上式在动量空间积分可以得出电子密度分布,根据准中性假设,得出离子密度分布

满足的条件:

$$q_i n = n_{e,\infty} = n_0 \exp\left(\frac{\psi}{T}\right) \tag{8-70}$$

解析求解得到了描述相对论离子加速的解析解。利用这个解析解,我们可以得到离子能量随时间的变化关系:

$$\xi = v - \sqrt{\mu T}\gamma^{-\frac{3}{2}} \tag{8-71}$$

$$\psi = -\sqrt{\frac{T}{2\mu}}\left(I_\chi\left(\frac{1}{4},\frac{1}{4}\right) - I_{\frac{1}{2}}\left(\frac{1}{4},\frac{1}{4}\right)\right)B\left(\frac{1}{4},\frac{1}{4}\right) \tag{8-72}$$

$$\gamma = \left(\frac{t}{t_0}\right)^{\frac{3}{2}} \exp\left(\frac{3}{2}\mu\psi\right) \tag{8-73}$$

进一步通过以上结论,我们得出离子在该势场中所能被加速得到的最大能量满足

$$E_{\text{inf}}^{\text{Mod}} = 1.34\,\frac{q_i}{e}\sqrt{\frac{T}{\mu}}\,(\text{MeV}) \tag{8-74}$$

上式表明:离子所能被加速得到的最大能量与相对论电子束的温度的平方根成正比。

由我们相对论解析模型得到的加速电势确实为有限值。同时也给出了离子被加速的能谱分布基本满足 Maxwell 分布,没有单能性。

相对论情况下离子动量在随着自相似变量增长时会远远大于非相对论模型的解。这说明对于超强场情形,非相对论的解析解已经很大程度地偏离了实际解。这如同在接近光速情形下,牛顿力学不再适用,因为物理情形不再满足线性近似了。这也说明了建立相对论模型的必要性和重要性。

对实验的参考意义如下。

要加速获得百兆电子伏以上的质子束的激光参数,激光功率密度和波长至少要求满足

$$I\lambda^2 \geqslant 3.56\times10^{21}\,(\text{W/cm}^2\cdot\mu\text{m}^2) \tag{8-75}$$

同时要求激光能量和脉宽也得足够大,以使得离子获得足够的加速。例如:我们要求激光能量 1 000 J,靶厚 100 μm,30% 的能量集中度。这将为实验获得相对论级质子束提供理论依据。

本模型在不截断高能电子尾状分布的情况下,解析求解证明了加速电势是有限的,而不是无限的。并且解析地得出了离子加速的最大能量和电子的相对论温度的平方根。通过和非相对论的解析模型的结果对比,我们发现在加速后期或者大的自相似变量时,非相对论的结果偏离实际情况很大。这也说明相对论动力学解的重要性和必要性。

①首次建立了基于流体力学方程组的相对论加速的解析模型,并成功地预测了离子被加速的动量随时间变化关系。

②在不截断高能电子尾状分布的情况下,获得的加速电势为有限值;进而给出了离子加速最大能量的限制;离子所能被加速的最大能量正比于相对论电子束的温度的平方根。

③给出了要加速获得百兆电子伏以上的质子束的激光参数的要求条件。

本模型加深了对相对论等离子体膨胀的物理过程以及由其决定的加速离子的机制的理解,进一步明确了实现相对论级离子加速的物理要求以及所能够加速得到的离子的最大能量,为实验实现相对论离子加速提供了重要的理论基础和指导。

8.6　相对论辐射压力加速解析模型

辐射压力加速机制是指当一束对比度极强的超强超短激光与纳米(nm)级薄膜靶相互作用时,薄膜的电子层被激光整体推出得到相对论级的速度,这样它将与留下的正离子层形成很强的电荷分离场,从而加速离子的过程。这个模型基本要求加速过程是一维的才能够稳定。这其中电子层被激光推着前进,对于激光来讲,电子层是高密度的且不透明的。它就类似于一个被大风吹动的船帆,离子好比于船体,船帆和船体之间的作用力即为电荷分离场力。因此该模型又被称之为光帆加速。再者这样的电荷分离场中,具有类似于加速器物理中稳相加速的效果,一定程度上能够降低被捕获加速的离子束团的能散,也被北京大学的颜学庆称为稳相加速机制(PSA)。

但是这个模型实际上存在两个主要的困难:

①激光的超高对比度。这是保证前期电子层能够被整体推动的关键,但是对激光技术提出了很高的要求。

②实际的加速过程不可能是一维的,总会有横向扩散和横向不稳定性。这将导致电子层密度下降,变形以及解体,从而导致加速过程提前结束,依然无法保证离子的准单能性。关于这其中的不稳定性机制,清华大学鲁巍研究组进行了出色的理论分析工作。最近,北京大学乔斌研究组,在理论模拟中,找到了利用喷涂高 Z 涂层的办法抑制 RPA 中的横向不稳定性的办法,有待实验的进一步验证。

不论如何,依然存在有待解的理论问题。如一个是离子被捕获的临界速度;另一个是,如果离子的初始速度高于临界速度,脱离了势阱的束缚,其将面对怎样的加速过程? 为了给出明确的答案,这里求解了相对论流体方程组的自相似解析解。

为简单起见,相关的物理参量,时间 t,离子位置 x,离子速度 v,电场 E,电势 ϕ,等离子体密度 n,以及光速 c, 按照下面方式归一化:$\tau=\omega t,\hat{x}=xk,u=\dfrac{v}{c},\hat{E}=\dfrac{E}{E_0},\phi=\dfrac{\phi}{\phi_0},\hat{n}=\dfrac{n}{n_0}$。其中 n_0 为参考密度,k 为激光波数,ω 为激光频率,$E_0=k\phi_0$,$\mathrm{e}\phi_0=\gamma_{\mathrm{em}}m_{\mathrm{e}}c^2$,以及 γ_{em} 为电子最大能量。这里,e 为基本电荷。

在这个模型中,假设磁场足够大,可以将电子离子聚焦在一维的直线上。参考 Mako 和 Tajima 的结论,在自相似态中,离子的密度分布满足

$$\hat{n}_k=\frac{1}{\sum Q_k}(1+\phi)^{\alpha},k=1,2,\cdots,N \tag{8-76}$$

其中下标 k 表示离子种类,Q_k 表示第 k 种离子的电荷数,指数 α 依赖激光强度和靶厚度,它的取值见 Jung 的参考文献。颜等人利用理论和 PIC 模拟证明了公式的自洽性以及自相似态假设的合理性,如 Jung 的文献中公式(7)和图 2、图 3、图 7 所示。

利用变换 $\xi=\dfrac{\hat{x}}{\tau}$,归一化连续性方程以及离子动量方程变为

$$\frac{(u_k-\xi)\partial\ln\hat{n}_k}{\partial\xi}=-\frac{\partial u_k}{\partial\xi} \tag{8-77}$$

$$\frac{(u_k-\xi)\partial\gamma_k u_k}{\partial\xi}=-\mu_k\frac{\partial\Phi}{\partial\xi} \tag{8-78}$$

利用以上三个公式,求解可得,电势作为自相似变量 ξ 和 u_k 的函数关系:

$$1+\phi=\frac{\alpha}{\mu_k}(u_k-\xi)^2\gamma_k^3 \tag{8-79}$$

进而可知初始条件必须满足下面的关系式:

$$1+\phi_0=\frac{\alpha}{\mu_k}(u_{k,0}-\xi_0)^2\gamma_{k,0}^3 \tag{8-80}$$

所以,经过一次积分运算,在离子区域,归一化电势满足如下关系式:

$$\phi=\frac{[\chi-\chi_0-2\alpha(u_{k,0}-\xi_0)\gamma_{k,0}^{\frac{3}{2}}]^2}{4\alpha\mu_k}-1 \tag{8-81}$$

$$\chi=\frac{\sqrt{2}}{2}\left[I_S\left(\frac{1}{4},\frac{1}{4}\right)-I_{\frac{1}{2}}\left(\frac{1}{4},\frac{1}{4}\right)\right]B\left(\frac{1}{4},\frac{1}{4}\right),S=\frac{1+\mu_k}{2} \tag{8-82}$$

式中 I_s——不完全 beta 函数;

B——beta 函数。

在相对论极限条件下,即 $u_k\to1$ 时,电势将趋近一个常数:

$$\phi_\infty=\frac{[\chi_\infty-\chi_0-2\alpha(u_{k,0}-\xi_0)\gamma_{k,0}^{\frac{3}{2}}]^2}{4\alpha\mu_k}-1 \tag{8-83}$$

进一步,我们可以推出离子速度与自相似变量的关系式:

$$\xi=u_k+\frac{\gamma^{-\frac{3}{2}}}{2\alpha}(\chi-\chi_0)-(u_{k,0}-\xi_0)\left(\frac{\gamma_{k,0}}{\gamma_k}\right)^{\frac{3}{2}} \tag{8-84}$$

这样,我们就得到了能够描述辐射压力加速的相对论流体方程组的自相似解。

如图 8 -9 所示,通过本节所提出的解析模型计算的结果和鞘层模型计算的结果,以及 Esirkepov 利用 PIC 数值模拟的结果是相吻合的。其中图 8 -9(a)为本节所提出的解析模型与薄鞘层模型以及 Esirkepov 等人的模拟结果的比较,条件为 $\frac{\sigma}{a}\approx0.1$, $a=316$, $d=\lambda=1\ \mu\text{m}$, $n_0=1.8^{13}$, $\frac{\sigma}{a}=0.1$, $a=316$, $d=\lambda=1\mu\text{m}$, $n_0=49n_c$, $\alpha=1.8$;图 8 -9 (b)为不同的 α 时,相对论离子加速的临界相空间分布。特别地,当 $\tau>80\pi$ 由本节所提出的模型计算得到的离子能量将比模拟结果的稍大。其中一个原因是,在数值模拟中激光能量的损失以及电子温度在较大的时间尺度上会有所降低,而本节所提出的模型中则加速电子温度不变。第二个原因则是数值模拟中的结果是所有离子能量取平均的结果,而本节的能量则是被势阱捕获的部分离子的能量。

不同于非相对论情形,在相对论情形,依赖于初始条件 α、$u_{k,0}$、ξ_0,加速模式明显地分为两种。临界的离子动量由下式给出:

$$\chi_\infty-\chi_c-2\alpha(u_{k,0}-\xi_0)\gamma_{k,c}^{\frac{3}{2}}=0 \tag{8-85}$$

式中,$\chi_c=\chi(u_{k,c})$,$p_{k,c}=\chi_{k,c}u_{k,c}$。图 8 -9(b)给出了由上式决定的临界的离子速度与空间位置分布。更多相关讨论可参考相关文献。

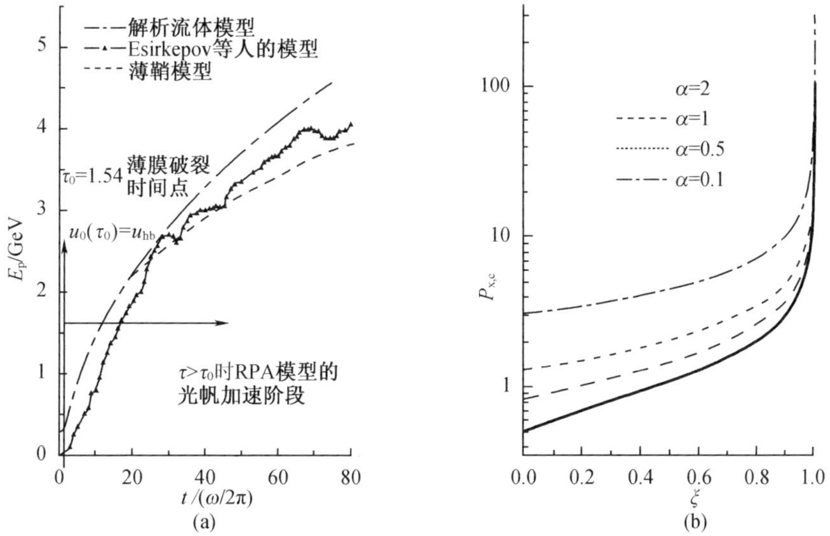

图 8－9　模型计算结果对比

习题

8－17　试从离子连续性方程和动量方程以及 Poisson 方程出发，做自相似变换，求解所有的一维中性等离子体膨胀的解析解。

8－18　试讨论相对论离子加速机制与非相对论离子加速机制的主要区别。

8－19　双相对论电子壳层决定的离子加速过程中，在实际应用中存在的主要困难在哪里，有没有办法克服？

8－20　离子前沿指的是什么，如何才能求解得到离子前沿的表达式？

8－21　离子加速机制中存在一种称为静电激波加速机制。本章的第一小节的理论是否可以描述它？请尝试讨论。

8－22　高能尾状分布的电子束是否可用双温分布来模拟？

8－23　在激光与物质相互作用的过程中，电子温度是如何变化的？试定性地予以讨论。

第9章　量子电动力学等离子体简介

作为一个新的交叉领域，量子电动力学等离子体与天体中的脉冲星、真空双折射的实验验证和强激光等离子体的研究都相关。在正常脉冲星的磁层中，磁场强度为 $10^9 \sim 10^{12}$ T，这个强度已经接近甚至大于真空 Schwinger 临界场强，即真空击穿的临界场强。这意味着，在脉冲星的磁层中时刻发生着能量转换为物质，物质转换为能量的物理过程。因此存在着大量的正负电子对等离子体，而且还是相对论的。同时，由于不断发生着正反物质湮灭的过程，因此不停地有强的 γ 射线辐射。关于脉冲星的辐射研究也是天体物理中的重要课题，可以应用于脉冲星导航中。

在地球上，人类能够获得的稳定的强磁场在特斯拉（T）量级。这种条件下，要验证真空双折射效应，就要求对实验噪声的控制极为严苛，要达到 10^{-22} 量级。目前 PVLAS 和 BMV 能做到最好的水平在 10^{-21} 量级。但是强激光的出现使得在实验室中验证真空极化成为可能。因此，如何利用强激光来设计实验验证真空极化现象成为一个热门课题。

由于篇幅有限，这里我们只介绍真空双折射现象、相对论对等离子体中量子电动力学效应与等离子体的集体效应之间的耦合竞争，以及所得结论在脉冲星研究中的可能应用。

9.1　相对论静电漂移对真空量子电动力学双折射的影响

正如狄拉克所预言的，真空是填满了负能态的虚态粒子的海洋，并非空无一物。正因如此，真空也存在极化和磁化。假设存在强的均匀电场 E_0 和强的磁场 B_0，$\boldsymbol{E}_0 \perp \boldsymbol{B}_0$，当一束探针光垂直 E_0 和 B_0 穿过真空时，会发生真空双折射现象。在这样的相互垂直的电磁场中，瞬间迸发的虚态正负电子对会发生定向的 $\boldsymbol{E}_0 \times \boldsymbol{B}_0$ 漂移。我们重点研究了 $\boldsymbol{E}_0 \times \boldsymbol{B}_0$ 漂移对探针光真空双折射的影响。发现了真空双折射的方向依赖性和对静电漂移的依赖关系。在两种特殊情况下，即 $E_0 = 0$ 和 $E_0 = cB_0$，我们的结果和前人的研究结果是一致的。结果显示，探针光的折射系数在 $\boldsymbol{E}_0 \times \boldsymbol{B}_0$ 方向随着漂移速度 $\dfrac{E_0}{cB_0}$ 减小，在 $-\boldsymbol{E}_0 \times \boldsymbol{B}_0$ 方向随着漂移速度 $\dfrac{E_0}{cB_0}$ 增加。因此，虚态正负电子对的 $\boldsymbol{E}_0 \times \boldsymbol{B}_0$ 漂移是导致真空双折射的方向依赖性的关键物理因素。

在一个强场中，$\boldsymbol{B}_0 = B_0\hat{y}$，且 $B_0 \leqslant 4.3 \times 10^9$ T，非常接近真空击穿产生正负电子对的临界 Schwinger 场，这时真空会表现出非线性光学介质的性质，将发生光劈裂、光的二向色性双折射以及真空布拉格散射等现象。Biswas 和 Melnikov 撰文指出磁场的旋转并不会影响双折射系数。Adler 也计算了旋转磁场中的探针光的折射系数，并给出了折射系数随磁场旋转频率的依赖关系。然而,如果同时存在一个强的垂直于磁场 B_0 的电场 E_0，探针光在 $\boldsymbol{E}_0 \times \boldsymbol{B}_0$ 方向以及 $-\boldsymbol{E}_0 \times \boldsymbol{B}_0$ 方向的传播特性将非常不同。当 $E_0 = cB_0$，很多研究人员获得了对头碰撞的探针光的折射系数,这些研究结果也表明,当探针光沿着 $\boldsymbol{E}_0 \times \boldsymbol{B}_0$ 方向入射时,探针光的折射率将不会受到影响,即折射率为单位 1。

一般来讲,对于紧聚焦的激光的电磁场(E,B),会有$|E| < c|B|$。如果激光的频率小于 10^{20} rad/s,场的定标长度将小于电子的康普顿波长。这时,电磁场将可以等同于均匀电磁场,有效的拉格朗日量是可用的。因此,在一个相互垂直的交叉场($\boldsymbol{E}_0 \perp \boldsymbol{B}_0, E_0 \leqslant cB_0$)中,我们重新考虑了真空双折射现象。为了在更大范围研究双折射现象,我们考虑了一个高频的电磁波和强的垂直交叉场之间的相互作用,假设 $\boldsymbol{E}_0 = E_0\hat{x}, \boldsymbol{B}_0 = B_0\hat{y}$。

基本假设和理论模型如下。

假设电磁波波矢 $\boldsymbol{k} \parallel \boldsymbol{E}_0 \times \boldsymbol{B}_0$。从以下有效拉格朗日量出发:

$$\mathscr{L}_{\text{eff}} = \varepsilon_0 \frac{E^2 - c^2B^2}{2} + \kappa\varepsilon_0^2[(E^2 - c^2B^2)^2 + 7c^2(\boldsymbol{E} \cdot \boldsymbol{B})^2] \tag{9-1}$$

式中,$\boldsymbol{E}$ 和 $\boldsymbol{B}$ 为总的电场和总的磁场。进一步可知

$$\boldsymbol{D} = \varepsilon_0\left\{\boldsymbol{E} + \xi\frac{2(E^2 - c^2B^2)\boldsymbol{E} + 7c^2(\boldsymbol{E} \cdot \boldsymbol{B})\boldsymbol{B}}{c^2B^2}\right\} \tag{9-2}$$

和

$$\boldsymbol{H} = \mu_0^{-1}\left\{\boldsymbol{B} + \xi\frac{2(E^2 - c^2B^2)\boldsymbol{B} - 7(\boldsymbol{E} \cdot \boldsymbol{B})\boldsymbol{E}}{c^2B^2}\right\} \tag{9-3}$$

对于$|E|,c|B| \ll E_{\text{crit}} \approx 10^{18}$ V/m 以及场频率满足 $\omega \ll \omega_{\text{e}} \approx 10^{20}$ rad/s 都是适用的。量子参量 $\xi = 2\kappa\varepsilon_0c^2B_0^2$,其中 ε_0 为真空电介质常数,$\kappa = \dfrac{2\alpha^2\hbar^3}{45m_{\text{e}}^4c^5} \approx 3.3 \times 10^{-30}\left(\dfrac{\text{J}}{\text{m}^3}\right)^{-1}$,$m_{\text{e}}$ 为电子静止质量,α 为精细结构常数。令 $E = E_0 + E_q$ 和 $B = B_0 + B_q$，并且 E_q 和 B_q为非经典电磁部分,为一阶小量,且

$$E_q = E_1\hat{y} + E_2\hat{x}, B_q = B_1\hat{y} + B_2\hat{x} \tag{9-4}$$

其中,$|E_{1,2}|$和$|cB_{1,2}|$均远远小于$|E_0|$和 $c|B_0|$。利用有效拉格朗日量,可以得出量子电动力学(QED)矫正的电位移场 $D_{\text{q}} = D - \varepsilon_0\alpha_0E_0$ 和磁场强度 $H_{\text{q}} = H - \mu_0^{-1}\alpha_0B_0$ 分别为

$$D_{\text{q}} = \varepsilon\{[(\alpha_0 + 7\xi)E_1 + 7\xi c_0B_2]\hat{y} + [(\alpha_0 + 4\beta_0^2\xi)E_2 - 4\xi c_0B_1]\hat{x}\} \tag{9-5}$$

$$H_{\text{q}} = \mu_0^{-1}\left\{\left[\frac{4\beta_0}{c}\xi E_2 + (\alpha_0 - 4\xi)B_1\right]\hat{y} + \left[(\alpha_0 - 7\beta_0^2\xi)B_2 - \frac{7\beta_0}{c}\xi E_1\right]\hat{x}\right\} \tag{9-6}$$

式中

$$\alpha_0 = 1 + 2\xi\hat{L}_0$$

$$c_0 = \frac{E_0}{B_0}$$

$$\beta_0 = \frac{c_0}{c}$$

$$\hat{L}_0 = \beta_0^2 - 1$$

实际上,c_0 即为虚态正负电子对的相对论静电漂移速度。利用波假设 $E_{1,2}$、$B_{1,2} \propto \exp\ \text{i}(kz - \omega t)$,对无源的修正的 Maxwell 方程组进行线性化可得

$$\omega B_1 = kE_2 \tag{9-7}$$

$$\omega[(\alpha_0+4\beta_0^2\xi)E_2-4c_0\xi B_1]=c^2k\left[(\alpha_0-4\xi)B_1+\frac{4\beta_0}{c}\xi E_2\right] \tag{9-8}$$

$$\omega B_2=-kE_1 \tag{9-9}$$

$$-\omega[(\alpha_0+7\xi)E_1+7c_0\xi B_2]=c^2k[(\alpha_0-7\beta_0^2\xi)B_2-7\beta_0\xi E_1] \tag{9-10}$$

求解色散关系和折射指数。

从上式出发,经过简单的代数运算可得平行偏振的探针光的色散关系为

$$\omega^2(\alpha_0+7\xi)-14\xi\omega c_0k-c^2k^2(\alpha_0-7\beta_0^2\xi)=0 \tag{9-11}$$

和垂直偏振的探针光的色散关系为

$$\omega^2(\alpha_0+4\beta_0^2\xi)-8\xi\omega c_0k-c^2k^2(\alpha_0-4\xi)=0 \tag{9-12}$$

令 $n=\dfrac{ck}{\omega}$表示折射系数。则沿着 $\boldsymbol{E}_0\times\boldsymbol{B}_0$ 方向的平行偏振和垂直偏振的电磁波的折射率为

$$n_{+,\mathrm{par}}\approx 1-\frac{7}{2}\hat{L}_0\xi-7\beta_0(1-\beta_0)\xi \tag{9-13}$$

$$n_{+,\mathrm{par}}\approx 1+2\hat{L}_0\xi+4(1-\beta_0)\xi \tag{9-14}$$

同样,可以得到沿着 $-\boldsymbol{E}_0\times\boldsymbol{B}_0$ 方向的平行偏振和垂直偏振的电磁波的折射率:

$$n_{-,\mathrm{par}}\approx 1-\frac{7}{2}\hat{L}_0\xi+7\beta_0(1-\beta_0)\xi \tag{9-15}$$

$$n_{-,\mathrm{par}}\approx 1+2\hat{L}_0\xi+4(1-\beta_0)\xi \tag{9-16}$$

综合以上,可以得出在 $\boldsymbol{E}_0\times\boldsymbol{B}_0$ 方向的平行偏振和垂直偏振的电磁波的折射率之差为

$$\Delta n_+\approx-\frac{11}{2}\hat{L}_0\xi-(4+7\beta_0)(1-\beta_0)\xi \tag{9-17}$$

和 $-\boldsymbol{E}_0\times\boldsymbol{B}_0$ 方向的平行偏振和垂直偏振的电磁波的折射率之差为

$$\Delta n_-\approx-\frac{11}{2}\hat{L}_0\xi-(4-7\beta_0)(1+\beta_0)\xi \tag{9-18}$$

以上公式表明,平行偏振和垂直偏振的折射率之差正比于量子参量 ξ。

图 9-1 显示了 $\boldsymbol{E}_0\times\boldsymbol{B}_0$ 方向和 $-\boldsymbol{E}_0\times\boldsymbol{B}_0$ 方向的真空双折射折射率随着虚态正负电子对的静电漂移速度的变化关系。

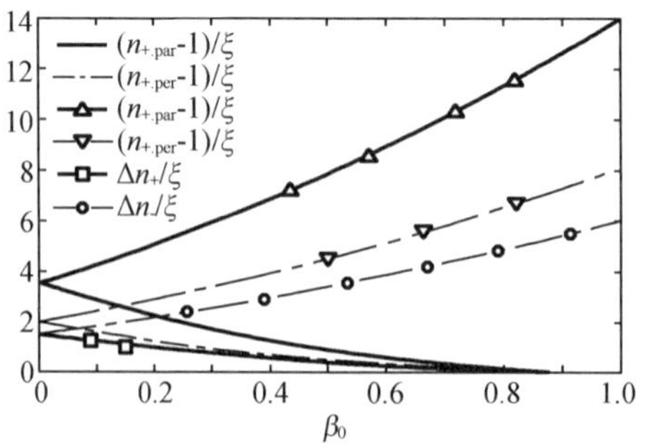

图 9-1　强的均匀交叉场中漂移效应对真空双折射的影响

为了比较我们的结果和前人的结果,考虑两种特殊情况。

①$E_0=0$,即 $\beta=0$,相当于只有均匀强磁场的情况,这时:

$$n_{+,\mathrm{par}} = n_{-,\mathrm{par}} = 1 + \frac{7\xi}{2} \tag{9-19}$$

$$n_{+,\mathrm{per}} = n_{-,\mathrm{per}} = 1 + 2\xi \tag{9-20}$$

$$\Delta n_{+} = \Delta n_{-} \tag{9-21}$$

这与前人的研究结果完全相同。

②$E_0 = cB_0$，即 $\beta_0 = 1$，这时对于沿 $\boldsymbol{E}_0 \times \boldsymbol{B}_0$ 方向传播的探针光，其平行偏振和垂直偏振的折射率都等于单位 1。即探针光并不受真空极化的影响，二者之间没有相互作用。但是对于沿着 $-\boldsymbol{E}_0 \times \boldsymbol{B}_0$ 方向传播的探针光则大不相同：

$$n_{-,\mathrm{par}} = 1 + 14\xi \tag{9-22}$$

$$n_{-,\mathrm{per}} = 1 + 8\xi \tag{9-23}$$

$$\Delta n_{-} = 6\xi \tag{9-24}$$

这种情况下，折射率之差只有均匀强磁场的 4 倍。

总之，我们发现当 $\beta_0 \neq 0$ 时，真空双折射表现出明显的方向依赖性，并且二者折射率的差随漂移速度的增加而单调增加：

$$\Delta n = \Delta n_{-} - \Delta n_{+} = 6\beta_0\xi \tag{9-25}$$

习题

9－1　试证明以上结论。

折射率的方向依赖性可能是由于虚态正负电子对的静电漂移的方向性所导致的。虚态正负电子对具有相同的 $\boldsymbol{E}_0 \times \boldsymbol{B}_0$ 漂移速度。

实验上要测量双折射，将使探针光在强场中反复穿行 N 次，这样就可以得出经过 L 距离的强场区域，对应的椭圆偏振度为

$$\psi = \frac{N\pi L}{\lambda}(\Delta n_{+} + \Delta n_{-}) = \frac{N\pi L}{\lambda} 3(1 + \beta_0^2)\xi \tag{9-26}$$

式中，$(1 + \beta_0^2)$ 为由垂直的强电场导致的增强因子。

习题

9－2　试证明以上公式，并根据结果设计相关实验，如果所用探针光为 X 射线，双折射效应会增强吗？

9.2　强电磁波场中真空 QED 双折射对角度和相位的依赖关系

不同于超位原理，在强静场、激光场或是旋转电磁场中，真空也会使光发生折射现象。不同于经典的光学晶体，折射指数还依赖于强电磁场的相位。我们给出了一个探针光入射到强的圆偏振的平面电磁波中时折射率对相位和角度的依赖关系。这有可能为计算波在脉冲星或中子星的强的电磁环境中的偏振演化提供理论依据。

Heyl 和 Shaviv 计算了在一个强的旋转磁场中的探针光的偏振演化随角度的依赖关系。

然而，依据 Maxwell 方程，伴随着强的旋转磁场 B_r，必然有一个强的旋转电场存在 E_r。由于这个电场 E_r 的存在，探针光传播过程中的相速度、群速度以及折射系数将依赖于探针光的波矢与 $\boldsymbol{E}_r \times \boldsymbol{B}_r$ 的夹角以及强电磁波的局部相位。为了从实验上检验光光折射，King、Piazza 和 Keitel 提出了利用一个探针光与两束超强激光场对头碰撞类比于一个非物质的双缝实验的方案。Kryuchkyan 和 Hatsagortsyan 预言了一个探针光与空间调制的强的电磁场相互作用会发生 Brag 散射现象。在一个强的旋转电磁场中折射率，相关电导率、磁导率对相位以及方向的依赖关系还没有较详细的讨论，但这对于偏振演化是非常重要的。这对于分辨脉冲星的辐射和推断磁层的结构都会有所帮助。对于研究均匀磁场、电场或是电磁场中的真空极化，光的极化张量会是一个很有力的工具。利用光的极化张量，研究者们给出了以下研究成果：均匀强磁场中的真空双折射的角度依赖性，被强激光场散射的光的振幅以及光的衍射现象。

除了光极化张量外，通过求解被有效拉格朗日量校正的 Maxwell 方程组得出色散关系也是一种有效且简单的方法。利用这个办法，我们得出了在一个强的旋转电磁场中任意入射角度入射的探针光的折射率。利用得到的探针光的色散关系，我们详细计算了折射率、电导率和磁导率随相位和方向的依赖关系。

基本假设和方程如下。

假设外场为一个低频的强的圆偏振电磁波场：

$$B_r = B_0(\cos\phi_\Omega, \sin\phi_\Omega, 0) \triangleq B_0\hat{B}_r \tag{9-27}$$

$$E_r = cB_0(\sin\phi_\Omega, -\cos\phi_\Omega, 0) \triangleq cB_0\hat{E}_r \tag{9-28}$$

式中

$$\phi_\Omega = \Omega - k_r z$$

$$k_r = \frac{\Omega}{c}$$

真空光速 $c = 3.0 \times 10^8$ m/s，$cB_0 < 10^{18}$ V/m，即小于真空击穿的临界 Schwinger 场。假设探针光的波矢量满足：

$$\boldsymbol{k}_p = k(\sin\theta\cos\phi, \sin\theta\sin\phi, \cos\phi)\begin{pmatrix}\hat{E}_r \\ \hat{B}_r \\ \hat{z}\end{pmatrix} \tag{9-29}$$

式中 θ——$\boldsymbol{k}_p$ 与 z 轴的夹角；

ϕ——在 $\hat{\boldsymbol{E}}_r - \hat{\boldsymbol{B}}_r$ 平面的投影与 $\hat{\boldsymbol{E}}_r$ 的夹角。

图 9-2 给出了四种情形。

①平行于 $\hat{\boldsymbol{E}}_r \times \hat{\boldsymbol{B}}_r$ 方向入射的探针光与该强的旋转电磁场不发生相互作用；

②当探针光沿 $-\hat{\boldsymbol{E}}_r \times \hat{\boldsymbol{B}}_r$ 方向入射时，其中平行偏振分量和垂直偏振分量的折射率分别为 $(1+14\xi)$ 和 $(1+8\xi)$；

③当探针光垂直入射到强旋转电磁波场时，只有一个允许模式，折射率为 $1+\dfrac{28\xi}{(4+3\sin^2\phi)}$，入射到不同的相位会有不同的折射率；

④探针光既不平行也不垂直于强电磁波场入射，后面将详细给出细节。

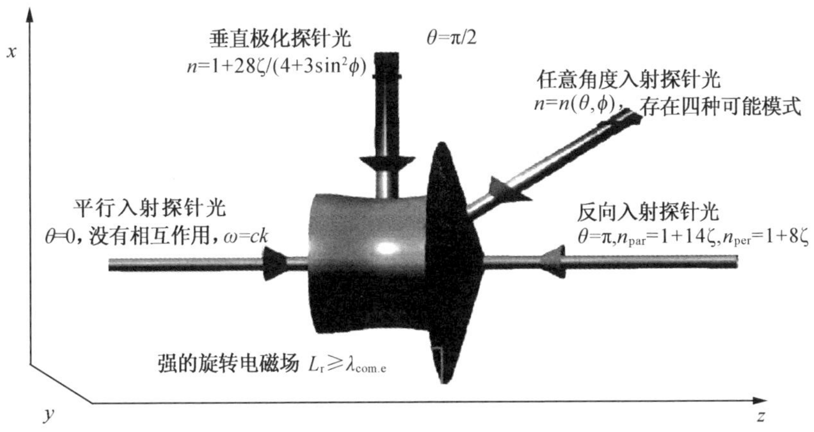

图 9-2　强旋转电磁场中真空双折射相位和角度依赖关系示意图

要注意的是，我们需要以下假设条件：旋转场的定标长度必须要远远大于电子的康普顿波长，即旋转电磁场的频率要满足

$$\Omega \ll \frac{c}{\lambda_{\text{com. e}}} \approx 10^{20}(\text{rad/s}) \tag{9-30}$$

在实验室坐标系下，由于 k_{p} 并不依赖于 Ω，则有

$$\phi = \phi_0 - \phi_\Omega \tag{9-31}$$

其中，$\phi_0 - \frac{\pi}{2}$ 为 k_{p} 在 $\hat{x}-\hat{y}$ 平面内投影和 x 轴的夹角。在旋转坐标系下，令

$$\hat{x}_{\mathrm{p}} = (-\cos\theta\cos\phi, -\cos\theta\sin\phi, \sin\theta) \tag{9-32}$$

$$\hat{y}_{\mathrm{p}} = (\sin\phi, -\cos\phi, 0) \tag{9-33}$$

因此 $(\hat{x}_{\mathrm{p}}, \hat{y}_{\mathrm{p}}, k_{\mathrm{p}})$ 是新的单位正交基。经过一些代数运算，在实验室坐标系下，得到

$$\boldsymbol{k}_{\mathrm{p}} = \left(k\sin\theta\cos\left(\phi_0 - \frac{\pi}{2}\right), k\sin\theta\sin\left(\phi_0 - \frac{\pi}{2}\right), k\cos\theta\right) \tag{9-34}$$

$$\hat{\boldsymbol{x}}_{\mathrm{p}} = (-\cos\theta\sin\phi_0, \cos\theta\cos\phi_0, \sin\theta) \tag{9-35}$$

$$\hat{\boldsymbol{y}}_{\mathrm{p}} = (-\cos\phi_0, -\sin\phi_0, 0) \tag{9-36}$$

因此，探针光的电磁场满足

$$\boldsymbol{B}_{\mathrm{p}} = B_1\hat{\boldsymbol{x}}_{\mathrm{p}} + B_2\hat{\boldsymbol{y}}_{\mathrm{p}} = B_1'\hat{x} + B_2'\hat{y} + B_3'\hat{z} \tag{9-37}$$

$$\boldsymbol{E}_{\mathrm{p}} = E_1\hat{\boldsymbol{x}}_{\mathrm{p}} + E_2\hat{\boldsymbol{y}}_{\mathrm{p}} = E_1'\hat{x} + E_2'\hat{y} + E_3'\hat{z} \tag{9-38}$$

并且 $\boldsymbol{E}_{\mathrm{p}} = \boldsymbol{R}(\theta,\phi,\phi_0)\boldsymbol{E}_{\mathrm{p}}'$，有

$$\boldsymbol{R}(\theta,\phi,\phi_0) = \begin{pmatrix} -\cos\theta\sin\phi_0 & \cos\theta\cos\phi_0 & \sin\theta \\ -\cos\phi_0 & -\sin\phi_0 & 0 \\ \sin\theta\sin\phi_0 & -\sin\theta\cos\phi_0 & \cos\theta \end{pmatrix} \tag{9-39}$$

由 $E_3 = 0, B_3 = 0$，可得

$$E_3' = -\frac{\sin\theta}{\cos\theta}(E_1'\sin\phi_0 - E_2'\cos\phi_0) \tag{9-40}$$

$$B_3' = -\frac{\sin\theta}{\cos\theta}(B_1'\sin\phi_0 - B_2'\cos\phi_0) \tag{9-41}$$

利用有效拉格朗日量，非经典的电位移矢量和磁场强度矢量满足

$$\boldsymbol{D}_{\mathrm{p}}=\boldsymbol{D}-\varepsilon_0\boldsymbol{E}_{\mathrm{r}}=\varepsilon_0\boldsymbol{\varepsilon}^{\mathrm{r}}\boldsymbol{E}_{\mathrm{p}}=\varepsilon_0\boldsymbol{\varepsilon}^{\mathrm{L}}\boldsymbol{E}'_{\mathrm{p}} \tag{9-42}$$

$$\boldsymbol{H}_{\mathrm{p}}=\frac{1}{\boldsymbol{\mu}_0}\mu^{-1,\mathrm{r}}\boldsymbol{B}_{\mathrm{p}}=\frac{1}{\boldsymbol{\mu}_0}\boldsymbol{\mu}^{-1,\mathrm{L}}\boldsymbol{B}'_{p} \tag{9-43}$$

其中，$\boldsymbol{\varepsilon}^{\mathrm{r}}$、$\boldsymbol{\mu}^{-1,\mathrm{r}}$均在旋转坐标系内，并且在实验室坐标系满足

$$\boldsymbol{\varepsilon}^{\mathrm{r}}=\boldsymbol{\varepsilon}^{\mathrm{L}}\boldsymbol{R},\boldsymbol{\mu}^{-1,\mathrm{r}}=\boldsymbol{\mu}^{-1,\mathrm{L}}\boldsymbol{R} \tag{9-44}$$

$\boldsymbol{\varepsilon}^{\mathrm{r}}$、$\boldsymbol{\mu}^{-1,\mathrm{r}}$满足

$$\boldsymbol{\varepsilon}^{\mathrm{r}}=\begin{pmatrix}[4\xi n-(1+4\xi)\cos\theta]\cos\phi & [4\xi n\cos\theta+(1+4\xi)]\sin\phi\\ [7\xi n-(1+7\xi)\cos\theta]\sin\phi & -[7\xi n\cos\theta+(1+7\xi)]\cos\phi\\ \sin\theta & 0\end{pmatrix} \tag{9-45}$$

$$\boldsymbol{\mu}^{-1,\mathrm{r}}=\begin{pmatrix}-\dfrac{[7\xi+(1-7\xi)n\cos\theta]}{n}\cos\phi & \dfrac{[7\xi\cos\theta+(1-7\xi)n]}{n}\sin\phi\\ -\dfrac{[4\xi+(1-4\xi)n\cos\theta]}{n}\sin\phi & -\dfrac{[4\xi\cos\theta+(1-4\xi)n]}{n}\cos\phi\\ \sin\theta & 0\end{pmatrix} \tag{9-46}$$

式中，$n=\dfrac{ck}{\omega}$为折射率。

利用波假设和经有效拉格朗日量修正的 Maxwell 方程组的线性化，可以得出探针光的色散关系为

$$\begin{aligned}&-[(1-7\xi)n^2\cos^2\theta+(14\xi\cos\theta+\sin^2\theta)n-(1+7\xi)]\cdot[(1-4\xi)n^2\cos\theta+\\&\qquad 4\xi(1+\cos^2\theta)n-(1+4\xi)\cos\theta]\cos^2\phi\\&=[(1-4\xi)n^2\cos^2\theta+(8\xi\cos\theta+\sin^2\theta)n-(1+4\xi)]\cdot[(1-7\xi)n^2\cos\theta+\\&\qquad 7\xi(1+\cos^2\theta)n-(1+7\xi)\cos\theta]\sin^2\phi\end{aligned} \tag{9-47}$$

这一色散关系包含三种特殊情形：$\theta=0,\theta=\pi,\theta=\dfrac{\pi}{2}$。

当 $\theta=0$ 时，色散关系退化为一个二阶代数方程，对于平行偏振的光其两个根为 1，$-1-14\xi$，对于垂直偏振的光其两个根为 $1,-1-8\xi$。其中 $-1-14\xi$ 和 $-1-8\xi$ 分别代表反向传输的探针光的折射率。平行同向传输的探针光与平面电磁波没有相互作用。

当 $\theta=\pi$ 时，色散关系的两个根为 $-1,1+14\xi$ 和 $-1,1+8\xi$ 分别对应于平行偏振和垂直偏振的光。其物理意义和 $\theta=0$ 时的情形是一致的。

当 $\theta=\dfrac{\pi}{2}$时，色散关系变为

$$n[(4+3\sin^2\phi)n-(4+28\xi+3\sin^2\phi)]=0 \tag{9-48}$$

因此折射率为

$$n=1+\frac{28\xi}{4+3\sin^2\phi} \tag{9-49}$$

因此当 $\boldsymbol{k}_{\mathrm{p}}\perp\hat{z}$ 时，只存在一个允许模式。当 $\phi=0$，等价于 $\boldsymbol{k}_{\mathrm{p}}\parallel\hat{\boldsymbol{E}}_{\mathrm{r}}$，即沿着 $\hat{\boldsymbol{E}}_{\mathrm{r}}$ 方向传播的波折射率达到最大值 $n=1+7\xi$。对于 $\phi=\dfrac{\pi}{2}$，即 $\boldsymbol{k}_{\mathrm{p}}\parallel\hat{B}_{\mathrm{r}}$，沿着 $\hat{\boldsymbol{B}}_{\mathrm{r}}$ 方向传播的波的折射率达到最小值 $n=1+4\xi$。对于不同的位置和时间，相位都是不同的，因而折射率也会不同。因此，模式的极化率会随着传播路径的改变而改变。

图 9－3 给出了折射率随着方向的变化关系。图 9－4 给出了折射率随着入射位置处电磁场相位的关系变化图。明显可以看出，在 $\phi = \frac{\pi}{2}$ 附近存在极大或极小值。

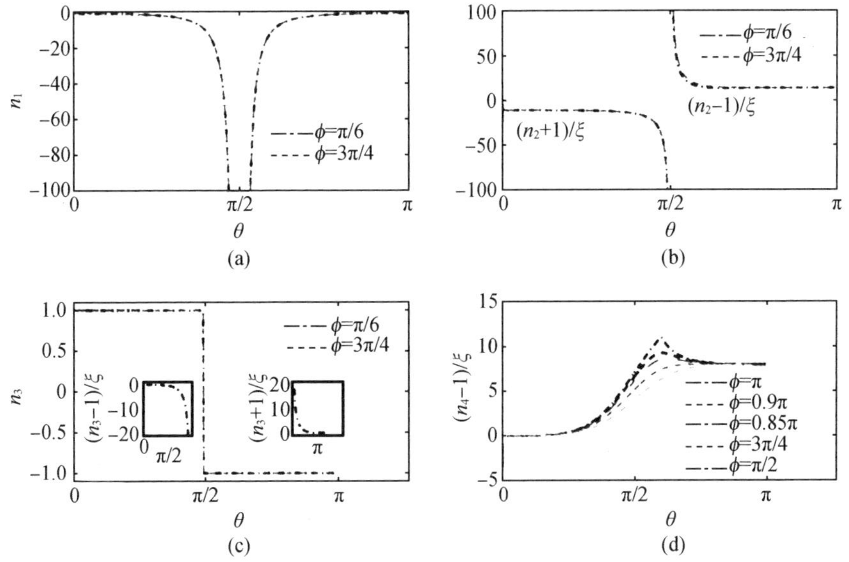

图 9－3　强的圆偏振场中，探针光的折射率对方向的依赖关系

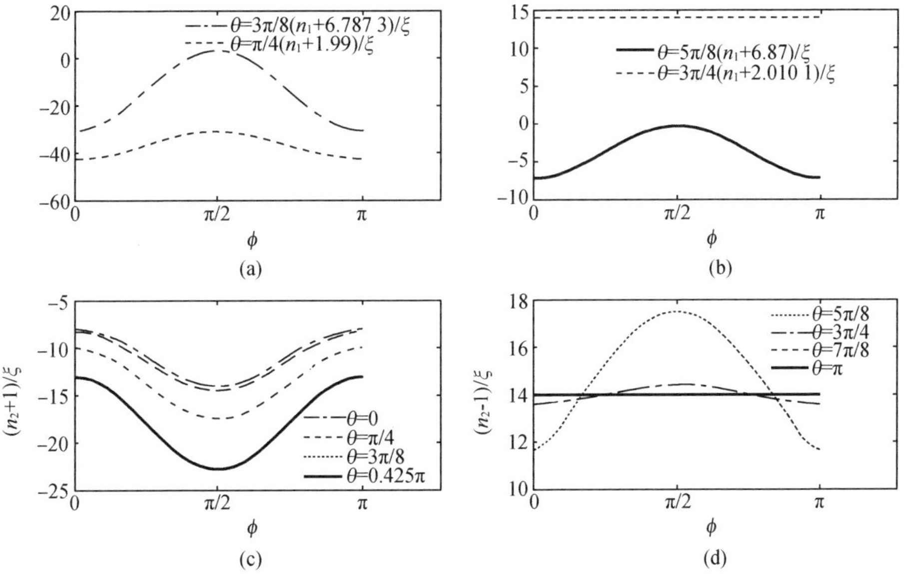

图 9－4　强的圆偏振场中，探针光的折射率对相位的依赖关系

这一节得到了以任意角度入射到一个强的圆偏振光场的探针光的色散关系。并据此详细讨论了三种特殊情形：$\theta = 0$，$\theta = \pi$，$\theta = \frac{\pi}{2}$。依据色散关系，我们计算了折射率、电导率和磁导率随探针光所处位置相位和波矢方向的依赖关系。对于垂直入射的探针光 $\theta = \frac{\pi}{2}$，只有一个允许模式,其折射率为 $n=1+\frac{28\xi}{4+3\sin^2\phi}$。负折射率对应反向传播的光波。利用所得结果,能够给出探针光在传播路径上的偏振演化关系。因此,不仅极化会发生变化,光的路径也会发生弯折。这一结果对计算脉冲星或者中子星磁层内电磁波的极化演化以及实际光路都具有重要的参考价值。

9.3 热相对论正负电子对等离子体中量子电动力学双折射的零点条件

非线性量子电动力学效应对于天体环境或者强光实验室中的对等离子体都具有极大的意义。对等离子体中对于沿着均匀强磁场传播的圆偏振激光,Marklund 等人发现了新的量子电动力学模式。他们也关注了可用于脉冲星环境研究和大量的非线性 QED 效应的一些低频模式。对于一个垂直于外磁场传播的低频线偏振波,Brodin 等人研究了 QED 光劈裂的非线性动力学过程并且发现了磁化对等离子体中耦合的非线性电磁波的一个更为有效的衰变通道。然而,他们的模型需要假设电磁波频率和电子等离子体频率要远远小于电子的 Larmor 回旋频率。由于双折射会影响线偏振波的偏振演化,因而也是非常重要的量子电动力学效应。Lundin 考虑了磁化背景下光的传播。然而他们的处理仅对很强的磁场是适用的。Mubashar 导出了磁化量子等离子体中线性波的理论,但是他们并没有详细讨论热对等离子体集体效应和量子电动力学效应对双折射的影响。

PVLAS 课题组,BMV 课题组和 Q&A 课题组开展了一系列的真空双折射的实验(也称之为 Cotton – Mouton 效应)以及一系列的气体中电场梯度诱导的双折射的实验(EFGB)。通过改进提升探测效率,有效地抑制噪声,他们的实验结果已经很接近理论预测的结果。实验和理论都表明 EFGB 诱导的 Cotton – Mouton 常数比真空中特斯拉量级磁场决定的 Cotton – Mouton 常数要高出 7 ~ 8 个数量级。中子星或脉冲星的磁场可达到 $10^8\sim10^{12}$ T,会对辐射导致很强的真空双折射。在一个热等离子体中,当有一个强的缓变磁场时,Pavlov 和 Shibanov, Ventura, Nagel 和 *Mészáros*, Bulik 和 Miller, Gnedin, Pavolov 和 Shibanov, Lai 和 Ho, Shannon 和 Heyl 研究了磁化中子星或脉冲星上由于 QED 真空效应和等离子体效应产生的辐射极化演化。Lai 和 Ho 建议采用极化的 X 射线作为 QED 效应的探针光。引起特别关注的是称之为“真空共振”,对应于真空效应和等离子体效应二者相消的情形。然而,一般来讲,强磁场和脉冲星都是旋转的。依据 Maxwell 方程,同时在磁场的垂直方向上有一个旋转电场存在。在强的交叉场情形$\boldsymbol{E}_0\perp\boldsymbol{B}_0$,脉冲星的对等离子体会经历一个高速漂移,即 $\boldsymbol{E}_0\times\boldsymbol{B}_0$ 漂移,而且是相对论的。因此,对于强的交叉场环境下的热的相对论对等离子体,QED 效应、漂移效应和等离子体的集体效应之间的耦合和竞争关系迫切需要澄清。因此,当磁场是任意值且小于 Schwinger 临界场时,以及不考虑 EFGB 场的影响,热的相对论正负电子对等离子体中的等离子体的集体效应对量子电动力学双折射的影响是具有重要意义的。

1. 色散关系

在下面的讨论中,平行偏振对应于探针光的电场平行于外磁场,垂直偏振对应于探针光的电场垂直于外磁场。

平行偏振色散关系为

$$\omega^2\alpha_0 - c^2k^2\alpha_0 + 7\xi(\omega - v_0k)^2 = \frac{2\omega_p^2}{\gamma_0} \triangleq 2\,\widetilde{\omega}_p^2 \tag{9-50}$$

式中　$\boldsymbol{v}_0 = \dfrac{E_0}{B_0}\hat{z}$，即为 $\boldsymbol{E}_0 \times \boldsymbol{B}_0$ 的漂移速度；

$\omega_p^2 = \dfrac{n_0 e^2}{\varepsilon_0 m_e}$；

$\alpha_0 = 1 - 2\xi\gamma_0^{-2}$；

$\gamma_0^{-2} = 1 - \beta_0^2$。

垂直偏振，包含一个电磁波 $\exp[\mathrm{i}(k_{em}z - \omega_{em}t)]$ 和一个静电波 $\exp[\mathrm{i}(k_s z - \omega_s t)]$，电磁波的色散关系满足：

$$\omega_{em}^2(\alpha_0 + 4\beta_0^2\xi) - c^2k_{em}^2(\alpha_0 - 4\xi) - 8\xi\omega_{em}\beta_0 ck_{em} + \frac{2\,\widetilde{\omega}_p^2(\gamma_0^4(\omega_{em} - k_{em}v_0)^2 - \gamma_0 k_{em}^2 v_{th}^2)}{\omega_c^2 - \gamma_0^4(\omega_{em} - k_{em}v_0)^2 + \gamma_0 k_{em}^2 v_{th}^2} = 0 \tag{9-51}$$

式中，$v_{th}^2 = \dfrac{k_B T}{m_e}$ 为等离子体热速度。我们假定电子温度等于离子温度。

2. 量子电动力学——对等离子体中的量子电动力学双折射

情况Ⅰ　$\dfrac{\omega_c^2}{\gamma_0^4} \ll \omega^2$

这等价于两方面：①弱场，或者拉莫尔回旋频率相比探针光频率低很多；②强的相对论漂移速度，即 $\gamma_0 \gg 1$。这种情况，色散关系变成了类似平行偏振的二阶方程：

$$\omega^2(\alpha_0 + 4\beta_0^2\xi) - c^2k^2(\alpha_0 - 4\xi) - 8\xi\beta_0\omega ck - 2\,\widetilde{\omega}_p^2 = 0 \tag{9-52}$$

上述方程的解为 $n_{per,1}$，$n_{per,2}$，分别对应正向传播的波和反向传播的波的折射率。假设

$$1 - 2\hat{\omega}_p^2 = 1 - \frac{2\,\widetilde{\omega}_p^2}{\omega^2} \gg \xi \tag{9-53}$$

习题

9-3　对平行偏振和垂直偏振的折射率进行线性化，证明平行偏振和垂直偏振的折射率之差为

$$\frac{\Delta n_{\pm}}{\xi} \approx \pm\sqrt{1 - 2\hat{\omega}_p^2}\left(\frac{7}{2}\beta_0^2 - 2\right) \pm \frac{\dfrac{7}{2} - 2\beta_0^2}{\sqrt{1 - 2\hat{\omega}_p^2}} - 3\beta_0 \tag{9-54}$$

式中　$\Delta n_+ \triangleq n_{par,1} - n_{per,1}$，在正 z 方向；

$\Delta n_- \triangleq n_{par,2} - n_{per,2}$，在负 z 方向；

n_{par}——平行偏振的探针光的折射率。

上述公式展示了量子电动力学效应 ξ，等离子体集体效应 ω_p^2，和相对论漂移效应 β_0，三者之间的耦合关系。特别地，当 $E_0 = 0$，$\beta_0 = 0$ 时，折射率之差简化为

$$\frac{\Delta n_+}{\xi} = -\frac{\Delta n_-}{\xi} \approx -2\sqrt{1 - 2\hat{\omega}_p^2} + \frac{\dfrac{7}{2}}{\sqrt{1 - 2\hat{\omega}_p^2}} \tag{9-55}$$

当 $\omega_p^2 = 0$ 时

$$\frac{\Delta n_+}{\xi}=\frac{3}{2} \tag{9-56}$$

这与真空均匀强磁场诱导的双折射结果相同。

由于双折射，一个线偏振的探针光会变为椭圆偏振，当其偏振度远远小于1时，满足

$$\psi_{\pm}=\frac{\pi L}{\lambda}\Delta n_{\pm} \tag{9-57}$$

式中 L——光路传播的长度；

λ——探针光的波长。

如图9-5所示，如果等离子体密度选择合适，由折射率导致的椭偏度将比真空双折射情形高出好几个数量级。由于Cotton-Mouton常数满足

$$k_{\mathrm{CM}}=\frac{\Delta n}{B_0^2} \tag{9-58}$$

因此以上对于折射率之差的讨论和计算，对于Cotton-Mouton常数也是同样适用的。

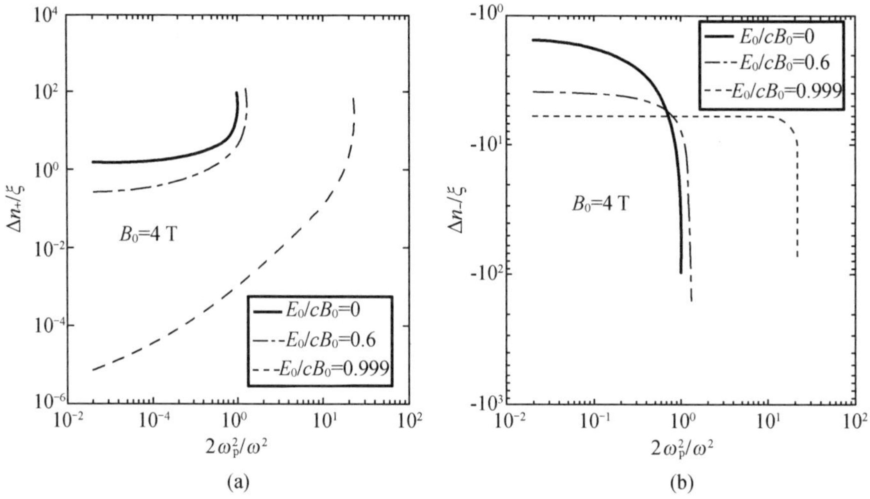

图9-5 当 B_0=4 T，折射率之差对等离子体密度的依赖关系

然而，由等离子体密度集体效应带来的增强将被相对论漂移效应部分抵消，这从图9-5中的实线和虚线的对比可以看出来。当 $\beta_0\to 1$ 时，$\Delta n_{\pm}$ 也将趋于常数。

特别地，$E_0\approx cB_0$ 时，$\beta_0\approx 1$，$\gamma_0\to\infty$，这时有

$$\frac{\Delta n_+}{\xi}\approx 0 \tag{9-59}$$

这意味着漂移效应和量子电动力学效应完全抵消。

$$\frac{\Delta n_-}{\xi}\approx -6 \tag{9-60}$$

将不依赖于等离子体密度和波的频率。该式描述了一个反向传播的探针光和一个强的低频平面波的相互作用。

情况Ⅱ $\dfrac{\omega_c^2}{\gamma_0^4}\gg\omega^2$

这将对应于强磁场，即拉莫尔回旋频率远远大于探针光频率。这时，由于 $\omega_c^2\gg$

$\gamma_0^4(\omega_{em}-k_{em}v_0)^2-\gamma_0 k_{em}^2 v_{th}^2$,色散关系同样可以简化为二阶方程

$$\alpha_{h1}c^2k_{em}^2+\alpha_{h2}ck_{em}\omega_{em}+\alpha_{h3}\omega_{em}^2=0 \tag{9-61}$$

式中

$$\alpha_{h1}=(\alpha_0-4\xi)-\frac{2\widetilde{\omega}_p^2}{\omega_c^2}(\gamma_0^4\beta_0^2-\gamma_0\beta_{th}^2) \tag{9-62}$$

$$\alpha_{h2}=8\beta_0\xi+\frac{4\beta_0\gamma_0^4\widetilde{\omega}_p^2}{\omega_c^2} \tag{9-63}$$

$$\alpha_{h3}=-\left(\alpha_0+4\beta_0^2\xi+\frac{\gamma_0^4 2\widetilde{\omega}_p^2}{\omega_c^2}\right) \tag{9-64}$$

α_{h1}项表明等离子体温度对折射率的影响可以忽略。上述方程的解 $n_{per,1}$、$n_{per,2}$同样不依赖于探针光的频率。令 $\overline{\omega}_p^2=\dfrac{2\gamma_0^4\widetilde{\omega}_p^2}{\omega_c^2}$,则有

$$\frac{2\widetilde{\omega}_p^2}{\overline{\omega}_p^2}=\frac{\omega_c^2}{\gamma_0^4\omega^2}\gg 1 \tag{9-65}$$

要使探针光在对等离子体中无阻尼的传播,要求

$$2\widetilde{\omega}_p^2\leqslant\omega^2\ll\frac{\omega_c^2}{\gamma_0^4} \tag{9-66}$$

结合以上,得出

$$\overline{\omega}_p^2\ll 1 \tag{9-67}$$

α_{h2}和α_{h3}包含了耦合项$\beta_0\xi$ 和$\beta_0^2\xi$,这是 QED 效应和漂移效应的耦合。集体效应和漂移效应也存在耦合并且这二者之间的耦合与 QED 效应和漂移效应的耦合形成了竞争关系。在稀薄等离子体中,可以忽略集体效应,这时 QED 效应和漂移效应的耦合占据主导地位。

图 9-6 给出了强磁场情况下,折射率之差随着等离子体密度和探针光频率之间的依赖关系。

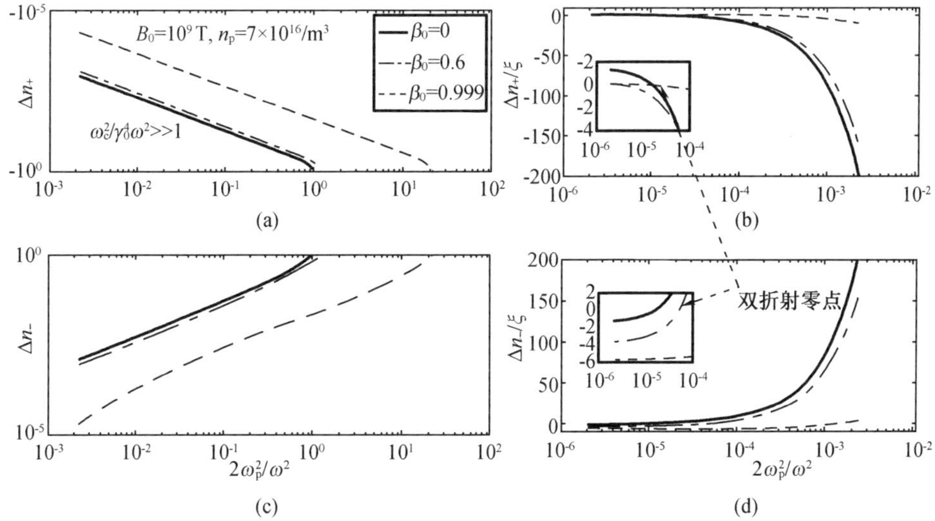

图 9-6　强磁场情况下 QED 双折射随等离子体密度的变化关系

当 $\xi \ll \overline{\omega}_p^2 \ll 2\hat{\omega}_p^2$ 或者 $\overline{\omega}_p^2 \sim \xi \ll 2\hat{\omega}_p^2 \leq 1$ 时，其中相对等离子体密度远远大于 QED 参量 ξ 时，QED 效应将被等离子体的集体效应所淹没，正如图 9－6(a)和图 9－6(c)所示。

习题

9－4　当 $\overline{\omega}_p^2 \ll \xi \sim 2\hat{\omega}_p^2 \ll 1$ 时，其中等离子体相对密度较小并且和 QED 参量 ξ 可比时，通过对折射率公式线性化处理，证明折射率之差由下式给出：

$$\Delta n_{\pm} \approx \mp \hat{\omega}_p^2 \pm \frac{3}{2}(1 \mp \beta_0)^2 \xi \tag{9-68}$$

图 9－6(b)和图 9－6(d)展示了稀薄等离子体中的折射率的精确计算结果。这和上述线性化公式的结果一致。该公式明确地表示了稀薄等离子体中的 QED 效应和等离子体的集体效应之间的竞争关系。其中漂移效应的影响已经被包含在内了。从上述公式可以得出，等离子体效应和 QED 效应相互抵消的临界等离子体密度满足

$$\hat{\omega}_p^2 \approx \frac{3}{2}(1-\beta_0)^2 \xi \tag{9-69}$$

对于正向传播的探针光，有

$$\hat{\omega}_p^2 \approx \frac{3}{2}(1+\beta_0)^2 \xi \tag{9-70}$$

对于反向传播的探针光，这时，QED 双折射效应消失了！

当 $\hat{\omega}_p^2 \ll \xi, \beta_0 = 0$ 时，有 $\Delta n_{\pm} \approx \pm \frac{3\xi}{2}$，这与真空双折射情形的结果一致。正如图 9－6(b)和图 9－6(d)所示，对于正向传播的探针光，折射率之差将趋近 $\frac{3\xi}{2}$；反向传播的探针光，折射率之差将趋近 $-\frac{3\xi}{2}$。当 $\beta_0 = 1$ 时，两者分别趋近 0 和 -6ξ。漂移效应和 QED 效应在这种情况下，占主导。

情况Ⅲ　$\frac{\omega_c^2}{\gamma_0^4} \approx \omega^2$

这种情况下，我们必须求解复杂的四次方程表示的色散关系。这里我们主要考虑两种典型情况：几个特斯拉的弱磁场和 10^9 T 的强磁场。对于几个特斯拉的弱磁场，对应波频率为 10^{12} rad/s，对应的波长为几个毫米量级。选取相应的等离子体密度使得波可以无阻尼传播。例如，当磁场 $B_0 = 4$ T，$\beta_0 = 0$ 时，等离子体密度应该小于 $7.76 \times 10^{19}/\text{cm}^3$。

图 9－7 给出了折射率和折射率之差随着等离子体相对频率平方的变化关系。如图 9－7(b)和图 9－7(d)所示，当 $\beta_0 \to 1$ 时，波提前被阻尼。由于此时，$\xi = 8.4 \times 10^{23}$，当 $B_0 = 4$ T 时，这时量子真空极化效应将完全被等离子体的集体效应和静电漂移所淹没。

对于 $B_0 = 10^9$ T 的强磁场情形，对应的波的频率为 1.75×10^{20} rad/s($\beta_0 = 0$)和 3.5×10^{17} rad/s($\beta_0 = 0.999$)。对应的波长分别为 0.01 nm 和 5 nm，处于 x 波段。一般来讲，这种情况下，等离子体的临界密度都很高以致难达到。对于相对较低的等离子体密度，$2\omega_p^2 \ll \omega^2 \gamma_0$，正向传播的波的折射率之差为 $\frac{3\xi}{2}$ 和 0，分别对应 $\beta_0 = 0, 0.999$。而反向传播的

波的折射率之差为 $-\frac{3\xi}{2}$ 和 -6ξ。这些结果都和真空双折射的结果相一致。这种情况下，QED 效应和漂移效应占主导，而等离子体的集体效应被淹没了。

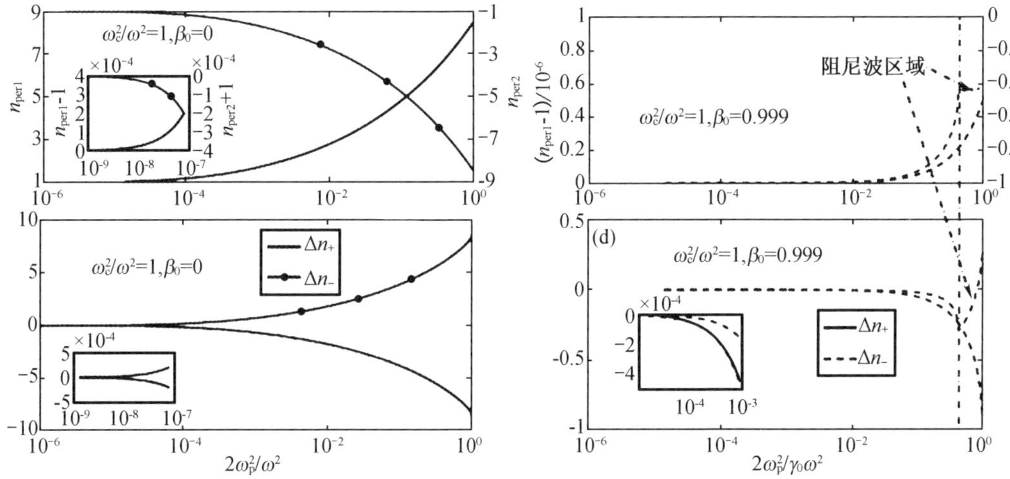

图9－7　垂直偏振的探针光的折射率随等离子体频率的变化关系

9.4　QED 等离子体在脉冲星参数估算中的应用

当 $\omega_c^2 \ll \omega^2$ 和 $\beta_0=0$ 时，在近临界密度区域，即 $2\omega_p^2 \leqslant \omega^2$，Cotton－Mouton 常数，也就是折射率之差，将比真空双折射情形高出几个数量级。例如，当 $2\omega_p^2 \approx 0.99\omega^2$，$B_0=4$ T 以及 $\beta_0=0$时，$|\Delta n_\pm| \approx 35\xi$。这可能为通过精确地实现 QED 效应和等离子体的集体效应耦合来测量双折射现象提供一种可行的方案。但是由于在近临界密度区域，双折射相对等离子体的密度非常灵敏，一旦等离子体频率稍微大于等离子体的临界密度，波将被阻尼并且很快耗散。因此，这需要精确地控制等离子体的密度。

在脉冲星和磁脉冲星的磁层内，强的线偏振辐射主要来自曲率辐射、回旋辐射或者是内带的高能电子的逆康普顿散射。强辐射会沿着磁力线的切线方向出射。当波穿过磁层时，部分波将感受到垂直于切向分量的法向磁场分量。利用 GL 模型，对于一个脉冲星，垂直的磁场分量 B_0 能达到 $10^5 \sim 10^8$T，对于一个毫秒脉冲星，垂直磁场分量为$B_0=10\sim10^4$ T。波所经历的磁场大小随着波与磁场切向分量的夹角的增加而增加。因此 QED 双折射现象将改变该波的偏振，并且将其变为具有一定椭偏度的椭圆偏振光。“正常”脉冲星磁层的典型的等离子体密度约为 $n_p=7\times10^{16}/\text{m}^3$，毫秒脉冲星磁层的典型的等离子体密度为 $n_p=7\times10^{12}/\text{m}^3$。假设磁层的厚度约为 1 000 km，利用

$$\frac{\omega_p^2}{\omega^2} \ll 1, \hat{\omega}_p^2 \ll \frac{3\xi}{2} \tag{9-71}$$

从正常脉冲星出射的 X 射线或是 γ 射线的双折射将由 QED 效应主导，其椭圆偏振度将不再是小量，它将可以达到从 0 到最大值

$$\frac{1-\sqrt{1-\sin^2 2\theta_0}}{1+\sqrt{1-\sin^2 2\theta_0}} \tag{9-72}$$

之间的任意值,其中 θ_0 表示极化矢量与垂直磁场分量的夹角的初始值。

习题

9-5　试推导由QED效应主导的真空双折射,探针光所能达到的最大椭圆偏振度由以上公式给出。

而正如前面情形Ⅱ中的关于双折射零点,即QED效应和等离子体效应相互抵消的临界探针光的波长为355 nm。因此,对于可见光或者射频波,双折射将由等离子体的集体效应主导,椭圆偏振度将同样不再是小量并可以达到最大值。特别地,当 $\theta_0=\frac{\pi}{4}$,椭圆偏振度的最大值为1,椭圆极化即为圆极化。因此期望利用椭圆偏振度来推测"正常"脉冲星的磁场强度或者磁层厚度几乎是不可行的。

但是对于毫秒脉冲星,波长小于3 μm的短波长高频波的偏振度将由QED效应主导,其量级约为 $10^{-8}\sim10^{-1}$。因此毫秒脉冲星的磁层的厚度可由下式估算:

$$L_{\mathrm{B,ms}}=\frac{C_{L,\psi}\lambda}{(1\pm\beta_0)^2B_0^2}\psi_{\max,\lambda} \tag{9-73}$$

式中　$\psi_{\max,\lambda}$——波长小于3 μm的短波长波的最大椭圆偏振度;

$C_{L,\psi}\approx(2\kappa\pi\varepsilon_0c^2)^{-1}\approx6\times10^{22}$。

在非相对论情形,即 $\beta_0=0$ 时,上式可简化为

$$L_{\mathrm{B,ms}}=\frac{C_{L,\psi}\lambda}{B_0^2}\psi_{\max,\lambda} \tag{9-74}$$

然而,利用QED效应和等离子体的集体效应的相互抵消所决定的双折射的零点条件,可知具有临界波长的波应该是可以从辐射波中识别出来,并且为线偏振或者近似线偏振的。如果能够得到椭圆偏振度随波长或者波频率的依赖关系,椭圆偏振度应该在临界波长处达到极小值。定义临界波长为 $\lambda_{c,\lambda}$,临界频率为 $\omega_{c,l}$。则由前面给出的双折射的零点条件,等离子体的密度和磁场之间的关系将满足

$$n_0\approx C_{n,\mathrm{B}}(1\pm\beta_0)^2\frac{B_0^2}{\lambda_{c,l}^2}=C_{\omega,\mathrm{B}}\omega_{c,t}^2(1\pm\beta_0)^2B_0^2 \tag{9-75}$$

式中

$$C_{n,\mathrm{B}}=\frac{12\pi^2\kappa\varepsilon_0^2m_ec^4}{e^2}\approx8.82\times10^{-9} \tag{9-76}$$

$$C_{\omega,\mathrm{B}}=\frac{3\kappa\varepsilon_0^2m_ec^2}{e^2}\approx2.48\times10^{-27} \tag{9-77}$$

因此,利用已知的磁感应强度和临界波长,可通过上述公式估算等离子体密度。在非相对论情况下,$\beta_0=0$,上式简化为

$$n_0\approx C_{n,\mathrm{B}}\frac{B_0^2}{\lambda_{c,l}^2}=C_{\omega,\mathrm{B}}\omega_{c,l}^2B_0^2 \tag{9-78}$$

这对应于等离子体的密度公式:

$$\rho \approx 0.9566\left(\frac{E_{\text{probe}}}{1\ \text{keV}}\right)^2\left(\frac{B_0}{10^{10}\ \text{T}}\right)^2 \tag{9-79}$$

该结果和 Cheng 和 Ruderman 在文献中公式(1.1)所预示的“真空共振”条件相一致,其中 E_{probe}代表探针光光子的能量。

利用我们的结果,对于脉冲星,讨论相对论漂移效应对 QED 双折射零点条件的影响具有重要的意义。对于毫秒脉冲星,$\omega_c = 10^{12} \sim 10^{15}$ Hz。因此如果 QED 双折射的零点发生在射频波或者可见光波,必然要求

$$\frac{\omega_c^2}{\gamma_0^4} \gg \omega^2 \tag{9-80}$$

以及 $\beta_0 \ll 1, \gamma_0 \approx 1$。

对于一个“正常”脉冲星,$\omega_c = 10^{16} \sim 10^{19}$ Hz,$n_p = 7 \times 10^{16}/\text{m}^3$,$\omega_p = 1.5 \times 10^{10}$ Hz。类似地,如果 QED 双折射的零点条件发生在可见光,频率为 $10^{14} \sim 10^{15}$ Hz,或者软 X 射线,必然要求 $\gamma_0 \approx 1$。如果对等离子体是强相对论的,即 $\gamma_0 \gg 1$,“正常”脉冲星磁场的 QED 双折射的零点可能发生在射频波段,同时要求 $\hat{\omega}_p^2 \sim \xi$。

本节的结论适用于相对论对等离子体。利用该结论,这里提出了一个可能的全新的方案来估算毫秒脉冲的磁层厚度或是脉冲星或磁星的平均等离子体密度。假设等离子体中离子是均匀分布并且是冷的,假定 $\omega_c^2 \ll \omega^2$,考虑等离子体的集体效应,通过简单的代换,即 $2\omega_p^2$ 换为 ω_p^2,我们的关于等离子体的集体效应与 QED 效应的耦合和竞争关系均可以应用于普通的相对论等离子体中。在一个一般的欠密等离子体中,如果存在一个相对较弱的几个特斯拉的磁场,相比于等离子体的集体效应,强的电场梯度效应(EFGB)将占主导。不论如何,对于 $10^3 \sim 10^9$ T 的强磁场中,由强磁场导致的 QED 双折射将远远强于强电场梯度效应导致的双折射现象。我们的研究结果对于相对论等离子体中的其他非线性的 QED 效应也具有重要的参考价值。

参考文献

[1] CHEN F F. Introduction to Plasma Physics and controlled fusion[M]. 2nd ed. New York and London:Plenum Press,1984.

[2] DAVID L. NRL Plasma formulary[M]. Washington D. C.: Naval Research Lab.,1983.

[3] 杜世刚. 等离子体物理[M]. 北京:原子能出版社, 1998.

[4] 徐家鸾,金尚宪. 等离子体物理学[M]. 北京:原子能出版社,1981.

[5] 马腾才,胡希伟,陈银华. 等离子体物理原理[M]. 合肥:中国科技大学出版社,1988.

[6] 应纯同. 气体输运理论及应用[M]. 北京:清华大学出版社,1990.

[7] HUANG Y S. Quantum-electrodynamical birefringence vanishing in a thermal relativistic pair Plasma [J]. Scientific Reports,2015,5:15866.

[8] HUANG Y S,WANG N Y,TANG X Z. Phase and direction dependence of photorefraction in a low-frequency strong circular-polarized plane wave [J]. Chin. Phys. B, 2015, 24(5):054202.

[9] HUANG Y S,WANG N Y,TANG X Z. Drift effect on vacuum birefringence in a strong electric and magnetic field [J]. Chin. Phys. B,2015,24(5): 034201.

[10] 孙书营,黄永盛,汤秀章. 激光加速电子研究进展及其在空间环境模拟中的应用前景[J]. 航天器环境工程,2015,32(3):318-323.

[11] SU H Y,HUANG Y S,WANG N Y,et al. Quasi-monoenergetic electron beam generation from Nanothickness Solid Foils Irradiated by Circular-Polarization Laser Pulses [J]. Chin. Phys. Lett. 2014,31(7): 075202.

[12] 黄永盛,汤秀章,路建新,等. 激光与陡峭密度梯度等离子体相互作用电子加热机制研究[J]. 原子能科学技术,2014,48(2):213-218.

[13] HUANG Y S,WANG N Y,TANG X Z. Relativistic Plasma expansion with Maxwell-Jüttner distribution [J]. Physics of Plasmas,2013,20(11): 3108.

[14] HUANG Y S, WANG N Y, TANG X Z, et al. Double-relativistic-electron-layer proton acceleration with high-contrast circular-polarization laser pulses [J]. Chin. Phys. Lett., 2013,30(2):025201.

[15] HUANG Y S,WANG N Y,TANG X Z. Ultra-relativistic ion acceleration in the laser-plasma interactions [J]. Phys. Plasmas,2012,19(9): 093109.

[16] TAN Z X,HUANG Y S,LAN X F,et al. Generation of fast protons in moderate-intensity laser plasma interaction from rear sheath [J]. Chin. Phys. B,2010,19(5): 055201.

[17] HUANG Y S,WANG N Y,SHI Y J,et al. Energetic laser-ion acceleration by strong charge-separation field [J]. Plasma Science and Technology,2010,12(3): 268-276.

[18] BI Y J,ZHANG T J,TANG C X,et al. Analytic model for the breakup of a coasting beam

with space charge in isochronous accelerators [J]. Journal of Applied Physics, 2010, 107 (6): 063304-063306.

[19] HUANG Y S, SHI Y J, BI Y J, et al. Analytical expressions of the front shape of non-quasineutral Plasma expansions with anisotropic electron pressures [J]. Phys. Rev. E, 2009, 80(2): 056403.

[20] HUANG Y S, BI Y J, SHI Y J, et al. Time-dependent energetic proton acceleration and scaling laws in ultraintense laser-pulse interactions with thin foils [J]. Phys. Rev. E, 2009, 79(2): 036406.

[21] LIU M P, XIE B S, HUANG Y S, et al. Enhanced ion acceleration by collisionless electrostatic shock in thin foils irradiated by ultraintense laser pulse [J]. Laser and Particle Beams, 2009, 27: 327-333.

[22] BI Y J, ZHANG T J, HUANG Y S, et al. Cosine gradient theory in cyclotrons with general dees [J]. Nuclear Instruments and Methods in Physics Research A, 2008, 597: 149-152.

[23] HUANG Y S, DUAN X J, LAN X F, et al. Time-dependent neutral-plasma isothermal expansions into a vacuum [J]. Laser Part. Beams, 2008, 26: 671-675.

[24] HUANG Y S, BI Y J, DUAN X J, et al. Energetic ion acceleration with a non-Maxwellian hot-electron tail [J]. Applied Physics Letters, 2008, 92(14): 141504.

[25] HUANG Y S, DUAN X J, SHI Y J, et al. Angular distribution of isothermal expansions of non-quasi-neutral Plasmas into a vacuum [J]. Applied Physics Letters, 2008, 92(14): 141502.

[26] HUANG Y S, BI Y J, DUAN X J, et al. Self-similar neutral-plasma isothermal expansion into a vacuum [J]. Applied Physics Letters, 2008, 92(3): 031501.

[27] HUANG Y S, LAN X F, DUAN X J, et al. Hot-electron recirculation in ultraintense laser pulse Interactions with thin foils [J]. Physics of Plasmas, 2007, 14(10): 103106.

[28] HUANG Y S, WANG N Y, DUAN X J, et al. Neutron generation and kinetic energy of expanding laser Plasmas [J]. Chinese Physics Letters, 2007, 24 (10): 2792-2795.